国家十二五规划重点图书

贵州省出版发展专项资金资助

"世界意义的
中国发明" 丛书
王渝生 主编

国家十二五规划重点图书

TRADITIONAL CHINESE ART
OF BREWERY:
WINE, VINEGAR AND SOY SAUCE

中国传统酿造
酒醋酱

周嘉华 著

图书在版编目（CIP）数据

中国传统酿造 ： 酒醋酱 / 周嘉华著． -- 贵阳 ： 贵州民族出版社， 2014.7（2020.7 重印）
（世界意义的中国发明）
ISBN 978-7-5412-2162-0

Ⅰ．①中… Ⅱ．①周… Ⅲ．①酿酒－介绍－中国②食用醋－酿造－介绍－中国③酱油－酿造－介绍－中国
Ⅳ．① TS262 ② TS264.2

中国版本图书馆 CIP 数据核字（2014）第 153049 号

中国传统酿造　酒醋酱

著　　者：周嘉华
出版发行：贵州民族出版社
社址邮编：贵阳市观山湖区会展东路贵州出版集团大楼　550081
电　　话：0851-86826871
传　　真：0851-86826871
印　　刷：山东龙岳文化传媒有限公司
开　　本：787mm×1092mm　1/16
字　　数：300 千
印　　张：19.75
版　　次：2014 年 7 月第 1 版
印　　次：2020 年 7 月第 2 次印刷
书　　号：ISBN 978-7-5412-2162-0
定　　价：128.00 元

序 言

王渝生※

提起近现代科学技术三四百年来的发展，欧美处于世界领先地位似乎已成为不争的事实。但是在一千多年前，美洲还是未经开发的地区，欧洲则处于黑暗的中世纪时期。而此时东方的中国、印度和阿拉伯地区，则经历了科学技术大发展的全盛阶段。

中国是世界四大文明古国（古巴比伦、古埃及、古印度和古代中国）之一。古老的中华农业科技文明可以追溯到至少六七千年以前。四五千年以前的科学知识萌芽和农、牧、手工业以及青铜冶铸等技术都有了长足的进步。可以说，在四五千年甚至六七千年以前，世界文明四分天下的话，中国有其一。

两三千年以前，中国逐渐形成了农学、医药学、天文学和数学等独特的科学体系，在地学、生物学以及制陶、矿冶、纺织、建筑等技术领域也取得了辉煌的成就。此时在欧洲地中海沿岸，崛起了一个新兴的奴隶联邦制的古希腊，后来是古罗马的文明，而此前的古老文明，除中华文明外，其他的都衰亡了下去，出现了中断现象。可以说，在两三千年前，古代中国和古代希腊罗马的文明就像两颗璀璨的明珠，一颗在东方，一颗在西方，交相辉映，那时的世界文明两分天下，中国有其一。

一千多年以前，中国则先后完成了指南针、造纸术、印刷术和火药这闻名于世的四大发明，“并在 3 到 13 世纪之间保持一个西方所望尘莫及的科学知识水平 。”（李约瑟：《中国科学技术史》）事实上，直到 14 ～ 16 世纪，从“四元术”及“招差术”到“十二平均律”，从《授时历》到《本草纲目》，从《农政全书》到《天工开物》，都在世界科技史上占有一席之地。也就是说，一千年前，中华文明在世界上一枝独秀！

从四分天下到半壁江山到独领风骚，中华文明一直在大踏步前进。

而在西方，到了一千多年前，也就是公元476年西罗马帝国灭亡到14世纪文艺复兴兴起，差不多一千年左右，欧洲处在黑暗的中世纪，科技经济的发展和社会的进步受到了极大的阻碍。

到了14～16世纪，西方出现了宗教改革、文艺复兴、科学革命三大近代化运动，出现了思想启蒙运动、资产阶级革命和资本主义生产方式，一下就把在封建老路上蹒跚爬行的中华封建大帝国远远抛在了后面。然而，西方的近代科学和资产阶级革命的进步和发展，中国古代科技成就在其中是产生了巨大推动作用的。培根在1620年曾指出，印刷术、火药、指南针"这三种发明已经在世界范围内把事物的全部面貌和情况都改变了"；马克思则在1863年这样评论道，"火药、指南针、印刷术——这是预告资产阶级社会到来的三大发明"；而英国科学史家贝尔纳1959年在为其《历史上的科学》中译本所写序中则说："中国许多世纪以来，一直是人类文明和科学的巨大中心之一……中国在技术上的贡献——指南针、火药、纸和印刷术——曾起了作用，而且也许是有决定意义的作用。"

富有科技传统和四大发明成就的中华帝国，在三四百年前没有顺应历史潮流发展，没有像西方那样从封建时代进入资本主义时代，从农业文明进化到工业文明，后来又遭受帝国主义侵略，沦为半封建半殖民地国家，因此我们落后了。

中国近现代科学技术的发展经历了一条充满艰辛与屈辱，而又有奋斗与辉煌的曲折道路。今天，我们在为实现国家富强、民族振兴、人民幸福的"中国梦"的奋斗过程中，回顾中华文明历程，展示我国科技发明奥秘，这对于促进当代科技发展和创新，实现中华民族的伟大复兴，是有积极意义的。

事实上，中国古代远不止这四大发明，在粟作稻作、农具农耕、筹算珠算、天文仪器、机械制造、钻井探矿、油煤开采、青铜冶铸、钢铁冶炼、建筑营造、造船航海、陶器瓷器、雕塑髹漆、蚕桑丝绸、纺织印染、发酵酿造、中医中药等方面都取得了丰硕而巨大的成就，这些与国计民生、与人们的日常生活密切相关的领域中所取得的科技成就和发明创造，有力地推动了中国古代生产力和经济社会生活的进展。中国传统科技发明不仅创造了中国古代光辉的科技成就，更重要的是，吸收和应用内在基因，开发现代科技，往往可以有大的创新。

为此，贵州民族出版社策划《世界意义的中国发明》系列丛书。这套丛书并不以百科全书和全景式展示为目标，而是在中国传统技术的多个领域中选取一些专题，它们均代表了传统科技文化的某一个侧面，反映了中国人对某一种自然的认识以及与这种认识相应的科技文化形态，以及其对于世界的意义。希望能让更多的中国人更了解自己的科技与文明，也希望能让世界更了解中国的科技与文明。

本丛书在语言上以叙述为主，力求深入浅出，通俗易懂，适应现代读者特别是青少年的需求，对于书中涉及到的科学原理、规律不做学术性和过于专业的解释，而是用浅显通俗的语言介绍，语言整体风格生动活泼。

在本丛书即将付梓之际，我乐于向广大读者推荐，是为序。

2013 年 12 月于北京

※ 王渝生：中国科学院博士、教授、博导，中国科技馆研究员、原馆长，国家教育咨询委员会委员。

目 录

目录 Contents

目录 ● ● Contents

目录 Contents

前 言

我曾接待过许多来自外国的同行，在宴席上，他们大多都毫不修饰其对中国酒的兴趣。唯饮才知酒之味，他们都说中国酒与西方酒不同，很好喝，常常喝到萌醉状态才放杯。与酒相配的中国菜肴也让他们赞不绝口。他们认为，喝酒吃菜不仅是品味中国饮食的色香味，更重要的是领略鉴赏中国的传统文化。

饮食文化是传统文化的重要组成部分，饮食的质量和水平往往是一个国度或一个民族物质生活、经济发展的一个标尺，当然也是文明程度的一个展示。中国的酒和烹饪饮食一样，都是中国先民在漫长岁月中，在大自然营造自己的生活中，所凝结的勤劳智慧的结晶。酒和烹饪中必用的酱、醋等调味品都是传统酿造的产品。它们不是简单生产的物质产品，而是内涵智慧的科技佳品。可能由于习以为常，许多人并没有认识到它们的产出和技术演进蕴藏着许多深刻的科技秘密。传统酿造技术使人们接触到一个一直和人类共存于地球上的微生物世界。酿造机理的探索和揭示，使人们能遵循微生物生活规律，继而在发展酒醋酱生产之后创立了微生物工程和现代生物化工产业。同时，酿造机理的剖析还帮助人们了解食材的营养与吸收，特别是人体新陈代谢的奥秘。

以发酵技术为前导的现代生物技术是 21 世界的科学前沿。正是通过这样的科技视野，才能豁然发现，中国传统酿造的技艺有深邃的内涵，其中不乏许多超前或领先的发明和技术成就。而且这些发明和技术具有对学科发展的引领作用，不仅促进了中国科技发展，甚至影响了周边国家和整个世界，即这些发明具有世界意义。这些发明和创新由于被认识较晚，以至于获得客观的、科学的评价尚属不多。本书试图以史实为根据做一阐释。史实是客观存在的，我们应为中国先民在传统酿造技艺中的诸多发明创造而感到自豪。

第一章

被遗漏的发明

在日常生活中，无论是庆典聚会还是居家生活，酒是常见的饮品，更是助兴之佳品。在饮食烹饪中，醋也是必不可少的调味品。酱有多种，在中餐中也是不可或缺，同样是居家必备的食料。对酒、醋、酱等酿造食品，大家都是很熟悉的。然而当我们问，中国的酒、醋、酱与西方的（这里泛指除了东亚以外的世界其他地区）有什么不同？很可能许多人回答起来会有所迟疑。若我们进一步提问，中国的传统酿造技术有什么发明创造？具有什么世界意义？更多人很可能只是摇头，回答说“不知道”。其实，中国的酒、醋、酱等酿造产品不仅在世界上独树一帜，具有独特的品味，而且在酿造技术上有众多创造发明，在古代世界中曾经遥遥领先，意义非凡。

西方人眼里的中国发明

李约瑟

著名的科学史家，英国剑桥大学李约瑟（Joseph Needham，1900 ~ 1995 年）博士所著的《中国科学技术史》第一卷导论中，在对中国和西方科学技术作了大量的比较研究之后，他列举了中国传到西方的机械和其他技术 26 项（表 1）。

李约瑟采用英文字母排序，但英文字母仅 26 个，故没法囊括所有的中国发明创造。从所列的项目来看，主要是机械类的发明创造，而其他技术，要么很概括，例如把造纸、印刷列为一项；要么没列上，例如农业技术的许多发明创造。李约瑟的本意是发明创造太多，若用字母排序根本无法一一罗列。事实上，没有被列入，就是被遗漏了。假若这项发明很重要，是不应该被遗漏的。然而在由李约瑟主编，黄兴宗执笔的《中国

《中国科学技术史》书影

表 1　中国传到西方的机械和其他技术

序号	名称	西方落后于中国的大致时间（以世纪计算）
a	龙骨车	15
b	石碾	13
	用水力驱动的石碾	9
c	水排	11
d	风扇车和簸扬机	14
e	活塞风箱	约 14
f	提花机	4
g	缫丝机（锭翼式，以便把丝线均匀地绕在卷线车上，11 世纪时出现；14 世纪时应用水力纺车）	3–13
h	独轮车	9–10
i	加帆手推车	11
j	磨车	12
k	挽畜用的两种有效马具：胸带式	8
	颈带式	6
l	弓弩（作为个人的武器）	13
m	风筝	约 12
n	竹蜻蜓（用线拉）	14
	走马灯（由上升的热空气流驱动）	约 10
o	深钻技术	11
p	铸铁	10–12
q	常平悬架	8–9
r	弓形拱桥	7
s	铁索吊桥	10–13
t	河渠闸门	7–17
u	造船和航运的许多原理	多于 10
v	船尾舵	约 4
w	火药	5–6
	作为战争技术而使用的火药	4
x	磁罗盘（天然磁石制成的匙）	11
	磁罗盘针	4
	航海用磁罗盘	2
y	纸	10
	印刷术（木版）	6
	印刷术（活字版）	4
	印刷术（金属活字版）	1
z	瓷器	11–13

科学技术史·第六卷生物学及相关技术·第五分册发酵与食品科学》中写道："中国加工食品对于西方的影响，一直到了20世纪后半叶才刚刚开始。不过，这种影响实际上可能远远超出了人们所见。中国谷物霉菌或曲的基本工艺，在古代传播到了周边邻国。当现代微生物学在19世纪晚期登陆日本与东南亚时，欧洲的微生物学家们才开始注意到了'当地'在酿造酒精饮料及调味品时，所用的混合培养物是用奇特的制备方法制成的。""四千多年来的古代中国人，在摸索出一整套方法用于制备稳定的谷物霉菌培养物时，他们绝对想象不到这项技术会有今天如此广泛的应用。"由此看出作者对此项发明具有的世界意义的认识。

与四大发明相媲美

作为中国人应该对中国文明史和中国先民在世界文明史建设中的贡献有所了解，这是"自信"的动力，是"自尊"的根据，也是"自强"的标尺。近年来，中国学者在研究中，仅从传统手工技艺的资源整理中就初步列出14大类的技艺反映中国古代的文明和成就（表2），其中

表2　中国传统手工技艺的资源和类型

序号	类别	细目
1	工具器械制作技艺	器械类、仪表类、舟车类、乐器类、日用器具类
2	农畜矿产品加工技艺	制盐类、制茶类、酿造类、制革类、火药花炮类、制香类、制碱类
3	营造技艺	木结构建筑类、民居和少数民族建筑类、桥梁类、产业建筑
4	雕塑技艺	牙雕、玉雕、砖雕、石雕、木雕、竹刻、泥塑、油塑
5	织染技艺（含服饰缝纫、刺绣等）	蚕桑丝织类、棉纺织类、毛纺织类、麻纺织类、印染、服装缝纫、刺绣、挑花
6	编织扎制技艺	竹编类、草编类、棕编类、藤编类、灯彩类、风筝
7	陶瓷制作技艺	制陶类、制瓷类、砖瓦、琉璃、料器、玻璃
8	金属采冶加工技艺	采冶类、铸造类、锻造类、装饰类
9	髹漆技艺	
10	家具制作技艺	
11	文房四宝制作技艺	造纸类、制墨类、制砚类、制笔类、颜料类
12	印刷技艺	雕版印刷类、木版水印类、木活字类
13	刻绘技艺	剪纸、刻纸类、木版年画类、内画类、皮影类
14	特种技艺	钻木取火、桦树皮、树皮布制作、鱼皮制作、书画装裱修复

有9项传统手工技艺（文房四宝加工技艺、印刷术、蚕桑丝织和织锦、制瓷技术、酿造技艺、木结构营造技艺、水力风力机械制作技艺、盐井深凿汲卤及加工技艺、彩髹漆和玉雕技艺）具有世界意义。

这一整理仅是初步的，相信随着研究的深入，认知会有发展和变化。这些对世界文明曾产生过影响的手工技艺，有些是大家熟知的，例如古代的四大科技发明。但是，有些却是许多人所生疏的，例如酿造技艺。这就是本书要讲述的主要内容。

德国植物学家施莱登

自从有了以农耕生产为主体的聚居生活，应用发酵技术于日常生活，例如加工谷物、制作美食、渍菜腌肉等食品加工，已是司空见惯。殊不知这里面的奥秘却一直位于科技前沿。直到17世纪，荷兰科学家列文虎克（A. van Leeuwenhoek，1632 ~ 1723年）用自制的显微镜观察并发现了多种微生物，人们才知在身旁还存在着一个肉眼看不到的微生物世界。此后的200多年里，科学家使用日益进步的显微镜观察、考察多种微生物并将它们分类，进行形态学方面的研究。1837年德国科学家施莱登（M. J. Schleiden，1804 ~ 1881年）和施旺（T. Schwann，1810 ~ 1882年）在显微镜下观察到面团中活跃的酵母菌后，把

德国动物学家施旺

法国科学家巴斯德在实验观察

人们长期以来知其然，而不知其所以然的发酵现象与微生物联系起来，证明发酵是由于酵母细胞繁殖的结果，并提出了生物学的细胞理论，揭开了生物学革命的序幕。

1857年，法国科学家巴斯德（L. Pasteur，1822 ~ 1895年）在研究葡萄酒在陈酿中变酸的问题时，进而发现酵母细胞有好多种，有的促使发酵，变糖为乙醇；有的则让酒变酸（巴斯德当时所指的酵母细胞实际上是包括酵母菌、醋酸菌在内的多种微生物）。巴斯德明确指出，发酵过程是一个与微生物活动相联系的过程。随后他创立灭菌技术，以防酒在储存中变质，并揭示了酿酒的机理。

在科学家的共同努力下，一个崭新的学科——微生物学和一个功效特殊的技术体系——微生物工程诞生了。从此，发酵现象作为大量存在于自然界和人们日常生活中的生命现象而受到关注，发酵技术也作为微生物工程的关键技术而被广泛深入地开发和研究。到了20世纪，发酵技术进而成为现代生物技术的基础分支，在探讨生命过程和物质化学进化等诸多科学领域中发挥了无可替代的作用。回过头来看，几千年来人类在对发酵技术的应用和认知中所积累的经验和实践，无疑是极其宝贵的文化遗产，中国先民在其中所做的特殊贡献应该被铭记和赞扬。

《东亚发酵化学论考》书影

微生物学、微生物工程这些近代的科学名词，大家并不陌生。但说到中国先民在这些学科建设发展中的伟大创造和贡献，许多人所知甚少。日本学者山崎百治早在其1945年所著的《东亚发酵化学论考》中指出，中国霉菌发酵的发明和中国传统医药学的贡献，可与四大发明（火药、指南针、活字印刷术、造纸术）相媲美。

中国传统医药学，是中国近三千年本草学发展的结晶，是中医学的核心内容之一，是中国珍贵的文化遗产，为世人所公认。其实，发酵技术也与它相似，中国先民创造了一套特有的技术体系，不仅流行于中国，甚至在东亚和世界都产生了不容忽视的影响。尽管发酵现象在地球上无所不在，是常见的自然现象，而且发酵技术在食品加工上的运用，几乎所有的民族都有自己的实践。但是，中国先民在长期生产实践中，创造性地利用微生物、驯化霉菌，开发出以酿酒、制醋、做酱等为主要内容的一系列微生物工程技术，所取得的经验和成就是突出的，是其他民族无法相比的。中国先民在上述微生物工程中所积累的实践经验，不仅为微生物学和微生物工程科学的建立提供了认知的前提，而且为当代生物技术的发展作了技术上的铺垫。为了客观地理解这一史实，有必要再回顾一段历史的轨迹。

微生物工程的先导

微生物学是研究微生物生活活动规律的科学，微生物工程则是指那些利用微生物的特殊功能进行物质生产或物质转换的技术过程。近代的微生物学是随着显微镜的发明而诞生的，而微生物工程早在古代先民模仿自然界发酵现象而进行的发酵食品生产时就已存在，可谓历史悠久，源远流长。

微生物学建立后，人们在这门新科学的指导下开始了许多领域的微生物活动规律的研究，先后又深入扩展了真菌学、细菌学、病毒学、微生物生理学、微生物资源学、发酵微生物学、腐蚀微生物学、工业微生物学等学科分支，特别是工业微生物学，因为它的研究内容包括发酵产品和饮料酿造生产的微生物原理、发酵条件、制备工艺及生化工程等，还包括应用微生物制备一些用其他方法难以获得的化工原料和医药品，例如青霉素之类药品的生产也是工业微生物学努力发展的成果。总之，这些研究直接关系到国计民生，因而备受重视，加上历史长远的微生物工程（那些从事发酵食品生产的劳作）已积累了较多的实践经验，研究起来就有较丰富的资源，因此能获得较快的发展。

通过微生物学，人们开始认识到在地球上，与我们人类相伴的，除了有一个众多动物、植物构成的生物世界之外，还活跃着一个单凭肉眼看不到的微生物世界。这些微生物无孔不入，弥漫在自然界的各个角落。有的与人类交好，帮助人类做工，改变某些物质的属性，为人类所用，例如某些有益霉菌。有的则与人类交恶，侵蚀甚至破坏人的免疫功能而导致患病，例如病毒和某些致病细菌。它们长期与人类共处，但古代的人们却不知晓。即使微生物给人们的生活带来了许多变化，古人也把它归咎于神灵。在这方面，中国先民似乎觉醒得早一点，实践得多一些，经验也多一些。在人类酿造技术的发展中，中国先民不仅利用酵母菌为人们做馒头、发糕之类的发酵食品，还掌握了汇集、培育、驯化霉菌的技巧，用它们酿酒、制醋、做酱。西方的先民也会利用酵母菌制作发酵食品，但是他们认识霉菌、利用霉菌的实践远不如中国人丰富和精深。

这种实践活动中所取得的经验资源对于微生物学的发展十分重要。难怪西方的传教士在明清时期来到中国后，觉得中国酒跟他们过去所喝的酒不一样，当看到中国酿酒师傅都使用那种方砖型的法宝（酒曲）时，更感到十分好奇。于是就发生了下面的故事：他们想方设法偷到这种神秘的“砖头”，探索其中的秘密。当他们的学识也无法解秘时，他们又费尽心机，把这些秘宝偷偷地捎回欧洲，请朋友帮忙作出分析检测。首先揭开中国酒曲神秘面纱的是一位法国学者。1892年，法国人卡尔麦特（L. C. A. Calmette，1863 ~ 1933年）不仅注意到中国酿酒的独特方法，还专门研究了传教士带回的中国酒曲，从中分离出毛霉、米曲霉、根霉等微生物。在法国巴斯德研究所同事的帮助下，他认识到这些过去没有被注意的霉菌，正是能在发酵

酒曲

中起关键作用的微生物，从而初步揭示了中国酒曲的独特功能。卡尔麦特是第一个认识到中国利用霉菌糖化制酒先进性的科学家。他也是个有商业头脑的科学家，1898 年他将自己的这一发现在欧洲申请了应用毛霉于酒精生产的专利，并将这种淀粉霉发酵法在酒精工业中加以运用。在推广实践中，他们又开发出几株可用于发酵生产的霉菌，极大地促进了世界酿造业的发展和酿造技术的提高。因为模仿中国酿酒技术的淀粉霉发酵法，一改过去酒精生产的单边发酵为复式发酵，不仅提高了生产效率，同时降低了成本，保证了质量。从此，科学家们进一步认识到霉菌一类微生物的利用大有作为，先后在淀粉质原料酒精发酵技术上开发出米曲霉－黑曲霉－液体曲等技术，并完善了以糖蜜、甜菜糖蜜、甘蔗糖蜜为原料生产酒精的技术。最突出的成就是抗菌素药剂的发明和生产。

1928 年 9 月，英国科学家弗莱明（A. Fleming，1881 ~ 1955 年）在实验中发现，原先涂有一大片葡萄球菌黄色液体的器皿上，出现了一小片生长着青色的霉菌，在这青色霉菌周围的细菌都被消灭掉，不久这培养皿上的葡萄球菌就被全部消灭掉。弗莱明立即意识到自己已发现了某种了不起的东西，对这种青色霉菌的进一步研究终于使他发明了青霉素。这是第一种抗菌素类的药物，开辟了世界现代医疗革命的新阶段。对于弗莱明来说，青霉素的发现意味着对治疗传染性疾病取得了重大进展，同时也证实了微生物学中抗生现象的利用价值。微生物学和微生物工程在医药革命中所取得的成就，足以说明对霉菌的研究、利用的价值，中国先民在这领域所积累的经验有着不容忽视的先导作用。

英国科学家弗莱明

微生物世界的中国贡献

酿造技术内容丰富，而酿酒技术又是其中大家都熟悉和关心的典范。

因此在讨论酿造技术时，人们常常把酿酒技术作为麻雀来进行剖析。酿酒技术属发酵工程，既是最古老的技术，又是现今最前沿的生物工程（现代生物技术）的一部分。说它古老，是因为这项技术出现在八千年前，人们模仿自然发酵的现象掌握了它。尽管沿用发酵酿酒的技术那么绵长，但是直到 19 世纪下半叶，人们才对谷物究竟为什么能酿成酒有了一知半解。法国科学家巴斯德虽然明确指出，发酵过程与微生物相关，初步揭开了酿酒的机理，但是进一步深入探讨其中的科学过程，科学家们出现了分歧，围绕着发酵过程究竟是生物过程还是化学过程争论了几十年。

德国化学家李比希

巴斯德等科学家认为，上述酵母酿酒的过程（目前通称为生醇发酵）是那些厌氧微生物在其中起了关键作用，糖是在酵母菌体内的新陈代谢而产生酒精的，因此生醇发酵是一个生物过程，必须有“活体”微生物的存在，发酵才能实现。以德国化学家李比希（J. Llibig，1803–1873 年）为首的一些化学家则有另一种看法。他们认为，发酵是个化学过程，因为糖变成乙醇是化学反应。双方都是科学界的大师，各执己见，谁也不能说服对方，只能通过进一步深入研究才能作出判定。

1897 年德国化学家布希纳（E. Buchner，1860–1917 年）完成了精心设计的，可以称为判定性的科学实验，为这场争论划了一个句号。这一实验是这样进行的：在酵母中加入一定量的石英碎渣和硅藻土一起研磨，使酵母细胞破碎，再使用加压的过滤技术取得其中的酵母液（即细胞内酶）。为了保存这种酵母液，按当时的惯例采用加浓蔗糖液的方法。结果发现在酵母液加蔗糖液的混合体中慢慢地产生了气体。布希纳认识到，气体的产生是因为存在发酵反应。这一现象表明发酵作用与“生命”不是不可分割。因为在实验的混合体中已没有活体的酵母细胞存在，因此发酵只能是由某种“物质”来促进，而这种“物质”应该是存在于由酵母细胞里取得的体液。简单地说，实验证明存在着无细胞的生醇发酵。1897 年以后，他发表了一系列论文来介绍他的实验和论证无细胞的生醇发酵的存在，并称这一活泼的发酵制剂为“酿酶”。“酿酶”的发现，不仅揭示了发酵本质是一种“酶”促的化学反应过程，而且还像一把钥匙解决了生物化学的一个悬念，生物的新陈代谢等研究很快就取得重大突破。1902–1909 年，布希纳对乳糖酸、醋酸、柠檬酸、油质等其他类型的发酵研究，进一步证实发酵是一系列酶催化的反应过程。酶化学的应用就构成生物技术上的“酶工程”，酶工程的研究对于酿酒、制醋、做酱、制糖及整个食品工业的发展都有着重要意义，对于医学、卫生学、生物学的某些问题的解难也有特殊作用。由此，布希纳荣获了 1907 年的诺贝尔化学奖。

德国生物化学家布希纳

20 世纪初，化学家才揭示了发酵酿造的机理是一种叫作酶的蛋白质在起作用。随后人们进一步认识到多种酶的化学结构及其作用机制，建立起今天生物工程的又一分支——酶工程，近代的酿酒技术正是在这种科学的认知基础上获得了新的发展。

20 世纪 40 年代，采用深层培养发酵法使青霉素生产工业化，是发酵工程的发展亮点。此后综合微生物学、生物化学、化学工程学的进展，发酵工程日愈成熟。60 年代以后，固定化酶和固定化细胞等新技术促进了生化技术的发展，加上分析、分离和检测技术的进步及电子计算机的应用，发酵工程又获得革新。1973 年重组 DNA 技术出现，能够按工程设计蓝图定向地改变物种的功能而创立新物种，这就是基因工程。通过细胞融合建立杂交瘤，用以生产单克隆抗体，成为免疫学的革命性进展，通过动植物细胞大量培养，可以像微生物发酵那样大量生产人类需要的各种物质，也可以培育出常规方法无法得到的杂交新品种，从而创立了细胞工程。

从微生物发酵工程到酶工程、基因工程、细胞工程就构成了一个综合体系，这个体系就是“生物工程”，又称作“现代生物技术”。它的基础是发酵工程，核心是基因工程。它是21世纪科技的前沿，是新兴的工程技术。

传统意义上的发酵需求优良的菌系的参与，而优良菌种的选育离不开遗传工程。遗传工程是分子生物学中比较活跃的领域，主要研究遗传的物质基础——基因的识别、分离及转移，从而培育出具有新的性状的生物（包括微生物）的新品种。

上述遗传工程的研究和现代的生物技术开发在工、农、医及环保、国防上都有重要意义。在发酵—微生物工程上，通过对微生物遗传特征的控制，获得高产菌株，使发酵工业改变面貌。在农业中，可使固氮基因从豆科作物转到禾本科植物中去，就有可能培育出高产、抗病、耐旱、耐寒、耐盐碱等优良性能的新品种，以增加产量，提高水平。在医学上，在对一些人类的遗传性疾病进行预防和有效控制的同时，还可能解决细胞癌变的诸多因素，有效地控制癌症对人们健康的威胁。在环境保护中，可以选育特殊菌种，帮助清理石油、煤炭等化石能源和其他工业造成的污染。在国防上，对付细菌－生化武器的有效手段也离不开现代的生物技术。由此可见发酵技术在现代生物技术的地位及它在发展经济、改善环境和提高人们生活质量等诸多方面所呈现的重要意义。

中国学者用近代的科学技术来研究中国的传统酿酒技术大约开始于20世纪30年代。从20世纪初开始，将发酵技术与微生物的菌学研究联系起来成为科学探索的一个热门课题。从美国哈佛大学留学归来的孙学悟（1888–1953年），在1922年配合中国近代化工的奠基人范旭东（1883–1945年）创办黄海化学工业研究社后，敏锐地觉察到开展菌学研究对于利用霉菌发酵酿酒、制醋、做酱有着悠久历史的中国尤为重要，于是在研究社组建了发酵与菌学研究室。他亲自带领方心芳、金培松等一批年轻学者研究微生物与发酵技术。他们的第一步工作即是对我国传统的发酵酿造工艺进行考察、研究并对其进行科学总结。为了做好这一工作，他们除了亲赴一些酒厂，收集酒曲，分析，分离酒曲中所含微生物，考察酿酒工艺，总结经验，并提出科学建议外，还以优厚的待遇聘请那些身怀绝技或富有经验的酿酒师傅来社与研究人员一起劳作，用最新的科学知识对传统酿酒技术和经验进行系统的整理，既保护了传统酿酒工艺的精髓，又让工艺中的科学内涵得以升华。他们收集了蓄藏在酒曲中的大批菌种，以供分析、鉴别和择优汰劣之用，他们还写出了关于中国传统酿酒工艺的第一批科学论文，例如《唐山高粱酒之酿造》《改良高粱酒酿造之初试验》《酒花测验烧酒浓度法》《汾酒酿造情况报告》《汾酒用水及其发酵醅之分析》等。这些研究成果既是对传统酿酒技术的研究总结，也是发展酿酒新技术的起点。除了黄海化学工业社有一批学者从事酿酒技术和微生物工程的研究外，还有陈騊声等学者开展相近课题的研究，也取得不少研究成果。正是这些学者的开创性研究工作，为传统的酿酒技术在科学原理指导下获得改造和发展筑构了新的平台。从此中国酿酒技术的发展翻开了新的一页。

中国近代化工奠基人：范旭东

随着近代科学技术在中国的传播和发展，从事微生物学研究和工业微生物技术开发、推广的队伍有了相应的扩大。在20世纪30年代仅有几所高等院校开设发酵工业课程（曾从属于应用化学系或农产品制造系），为发酵工业培养了一些属于启蒙时期的专业人才。到了50～60年代，微生物学和工业微生物的教学有了很大进

中国传统酿酒研究先行者：孙学悟

展。1952年首先在南京工学院设立专门学科，1958年后又先后在无锡、北京、天津等地建立了轻工业学校，并以工业发酵作为主要专业方向，培养了一大批相关的科研技术人才，为中国传统的发酵酿造技术的传承和发展提供了人力资源。

工业微生物学的研究也从原先的零星、分散的状况发展出一支有一定实力的科研队伍。从轻工业部上海工业试验所（后改组为上海食品工业研究所）到北京、南京、天津、广州、江西、辽宁、黑龙江、四川、福建都设立了工业微生物研究所或发酵研究所，组织力量对中国几千年留传下来的酿造技术和微生物资源进行有效的整理研究和开发试验。从而使中国的传统酿造业不仅继承了老祖宗留下来的遗产，还采用新的知识观念和技术手段改造了传统的手工技艺，使中国的酿造工业及其技术提升到一个新的高度。同时，让传承下来的文化遗产在新的生态环境中绽放新花。特别是科学家们历年来对菌种的收集和保管，对优良菌种的选育和推广，极大地推动了各项发酵工业的蓬勃发展。

中国对微生物菌种的收集、选育、驯化、保藏及研究中所取得的成就和在发酵酿造技术上的摸索、试验、创新所取得的经验一样，都是人类在迈向新的科学征程中难得的、宝贵的财富。

中国传统酿造的奇迹

中国传统酿造技术的精粹大多集中地反映在酿酒、制醋、做酱的技艺中。从古至今，中国的酒、醋、酱就有自己的特色，在世界上独树一帜。爱喝酒的，特别是喝过许多世界名酒的朋友应该知道，无论是中国的黄酒，还是白酒都与西方的葡萄酒、威士忌、白兰地、金酒、伏特加等不一样。不仅口感不同，呈香也不一样。这是因为酿造的技艺有很大差异。中国传统酿造技艺的最大特色是使用了酒曲，而且强调曲是酿酒工艺中的“骨”，即灵魂。用现代的科学术语来表达，酒曲是多菌多酶的生物制品，它实际上是专职培养、驯化霉菌的，用于优化、催化发酵反应的特制试剂。中国先民发明酒曲，通过它来筛选酿造中有益微生物的种群，驯化、培育这些优良菌系，从而保障酿酒过程是优良的菌系在帮助完成发酵，最终获得高质量的酒。中国传统酿造技艺的另一个特色是摸索出了一整套适宜制曲、酿酒的控温、控湿及创造最佳酿造氛围的技术（包括环境）手段。应用这些技术手段的实质是为酿造有益霉菌创造一个正常繁衍的环境，使发酵过程处于掌控之中。从制曲到酿造，中国先民都是在与霉菌——多种微生物打交道，无形之中积累了与霉菌和谐相处、相互利用的许多经验。中国酒的酿造正因为使用了酒曲，让多种有益霉菌参与了发酵过程，它们就各显其能，有的将淀粉分解为单糖，有的将蛋白质分解为氨基酸，有的分解脂肪为多元醇，总之让中国的发酵原汁酒具有丰富的构成而独具特色、口感醇香。

传统酿酒

在中国，无论是陈醋、熏醋、香醋、米醋，它们都是以谷物为原料经发酵而制成。在西方家庭的餐桌或厨房里，常见的调味品有番茄酱、沙拉酱、芥末酱、辣椒酱等，酸味的调味品主要是各式酸果汁，甚至直接采用挤榨的柠檬汁，很少见到谷物醋。可见谷物醋在东方，主要是在中国一技独放。中国醋的酿制是酿酒技艺的延伸，即先将谷物酿成酒，再让酒在特定的环境中，在醋酸菌的催化下变成醋。正因为是酿酒的延伸，所以中国醋就很自然地传承了中国酒的优点和特色，即谷物醋中含有较果醋更丰富的物质。

制醋

古代由于缺乏科学的保鲜防腐设备和技能，将食料加工成酱食而便于贮运和食用较长时间是常见之事。在中国古代，将各种食料加工成酱食更是层出不穷，有各种肉酱、鱼酱和菜酱。由于种植业的产品是主要食料，因此各类酱中最突出的是以谷物为原料的面酱和以豆类为原料的豆酱。面酱、豆酱不仅可以直接食用，而且更多是用于加工其他食材而制成可口耐贮的食品。此外，各类酱还兼作调味品。做酱技术的关键也是发酵，由于原料之差异，特别是发酵时的菌系不同，所使用的曲也与酿酒制醋的酒曲不一样，因此发酵技术条件也有自己的特点。同样是种植业为主的农业形态，东亚各民族很自然地传承了以中国做酱技艺为主体的酱文化，无论是饮食，还是烹饪，酱都被放在一个显著的位置，遂形成了东亚饮食中一个不同于其他地区的特色。

茶叶的加工起源于中国，鲜叶由于本身的酶活性难以长时间保存，主要是通过让鲜茶叶失水抑活和发酵等手段才能较好地保存。于是中国先民在宋代以前将鲜茶叶加工成饼茶或茶膏后投放市场。根据这种适度发酵的技巧，在生产散茶之中，发展出发酵程度不同的黄茶、青茶（即乌龙茶类）、红茶、黑茶（包括普洱茶）。小种红茶通过商人传到了欧洲，成为英国及欧洲各王国王室的饮料佳品，红茶的制作技艺也被英国商人移植到印度和斯里兰卡，遂使红茶成为世界饮料的大宗。黑茶则是中国藏、蒙、维吾尔等少数民族居家必备，餐餐不少的饮品。

中国作为农业大国，蔬菜资源非常丰富，榨菜、雪里红和各式酱腌咸菜等经过发酵加工的菜肴副食品更是层出不穷，这些副食品不仅使餐饮更有滋味，而且食用起来也很方便。因此，从古至今都伴随着普通百姓的日常生活，有的或因美味可口或因滋味特殊而成为地方的名特产，例如四川泡菜、扬州酱菜、东北酸菜、朝鲜族辣白菜、贵州盐酸菜等。中国豆腐世界闻名，将豆腐通过接菌发酵制成的豆腐乳更是老少皆宜、开胃可口的好食品。总之，这类经发酵加工的好副食还有很多，它从多个层次反映了中国先民应用发酵技术即微生物工程手段所取得的成果。

第二章

溯酒之源

从古至今，关于酿酒技术在中国的起源一直有许多说法。有历史的传说，有文人墨客的猜测，也有学者的科学推理。由于各人所处的历史背景不同，生活阅历不同及认知基础的差异，出现不同的观点很正常。直到近代科学知识的传播和深化以及考古发掘提供了愈来愈丰富的资料，讨论甚至争论才开始有了实质性的进展，至今逐渐明朗和清晰。

传说中的酒神

酿酒技术是谁发明的，有许多传说。然而由于历史久远，谁都没有说清楚。能否说清楚不重要，关键是由于精神、信仰及文化等诸多需求，必须找到一个让人信服的行业神。这就是酒神创立的背景。

中国的酒神

成书于公元前 3 世纪的《吕氏春秋·卷十七·勿躬》中提出了“仪狄作酒”一说。汉代刘向（约公元前 77 ~前 6 年）整理的《战国策·魏策二》中写道：“昔者，帝女令仪狄作酒而美，进之禹，禹饮而甘之，曰：‘后世必有亡其国者’遂疏仪狄而绝旨酒。”《吕氏春秋》《战国策》都只说仪狄作酒，并没有肯定地说仪狄发明酒或酿酒术，后来的文献在叙述上有点变化。东汉许慎在《说文解字》的“酉部”中写道：“酒，就也……古者仪狄作酒醪，禹尝之而美，遂疏仪狄。杜康作秫酒。”据清代段玉裁考证，关于杜康这句话出于《世本》。宋代李昉等撰的《太平御览》则引自《世本》明确说：“仪狄始作酒醪，变五味，少康作秫酒。”还有其他一些著作也有类似的内容。从文中增加一个“始”字，就说明他们认为夏禹时代的仪狄发明了制造酒醪的技术，杜康则创造了秫酒的技术。这是古代流传最广的一种看法，至今仍有个别学者持这种看法。仪狄应是夏禹时期的主管后勤的官员，承帝女的命令，他将自己酿制的美酒奉呈讨好夏禹，没想到他碰了一鼻子灰。据《说文解字》的“巾部”里说：“帚，粪也……古者少康初作

河南汝阳杜康遗址上的杜康塑像

箕帚、秫酒，少康，杜康也，葬长恒。”这里并没有指出杜康是哪个时代的人。有说是黄帝时人，有说是夏禹时人，有说是周朝人。到底是什么时代的人，实在搞不清。所以宋朝人高承在《事物纪原》一书中带着疑惑的口气说：“不知杜康何世人，而古今多言其始造酒也。”分析《说文解字》的记载，秫应是指黏高粱，也是高粱的统称，是中国古代的“五谷”之一，在北方地区广为种植。其果实为粮食，也是最佳的酿酒原料。其秸秆也有多用，除做床垫、围墙外，还可当作燃料，做箕帚。把做箕帚与制秫酒联系起来，使制出什么酒倒也明确了，可以认为制秫酒把仪狄变五味作酒醪的技术提高了一步，明确是用谷物制酒了。杜康到底是何许人氏？“少康，杜康也，葬长恒”倒是一条线索，因为夏朝的第五世君王叫少康，所以说杜康就是一个发明造酒的君王。杜康所葬的“长恒”不知在何处，当代在陕西白水县的“康家卫”村庄的村东一条大沟旁有个直径约五六米的大土包，外有矮砖墙围护，当地群众相传这是“杜康墓”。查清代乾隆年间重修的《白水县志》说，杜康，字仲宁，白水县康家卫人。县志上的地形略图上也标有“杜

《说文解字》书影

陕西白水县的杜康祠

康墓”三字。问题是这个杜康究竟是夏代的杜康，还是在西汉做酒泉太守的杜康，实难辨别。杜康是怎样发明造秫酒呢？很可惜，没有记载，但是在民间倒是有不少“杜康酿酒遗址”。

一处遗址在陕西白水康家卫。在村东被水冲出来一条长约10公里的大沟，当地人称“杜康沟”。沟的起点处有一眼泉，当地人称“杜康泉”。泉水清冽，四季汩汩不竭，县志上说：“俗传杜康取此水造酒”，“乡民谓此水至今有酒味”。泉水涌出地面，沿着沟底流淌，形成一条涓涓细流，当地人称其为“杜康河”。沟、泉、河的命名都挂上了杜康之名，这是为传说中的杜康造势而已。在河南的汝阳也有一处杜康造酒的“遗址”。民间相传，周朝有位天子喝了杜康（成了周朝人）酿的酒，食欲大振，心旷神怡，于是封杜康为“酒仙”，赐他酿酒之村庄为“杜康仙庄”。这个“杜康仙庄”就位于今汝阳境内，相伴的也有“杜康泉”“杜康河”等俗传的一些“杜康酿酒遗址”。传说中还说，自杜康善酿之名声大振，上达天庭，终于被玉皇大帝召去酿造御酒。到了晋代，杜康又奉旨下凡，在洛阳龙门山附近开了酒店，专等被王母娘娘贬下凡的瑶池酿酒小童——刘伶。刘伶嗜酒，闻香而至，仅喝了杜康酿制的三碗酒就醉倒了，过了三年方醒。玉皇让杜康点化刘伶，一是为了传授好的酿酒技艺，二是告诫人们酒的厉害。这就是“杜康醉刘伶”的民间故事。编这一故事大概是为了宣扬本地出好酒。河南伊川县的皇得地村，相传也是杜康当年的酿酒处。它的位置恰好与汝阳的“杜康仙庄”遥遥相望。村里有一眼古泉名上皇古泉，传说是杜康酿酒的取水处。这泉水与汝阳的杜康泉很可能是同一水脉，水质确实甘甜清冽。关于杜康造酒的观点，后来因三国时代曹操的一句名言“何以解忧，唯有杜康”而得到了强化。后人不仅把杜康当作一种美酒的代名词，甚至把杜康奉为酿酒的祖师爷，某些酿酒作坊或名酒的

《杜康醉刘伶》书影

产地还设立杜康的牌位加以敬奉。杜康成了中国的酒神。例如，在陕西白水县和河南汝阳县，群众自发地修建了“杜康庙”，供奉杜康像。据《白水县志》记载，每年“正月二十一，各村男妇赴杜康庙”敬献祭品、演戏娱乐，直到日落西山，方尽兴而归。可见杜康在当地人心目中的地位。

古希腊的酒神

世界上许多民族都有自己塑造的“酒神”，其中以古希腊神话中的“酒神”故事最多。古希腊酒神狄俄尼索斯，又叫巴克科斯，是希腊神话中的水果神，说他首先种植葡萄。有了葡萄，上帝就给他分配了专职酿酒的任务。善酿酒的狄俄尼索斯在希腊有着一群狂热的信徒，不分男女老少，遍布各个阶层。无论他走到哪里，信徒们都会蜂拥伴随，在那里举行欢乐的宴会。当时底比斯国王彭透斯（狄俄尼索斯的表亲）对此十分嫉妒和愤怒，当看到他的母亲和姐妹们都积极参加这种热烈的狂欢活动后，他怒不可遏，命令全副武装的步兵和骑兵去驱散这些信徒，极力阻止活动，而且还大力镇压信徒。镇压自然引起了反抗，造成社会的动乱。动乱日益扩大，酒神的信徒甚至包围了国王的城

古希腊神话中的酒神

酒神与他的信徒们

酒神祭

堡。这时国王不得已请狄俄尼索斯出来帮助平息众怒，狄俄尼索斯说，你亲自到群众中去说服吧。国王胆怯地走出城堡，面对这些狂热的信徒。他在愤怒的人群中，看到了自己的母亲和姐妹，他首先求援于她们。没想到，她们像中了魔咒，变得不认识彭透斯，先是扔石块砸他，后来又疯狂地带头冲上去，像对付一只野兽一样击打撕扯他，众怒难平，你一拳，我一脚，最终将彭透斯打死。这一神话故事寓意丰富，至少有两点是很明显的。一是在希腊诸神中，酒神拥有众多的信徒，地位较高，表明饮酒已深入千家万户，成为许多人生活的重要内容。因此，禁酒很难实行。二是饮酒过量是会醉人的，酒醉之徒无论男女老少，其行为会失去控制，变得六亲不认，后果很可怕。历史和现实都反复地印证了上述观点，因此，任何国家和政权都很重视酒类的生产，并制定相应的政策，来规范和加强酿酒和饮酒的社会管理。酒神是先民臆想塑造出来的，是为了评说社会伦理纲常，教育后人。

狄俄尼索斯诞生于弥漫浓郁自然宗教氛围的古希腊文化土壤上。由于当时生产力低下，人们把自然界看作具有无限威力、不可制服的力量而加以神化。人们需要的诸多神灵就是这样诞生的。狄俄尼索斯作为葡萄种植业和酿酒业的行业神，人们乞求通过他的帮助能获得葡萄和酿酒的丰收。为此，古希腊人每年都要举行酒神庆典，上演《酒神颂》，其内容是哀叹酒神在尘世遭受的苦难，诉说再生的经过。无形之中这种《酒神颂》的剧目导致了文艺上希腊悲剧的诞生。酒神成为艺术之神，在艺术发展中起到无可估量的作用。由此可见，古希腊的酒神已不是宗教意义上的神，而是代表一种精神，宣泄那种狂妄、本能、生命甚至破坏的情绪，对希腊乃至欧洲先民的人生追求和人生态度产生了重要影响，同时还促进了音乐、舞蹈的发展，成为生命自由和非理性的象征。

在古希腊，酒神与人相似但不是人，酒神有个性，有情欲，爱争斗，但同人有严格的界限。在古代中国，表现出来的是人神同一，即神是由具体的人演进的。中国酒神精神是以道家哲学的观念为滥觞，以对生死问题的思考为论说标志，强调的是一种自由精神，庄子的《逍遥游》集中体现了这种精神。酒神精神主要强调感性对理性的超越，精神对物质的超越，个体对群体的超越，虚幻对现实的超越，一句话，都强调个体的自由。从魏晋时的名士到唐宋时代的李白、苏轼等文坛大师身上，都不难发现这种精神及其影响的痕迹。可见酒神精神对中国文化的影响是巨大的，从而产生内容丰硕的酒文化。

李白画像

谁是中国最早的酿酒师？

在古代，不同意仪狄和杜康为酿酒技术发明者的大有其人。现存我国最早的医学论著《黄帝内经》的“素问”篇中有一段黄帝与岐伯讨论醪醴即造酒的对话：“黄帝问曰：‘为五谷汤液及醪醴，奈何，岐伯对曰：‘必以稻米、炊之稻薪。稻米者完，稻薪者坚。’”清代学者王冰

《黄帝内经》书影

校注："五谷，黍、稷、稻、麦、菽，五行之谷，以养五藏者也。醪醴，甘旨之酒，熟谷之液也。帝以五谷为问，是五谷皆可汤液醪醴，而养五藏。而岐伯答以中央之稻米稻薪，盖谓中谷之液，可以灌养四藏故也。"

且不论王冰的注释是否准确，但是有一个观点是显见的，那就是这段对话即暗示在夏禹之前的黄帝时期，人们已能造酒。汉代人孔鲋写的《孔丛子》也有一段话：平原君与子高饮，强子高酒曰："昔有遗谚'尧舜千钟，孔子百觚……古之圣贤，无不能饮也。吾子何辞焉。'"尧、舜都是夏禹之前的氏族社会的首领，可见酿酒技术的出现似在夏禹之前。这也是流传于民间关于酿酒起源的一种说法。

三位传说中的中国帝王：伏羲、神农、黄帝

在古代的学者中，也有不信神的，他们认为酒与"天地并存"，其认识有了进步，接近客观。《后汉书·孔融传》记载："时年（献帝建安十二年）饥兵兴，曹操表制酒禁，（孔）融频书争之，多侮慢之辞。"孔融当时身为北海太守，作为好酒者的代表，他强烈反对曹操推行的禁酒令，斗胆上书争辩。他在《与曹操论酒禁书》中就提出了"酒与天地并也"的观点。他说："……夫酒之为德久矣。古先哲王，类帝禋宗，和神定人，以济万国，非酒莫以也。故天垂酒星之耀，地列酒泉之郡，人著旨酒之德。尧不千钟，无以建太平。孔非百觚，无以堪上圣。樊哙解戹鸿门，非豕肩钟酒，无以奋其怒……”他不仅搬出了尧、孔夫子等老前辈能饮善饮而成大器的典故来辩驳，甚至还提出了酒与天地并存的观点，指出有了天地就有酒，酒的出现是上天的安排，岂能随便废之。曹操当时禁酒是因为连年的征战，影响了农事收成，而酿酒与民争口粮，势必加剧粮荒带来的社会动荡。

江统画像

在孔融之后，有更多的人对圣人造酒之说表示了怀疑。晋代学者江统(公元250 ~ 310年)就是一个代表。他在其所著的《酒诰》中对酒的发明率直地说：“酒之所兴，肇自上皇，或云仪狄，一曰杜康。有饭不尽，委余空桑，郁积成味，久蓄气芳，本出于此，不由奇方。”他明确怀疑上皇、仪狄、杜康的造酒之说，提出了自然发酵的观点。另一位晋人庾阐也说：“盖空桑珍味，始于无情。灵和陶酝，奇液特生。圣贤所美，百代同营，故醴泉涌于上世。”这观点也属自然发酵的见解。他们的见解来自对生活中酿酒实践的仔细观察，但是在当时仍难以为

《酒谱》书影

多数人所接受。

随着社会的发展，愈来愈多的人对酿酒的起源有了新的认识，其中宋代的窦革（又有人称其为窦苹）就是一个代表。窦革在其撰写的《酒谱》中首先讨论了“酒之源”：“世言酒之所自者，其说有三。其一曰，仪狄始作酒，与禹同时。又曰尧酒千钟，则酒作于尧，非禹之世也。其二曰，《神农本草》著酒之性味。《黄帝内经》亦言酒之致病，则非始于仪狄也。其三曰，天有酒星，酒之作也，其与天地并矣。予以谓是三者，皆不足以考据，而多其赘说也。夫仪狄之名，不见于经，而独出于《世本》。《世本》非信书也。其言曰，仪狄始作酒醪，以变五味，少康始作秫酒。其后赵邠卿之徒，遂曰仪狄作酒，禹饮而甘之，遂绝旨酒而疏仪狄，曰：后世其有以酒败国者乎！夫禹之勤俭，固尝恶旨酒而乐谠言，附之以前所云则赘矣。或者又曰：非仪狄也，乃杜康也。魏武帝乐府亦曰，何以消忧，惟有杜康。予谓杜氏本出于刘累，在商为豕韦氏，武王封之于杜，传国至杜伯，为宣王所诛，子孙奔晋，遂有杜为氏者，士会亦其后也。或者康以善酿得名于世乎？是未可知也。谓酒始于康果非也。尧酒千钟，其言本出于《孔丛子》，盖委巷之说，孔文举遂征之以责曹公，固已不取矣。《本草》虽传自炎帝氏，亦有近世之物……”

窦革这段论述颇具新意，观点十分鲜明。他认为，流传下来关于仪狄作酒、酒始于尧舜、酒与天地同时产生等三种观点都是证据不足的赘说。说仪狄作酒，而禹疏远仪狄，是后人为了赞美禹之勤俭而编造出来的。说杜康造酒，是因为曹操曾说“何以解忧，唯有杜康”，但考究杜康的生平，充其量只是一个因善酿而有名的人。“尧酒千钟”，也属委巷之说。孔融说“酒与天地并也”仅仅为了驳斥曹操禁酒。《神农本草经》虽传自炎帝，但辨其药所出地名，皆为两汉地名，足见它实际上不是炎帝时的书。至于《黄帝内经》，考其文章，大概皆出于六国秦汉之际。之后，窦革提出了“智者作之”的推测。能如此详细地考证酒的起源，这在之前的古籍中是没有的。现在看来，窦革的见解明显高于前人，在当时的社会背景下，也是颇有见地和难能可贵的。他的观点在当时和以后都产生了积极的影响。例如，比窦革稍后的酿酒实践者朱肱在《北山酒经》中就直接了当地说：“酒之作尚矣，仪狄作酒醪，杜康作秫酒，岂以善酿得名，盖抑始终如此。”

最有趣的是明代有个名叫周履靖的学者，他非常喜欢喝酒，自以为对酒很有研究,写了一本名为《狂夫酒语》的书，书中收录了他创作的大量的有关酒和饮酒的诗文。其中有一篇题为《长乐公传》，他以第一人称为视角，饶有风趣地为酒作传。他称酒为“长乐公”，自述说：“先生姓甘名醴，字醇甫，宜城新丰人。生于上古，不求人，知乐与天乔者并秀于原野，始见知于神农氏，弃为旯时，即大爱幸，及为农官，遂荐三与黍氏、粱氏并登于朝。后值岁祲，黎民阻饥，遂逃于河滨，获遇仪狄，得配曲氏。然素性和柔，遇事不能自立，必待人斟酒而后行，尝自道曰，沽之哉。我待贾者也，后寓杜康生生家，得禁方法浮粕存精华，数千年问长生久视，与时浮沉。……”

《北山酒经》书影

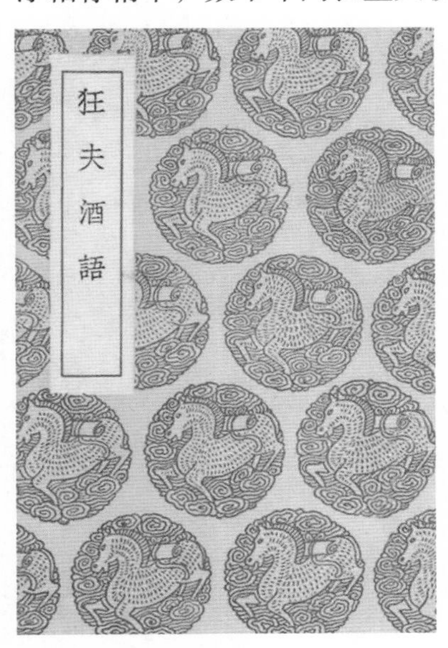

《狂夫酒语》书影

从这篇生动、形象的叙述中，不难看出作者既力图把历史上与酒相关的名人串起来，又要把制曲酿酒的工艺要术糅进去，才成全“酒—酒史”的自述。他认为酒很早（上古）就存在于大自然中，是自然发生的事。将谷物（黍、粱）有意识地酿制成酒则始于神农时期。神农氏即炎帝，是传说中农耕技术的创始人。用曲（曲氏）酿酒始于仪狄，杜康则是在制取清酒上做出贡献。仪狄、杜康都因为善酿而闻名。周履靖的上述认识大致上是将人们的推测和历史上的典故进行了加工，使之自圆其说而已，似乎有点新意而进了一步，但是人们的认知仍是很模糊的。由于历史条件的局限，古人无法了解酿酒的科学奥秘。直到近代，科学的发展揭示了酿酒的过程是项利用微生物在一定的条件下，将淀粉或糖类物质转化为乙醇的生物化学过程，从而使人们能够依据科学的原理和考古发现所提供的资料，再结合古代文献，对酿酒起源作科学的分析。

第三章 都是发酵搞的鬼

从上述古人有关酿酒技术发明的见解，不难看到，尽管随着社会的发展，技术的进步，人们对酿酒技术的起源逐渐剥去了神奇的外衣，认知在逐步提高。但是，由于缺乏必要的科学知识，古人还是把自然界存在的天然酒或某些含糖物质自然发酵成酒与人工有意识地将谷物酿造成酒等基本观念混淆起来，故得到的结论仍然不够科学。下面就用科学常识的目光来看看酿酒技术是如何被发明和掌握的。

从模仿开始的酿酒术

从地球上生命进化历程来看，特别是在生命繁衍的过程中，乙醇（酒精）作为一种基础的有机化合物，与各种生命和物质共存与自然界，这是客观的事实。某些含糖物质演化为酒而普存于自然界是千变万化的自然现象之一。

果浆变酒的故事

在自然界中，凡是含有糖（葡萄糖、麦芽糖、乳糖、蔗糖等）的物质，例如水果、兽乳等，受到酵母菌的作用就会生成乙醇。所以在自然界中一直存在着酒或含酒的物质，正如古人所讲，“酒与天地并也”。宋代周密在《癸辛杂识》中就记述了他经历过的一则农家故事：“有所谓山梨者，味极佳，意颇惜之。漫用大瓮储数百枚，以缸盖而泥其口，意欲久藏。旋取食之，久则忘之。及半岁后，因至园中，忽闻酒气熏人。疑守舍者酿熟，因索之，则无有也。因启视所藏，梨则化之为水，清冷可爱，湛然甘美，真佳酿也。饮之辄醉。回回国葡萄酒止用葡萄酿之，初不杂他物，始知梨可酿，前所未闻也。”农家收获的山梨，因味极佳，舍不得一时都吃掉，就将数百枚储藏于大瓮中，加了缸盖，而用泥封口，意欲久藏，留着慢慢的吃。没想到主人忘了这事，半年后，还是闻到酒香才发现山梨久储变成酒了。金代元好问也曾记述了在山西安邑发生的一则葡萄自然发酵而成葡萄酒的故事。“贞祐中，邻里一民家，避寇自山中归，

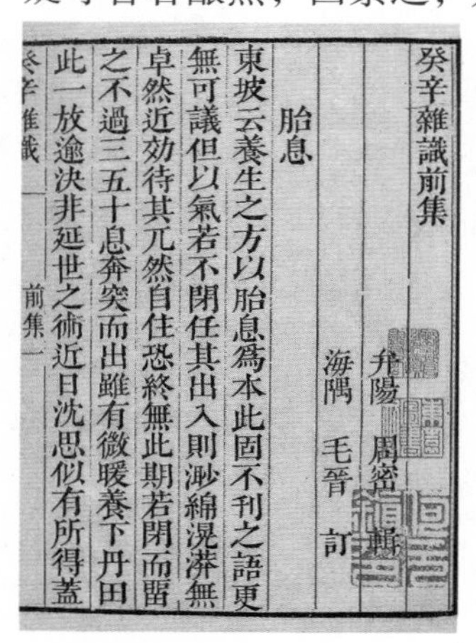
癸辛雜識前集

弁陽 周密 輯

海隅 毛晉 訂

胎息

東坡云養生之方以胎息爲本此固不刊之語更無可議但以氣若不閉任其出入則渺綿滉漭無卓然近効待其兀然自住恐終無此期若閉而留之不過三五十息奔突而出雖有微暖養下丹田此一放逾決非延世之術近日沈思似有所得蓋

癸辛雜識 前集一

《癸辛杂识》书影

见竹器所贮蒲桃，在空盎上者，枝蒂已干，而汁流盎中，熏然有酒气。饮之，良酒也。”水果在储存中，一旦环境条件适宜，即在一定的温度、湿度和无腐败杂菌的条件下，会自行发酵而变成酒。当然在多数的情况下，因腐败杂菌的作祟，水果会腐烂。这种偶尔出现的水果自然发酵变酒的现象，只有细心地观察才能发现。周密和元好问的记载恰恰说明古代早有人观察到这一现象。

观察到这种自然现象，并模仿这种现象，人类就发明了酿酒技术。这是人类智慧的体现，酿造技术的发明对提高人们的生活质量无疑是大有裨益的。

猿猴也会造酒

人类究竟是何时掌握酿酒技术的呢？下面的史实应该给我们有所启示。明代李日华在其所著的《蓬拢夜话》中曾提到：“黄山多猿猱，春夏采杂花果于石洼中，酝酿成酒，香气溢发，闻数百步。野樵深入者，或得偷饮之。不可多，多即减酒痕。觉之，众猱伺得人，多嬲死之。”清代刘祚藩也在《粤西偶记》中记载说：“粤西平乐等府，山中多猿，善采百花酿酒。樵子入山，得其巢穴者，其酒多至数石，饮之，香美异常，名曰猿酒。”这一发现并不稀罕，它喻示一个事实，猿猴尚知模仿水果自然发酵而制得酒，人类掌握这一方法显然是不难的，应该在远古时期。这种自然发酵而成的水果酒应是最原始的酒，也是人类最早能获取饮用的酒。水果中多汁液的浆果，其汁中所含的糖分常渗透于皮外，是酵母菌良好的繁殖处所，所以浆果皮外总附有滋生的酵母菌，当它偶尔落入石凹处，或人工有意识地采集它于某种容器中，就会自然发酵成酒。

猿猴饮酒图

葡萄酒的起源

古希腊神话中的酒神狄俄尼索斯，首先是水果神，发明了葡萄的种植技术并赋予他酿制葡萄酒的技术，因此他才成为酒神。

在西方最早的饮料类食材有葡萄酒、蜂蜜酒、麦芽酒。从葡萄变成葡萄酒是个自然的过程。蜂蜜变成蜂蜜酒虽然也是个自然过程，但是，因蜂蜜极其有限，而且蜂蜜变酒对环境的要求颇高，故蜂蜜酒普及程度远不如葡萄酒。麦芽酒倒是有较多的原料可提供，但它最初的发酵还是借助于葡萄酒酿制中的酵母，即麦芽酒起始于面包和水在酵母菌帮助下的发酵。由此可见，最早酿造的酒应是葡萄酒。酵母菌天生就喜欢葡萄汁，每当成熟的葡萄被摘下来，它的外皮总会附着酵母菌，葡萄外皮一旦破裂，酵母菌就会侵入，在适宜的温度和没有杂菌的干扰下，葡萄汁就在酵母菌的帮助下迅速发酵变成葡萄酒。

在世界许多地方都生长着葡萄类的水果，只是野生的葡萄品种不同，有的不仅适宜采摘生吃，还可用于酿制葡萄酒；有的则是皮厚果小味道也不佳，人们只在饥荒年代用它来充饥。在北非和欧亚大陆，特别是地中海沿岸就生长有较好的葡萄品种。只有较好的葡萄品种才能酿造出口味较好的葡萄酒，因此，人们才会主动将那些优秀的野生葡萄品种引进种植和驯化。葡萄和无花果一样首次结果需要 3 年，到 25 年后才丰产。与种植谷物和豆类不一样，果农栽下葡萄后，几十年或几代人都可以享用其收获的成果。据考古发现近东地区的先民早在公元前 4000 年 ~ 前 5000 年已种植、驯化较好品种的葡萄。葡萄除能提供新鲜的果实外，还可以制成葡萄干、葡萄酒及葡萄醋而储存。种植葡萄有这么多好处，因此在中亚、地中海沿岸、北非等广大区域得到推广和发展。葡萄酒成为这些地区居民最重要和最普及的饮料。

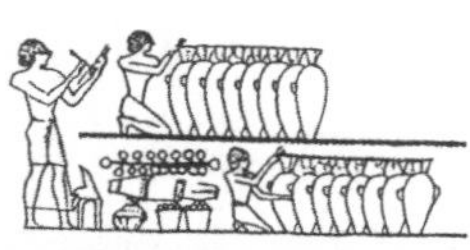

古埃及壁画：3500 年前的葡萄酒技术解示（壁画出自古城底比斯第 18 王朝统治者森纽法墓）

在希腊，考古学家在克里特岛的早期青铜时代（公元前 3000 ~ 前 1500 年）遗址中发掘出装酒用的青铜带嘴容器。还发现用于压榨葡萄的机械残片，以及多种材料制成的饮酒器具。20 世纪 70 年代，在伊朗的格登特彼发现了一只公元前 3500 年前的波斯两耳细颈酒罐。对罐内壁残留的红色斑痕进行化学分析表明，这红斑含有单宁和酒石酸，证明这罐曾经是装盛葡萄酒的。除发现公元前的大量与酒相关的器具外，在法国南海岸的马赛港附近一艘失事沉入海底的古罗马商船残骸之中还发现了公元前 7 世纪产自塞浦路斯的葡萄酒。在德国斯柏亚博物馆还保存有装在玻璃瓶中的古罗马葡萄酒。

考古工作者经过长期的考察和研究，可以肯定，无论在古希腊、古意大利及古代法国，当地的先民都是引进优良的葡萄品种与本地的野生葡萄进行杂交，从而建立了许多葡萄园，大量地生产葡萄酒。《圣经》就描述说，洪水退后，诺亚方舟停靠在大高加索山脉的最高峰——阿拉拉特峰的山顶，开辟了种植葡萄的庄园，并开始了酿制葡萄酒。《圣经》的陈述未必正确，但是它喻示了在纪元初，葡萄种植和葡萄酒酿造在欧洲遍地开花的状况。

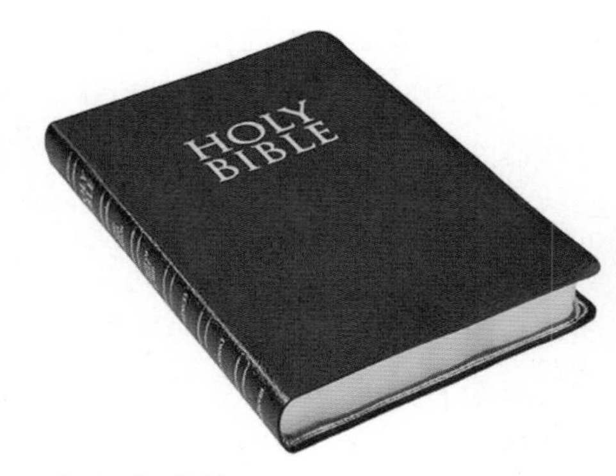

《圣经》书影

由于葡萄酒是一种既有益于身心，又能储存的饮料，市场前景广阔，在生活中占有特殊地位。从古希腊到古罗马，葡萄酒产业都在经济中有着不容忽视的作用。王室贵族都因拥有自己的葡萄酒庄园而自豪。到了中世纪宗教统治的黑暗时期，天主教堂、基督教堂、修道院大都拥有较大的葡萄园，葡萄酒经济和葡萄酒文化也很自然地纳入宗教活动的主要内容，从一个侧面反映了葡萄酒产业在欧洲的发展。

在近代，各品牌的葡萄酒厂商除了发展出佐餐葡萄酒、餐前和餐后葡萄酒外，还利用高质量的玻璃瓶、软木塞及开塞钻等进步技术，在葡萄酒勾兑的过程中创制了香槟酒。崭新的口味和美妙的气泡使香槟酒成为欢庆场合的宠儿。特别是利用蒸馏技术而将一部分葡萄酒变成了酒度较高的白兰地，丰富了酒类品种。总之，葡萄酒不仅成为当今世界酒类的大项，而且也深入到世界大部分地区和家庭，成为必备的家庭饮品。

畜奶与奶酒

人类制作并饮用的第二类酒可能要数奶酒，它的制作技术比果酒要复杂些。当人们开始养殖较多家畜时，即某些部落进入以畜牧业为主的游牧生活后，驯养的牲畜不仅提供了肉食，而且畜奶也是重要的食材。当时未喝完的畜奶放在皮质的容器（皮囊）中，放置久了，容器里以乳糖为营养而繁殖存活的酵母菌就可能将这些畜奶自然发酵成奶酒。由品尝天然奶酒发展到人工制作奶酒，过渡是自然而简便的，而人工制备奶酒的大致操作也十分简单：将马奶、牛奶等畜奶放入特制专用的皮囊或木桶中，不断地用木棍在其中搅拌，加强其发酵能力，过段时间，奶酒或酸奶就制成了。每次倒出奶酒后残留在皮囊内的剩液就很自然地成为下次制作奶酒或酸奶的发酵剂。在无污染的环境下，畜奶的发酵主要由容器中存在的乳酸菌和酵母菌所主宰。乳酸菌强势，则酿成酸奶；酵母菌强势，则酿得乳酒。通常情况下，在乳酸菌和酵母菌的共同作用下，酿的是带酸味又略有甜感的奶酒。后来为了保证奶酒不变味和变质，人们还对奶酒作进一步的煮熬加热处理。酿得的产品的质量和风味要视畜奶的酿造环境和发酵程度所定。与牛奶相比，马奶含有较少的脂肪、蛋白质和较多的乳糖，在酸性条件下不会像牛奶那样形成凝乳。况且在加工中，人们有意识地提前把部分脂肪作为奶油分离出来，马奶酒的制作更易成功而得到人们的青睐。马奶及马奶酒在中亚游牧民族生活中的普及和重要性不言而喻，生活在中国北方地区的游牧民族也很早就掌握了奶酒和酸奶的制备。

马奶酒酿制的皮囊和捣杵（内蒙古博物馆藏）

大约在1253年，一

位与意大利的马可·波罗几乎同时到中国的，名叫鲁布鲁克的西方旅行者记载了他所见到马奶酒制作。他说：“马奶酒是蒙古人和亚洲其他游牧民族的传统饮料。马奶酒的制作方法如下：取一个大的马皮袋和中空的长棍。将袋洗净，装入马奶。加入少量酸奶(作为接种物)。当它起泡时，用棍子敲打，如此循环直至发酵结束。每一位进入帐篷的访客，在进入帐篷时都被要求敲打袋子几次。三至四天后，马奶酒即成。”这里记载的马奶酒制作技术实际上就是沿袭了数千年的传统技术，当然在操作细节上比远古时期有相当进步，特别在发酵剂的接种上，进步是明显的。上述中的“少量酸奶”实际上是内含经过长期筛选、培育的，有着丰富酵母菌和乳酸菌的优质发酵剂。在马皮袋中，当马奶装满后，只有顶部那层马奶与少量空气有所接触，故整个发酵过程处于封闭缺氧的环境。马奶酒酒度较低，与当今的啤酒酒度差不多，喝起来很柔和，略有酸味，带有乳香，所以很受欢迎，在古代成为蒙古族、藏族和西北地区少数民族最常饮用的饮料。

《普兰·迦儿宾行记，鲁布鲁克东方行记》书影

许多人类学家和发酵专家都认为，人类在远古即旧石器时代业已掌握水果酒和奶酒的制取。当然这种原始的酒只能说是乙醇含量极低的水果浆或畜奶而已，闻起来可能别有风味，喝起来的口味就难讲了，要看各家制酒的技巧。

由于环境和资源状况的差异，奶酒在世界各地区的情况各不相同。在中国古代，奶酒的制作和饮用主要在西北和北方的部分地区流传。在中原地区及南方广大地区，由于是以种植业为主的农业社会，奶酒不仅不入酒品之列，甚至很少见闻。这种状况在古籍中可见一斑。西汉司马迁《史记·匈奴列传》中提到匈奴人自古“食畜肉，饮潼酪”，“潼酪”即马奶酒的古代称谓之一。匈奴人当时是过着游牧生活，肉、奶是主要的食材。在西汉时期，匈奴既是汉朝的邻居，又是征战的主要对手。人

《史记》书影

民的交往互通十分频繁，匈奴人很羡慕汉人安定的农耕生活，就连他们的单于都曾表示欲“变俗好汉物”，即学习汉人且改变包括饮食在内的生活习俗。结果遭到部分匈奴人，特别是上层贵族、官吏的强烈反对，他们胁迫匈奴人把家里的汉物都丢掉，以示抗议，并扬言“汉朝食物不如潼酪之便美也”。这种保守的举动并不能显示匈奴的强悍，结果经过几番较量，匈奴被赶出了漠北地区，不得不西迁至欧洲。与匈奴人不同，汉人倒没有拒绝匈奴的“潼酪”等乳制食品。在汉代班固所作的《汉书·百官公卿表》中就记载说：“西汉太仆，下设家马令一人，丞五人，尉一人，职掌酿制马奶酒；武帝太初元年，更名家马为挏马。”这就是说，汉朝在设置百官中，沿袭前朝设立了“太仆”，为九卿之一，是掌管皇家部分后勤工作，养马用车，起居饮膳都在他的管辖之内。在他的手下有一专门职掌酿制马奶酒的官员，名“挏马”。“挏马”这一职名，后人较难理解。据汉人应劭的解释：“主乳马，取其汁挏治之，味酢可饮，因以名官。”一名叫如淳的人也说：“主乳马，以韦革为夹兜，受数斗，盛马奶，挏取其上，因名曰挏马。”这里不仅明确指出挏马这一官职是做什么的，还介绍了制马奶酒的工艺过程，“挏”即是来自其工艺的主要操作方法。汉代许慎在《说文解字》中说：“汉有挏马官，作马酒。”既然汉代宫廷有专制马奶酒的官员，则说明制作马奶酒有一定的技术难度，需要专门人才，同时生产也应有一定规模。当时马奶酒的制作除皇宫之外，主要在北方游牧民族的部落家庭中。在广大的中原地区和南方诸郡，以种植业为主的农业社会中，饮奶的有，但制奶酒的少。故从《齐民要术》到《天工开物》，从《神农本草经》到《本草纲目》等一系列古籍中即便提到奶酒，也没有详细叙述其生产工艺。唯有元朝的诗文中有较多赞美马奶酒的篇章，因为蒙古的骑士自幼就有马奶酒的滋润，当他们征战在辽阔的中国、西亚及欧洲时，在马背上陪伴他们的除了弓箭就是醇香的马奶酒。

天之美禄

应季的水果，产量有限，鲜吃尚不够，哪能想到用它来酿酒。葡萄的种植，由于品种、地域，特别是文化传统的原因，在中国古代的发展一直没有形成气候。以畜奶为原料的奶酒也只是在西北地区的游牧部落流行，很难形成社会的、规模的生产。在古代中国只有采用谷物酿酒才能为人们提供大量的酒，所以人们讨论中国的酿酒起源，主要是指谷物酒的起源。用谷物酿酒，其过程较之果酒或奶酒就复杂多了，因为谷物中的主要成分是多糖类高分子化合物：淀粉、纤维素等。它们不能被酵母菌直接转化为乙醇，必须先经过水解糖化分解为单糖才能被发酵成酒。而淀粉糖化的技术，人们的发现和掌握的难度较大，所以从水果、畜奶酿酒到谷物酿酒的发展又经历了很长的时间。

谷物酿酒的机理

在中国古代，凡是饱含淀粉的谷物都曾被尝试着用来制酒。北方盛产的黍、稷、菽、麦，南方主产的稻，都曾是酿酒的原料。就以稻米为例，它除去谷壳后的大米中含淀粉在70%以上，小麦含淀粉为60%。将淀粉转化为乙醇（酒精）主要有两个步骤。第一步是先将淀粉分解为可被酵母菌利用的单糖和双糖，即糖化过程。第二步是将糖分转化为乙醇，即酒化过程。

水果、兽奶酿酒只需酒化过程，而谷物酿酒则需先糖化后酒化两个过程。两个过程依次进行，后人称之为单式发酵；假若两个过程同时进行，则称之为复式发酵。在谷物发酵的过程中，谷物中含有的蛋白质、脂肪等营养成分也会被相关微生物所利用而伴随有以下生化反应：

有机酸的生成　　糖分 $\xrightarrow{\text{醋酸菌、细菌}}$ 有机酸

蛋白质分解　　蛋白质 $\xrightarrow{\text{霉菌}}$ 肽 $\xrightarrow{\text{霉菌}}$ 氨基酸 $\rightarrow$ 高级醇

脂肪分解　　脂肪 $\xrightarrow{\text{霉菌}}$ 甘油 + 脂肪酸 $\rightarrow$ 酵母菌酯

用现代的科学知识来看，谷物酿酒的糖化、酒化过程远比上述的几

个方程式要复杂得多。谷物中包含以淀粉为主体的碳水化合物，还有含氮物、脂肪及果胶等，这些成分在谷物用水浸泡和加热中就会发生一系列化学变化。例如谷物中的淀粉颗粒，它实际上是与纤维素、半纤维素、蛋白质、脂肪、无机盐等成分交织在一起。即使是淀粉颗粒本身，也因具有一层外膜而能抵抗外力的作用。淀粉颗粒则是由许多呈针状的小晶体聚集而成，淀粉分子之间是通过氢键联结成束，即如下式：

$$\text{淀粉分子链}\xrightarrow{\text{氢键}}\text{针状晶体}\xrightarrow{\text{聚集}}\text{淀粉颗粒}$$

据现代科技手段的测试，1 公斤玉米淀粉约含 1700 亿个淀粉颗粒，而每个淀粉颗粒又由很多淀粉分子所组成。淀粉是亲水胶体，遇水时，水分子渗入淀粉颗粒内部而使淀粉颗粒体积和质量增加，这种现象称之为淀粉的膨胀。淀粉的膨胀会随着温度的提高而增加，当颗粒体积膨胀达 50 ~ 100 倍时，淀粉分子之间的联系将被削弱，最终导致解体，形成均一的黏稠体。这种淀粉颗粒无限膨胀的现象，称之为糊化。这时的温度称之为糊化温度。不同的淀粉会有不同的糊化温度，例如高粱淀粉为 68℃ ~ 75℃，大米淀粉为 65℃ ~ 73℃。淀粉初始的膨胀会释放一定的热量，进一步的糊化过程则是个吸热过程。在淀粉糊化后，若品温继续上升至 130℃左右，由于支链淀粉已接近全部溶解，原先淀粉的网状结构被破坏，淀粉溶液就变成黏度较低的易流动的醪液。这种现象称之为淀粉的液化即溶解。就在淀粉的糊化和液化过程中，体系中的酶被激活（50℃ ~ 60℃起），这些活化了的酶就会将淀粉分解为糊精和糖类。与此同时，还会进一步发生己糖变化、氨基糖反应及焦糖生成。原先谷物原料中含糖量最高只有 4%左右，经过糊化、液化之后，各种单糖就有很大增加。

在糊化、液化过程中，谷物中的纤维素一般只会吸水膨胀而不会发生明显变化。而主要由聚戊糖、多聚己糖构成的半纤维素，其中的聚戊糖会部分地分解为木糖和阿拉伯糖，并能继续分解为糠醛。这些产物都不能被酵母所利用。多聚己糖则部分被分解为糊精和葡萄糖。谷物中的含氮物，因为蛋白质发生凝固和部分变性，从而发生胶溶作用，且有 20% ~ 50% 的谷蛋白进入溶液（若谷物已先经粉碎，则有更多谷蛋白进入溶液）。谷物中的脂肪只有 5% ~ 10% 会发生变化。谷物中的果胶质则在水解之后会进一步分解产生甲醇，其产生甲醇的多寡要视谷物的品种而定。总之，在谷物加水加热的糊化、液化中，淀粉等成分的化学变化是复杂的。由于谷物中淀粉是主要成分，所以这样复杂的化学反应中最关键的是糖化反应，其中真正起作用的是淀粉酶的催化作用。其总的反应式如下：

$$\text{淀粉} + \text{水} \xrightarrow{\text{淀粉酶}} \text{葡萄糖}$$

淀粉酶实际上包括有 α－淀粉酶、糖化酶、异淀粉酶、β－淀粉酶、麦芽糖酶、转移葡萄糖苷酶等多种酶，这些酶在糖化中同时起作用，因此产物除可发酵性糖类外，还有糊精（淀粉糊精、赤色糊精、无色糊精）、低聚糖（四糖、三糖、双糖、单糖）等。通常单糖（葡萄糖、果糖等）、双糖（蔗糖、麦芽糖、乳糖等）能被一般酵母所利用，是最基本的发酵性糖类。

在糖化反应阶段，谷物内含的其他物质成分在氧化还原酶等酶类作用下，蛋白质水解为胨、胨、多肽及氨基酸等中、低分子含氮物，为酵母菌等微生物及时提供了营养。脂肪的酶解也产生了甘油和脂肪酸，部分甘油是微生物的营养源，部分脂肪酸则生成多种低级脂肪酸。果胶的酶解变成了果胶酸和甲醇。有机磷酸化合物的酶解可释放出磷酸，为酵母菌等微生物的生长提供了磷源。部分纤维素和半纤维素的酶解作用，也能水解得少量的葡萄糖、木糖等。总之整个糖化过程的物质变化是错综复杂的，过程中的环境和操作都有可能影响其变化。

接下来的发酵过程实质是由酵母菌、细菌及根霉主导，将糖、氨基酸等成分转化为乙醇为主的一元醇、多元醇和芳香醇的过程。酵母菌通过酒化酶将葡萄糖等糖分变成了酒精和二氧化碳。酒化反应中没有氧分子参与，故是个无氧的发酵过程。

综合上述知识可以清楚认识到，谷物发酵过程是个很复杂的化学反应，除淀粉水解糖化生成单糖，单糖酒化生成乙醇外，还会产生氨基酸、高级醇、脂肪酸、多种脂类、糊精、有机酸等及没有被酒化而剩余的糖分。总之发酵后制得的酒实际上是一类以酒精为主体的，包括许多营养物质的水溶液。人们则是利用微生物帮助完成这么复杂的发酵过程。

淀粉糖化的三种途径

谷物酿酒不同于水果、兽奶、蜂蜜等原料酿酒，其最大特点是必须经过一个复杂的糖化过程。表面看来，谷物糖化很简单，只要有糖化酶的存在并参与反应，淀粉就能被分解为单糖、双糖。实际上由于参与糖化过程的微生物很多，有时能分泌大量糖化酶的霉菌或其他细菌并不占优势，那么酸败或腐败的情况就会发生。最常见的例子就是剩饭剩粥，放置久了，不一定能变成酒，绝大多数情况是变馊变臭了。因此让谷物糖化也是讲究技巧的。

水解淀粉的糖化酶在自然界存在于多种物质之中，因而使淀粉完成糖化过程的方法有很多种，在古人最常见的途径有三种。一是将谷物加水加热糊化而促使淀粉分解变成糖分。二是让谷物生芽，谷芽会分泌出糖化酶，促进淀粉分解变成糖分。三是利用某些可分泌糖化酶的霉菌使谷物中的淀粉转化为糖分。先民正是模仿自然现象，实现谷物的糖化，然后进一步让酵母菌完成糖分物质的酒化而造出酒。恰恰是不同的糖化技术导引出不同的酿酒技艺，从而制造出各有特色的酒品。故此有必要对这三种源于远古的糖化技术有所了解。

第一种方法，谷物加水加热而糊化。这一过程中，谷物中的部分淀粉会因其本身存在的淀粉酶而分解产生糖分，熟软的谷物在适宜条件下，会被无处不在，飘游在大气中的酵母菌发酵而生成乙醇。上述晋代学者江统所说的："酒之所兴，肇之上皇。或云仪狄，一曰杜康。有饭不尽，委余空桑，郁积成味，久蓄气芳，本出于此，不由奇方。"就是观察到这一现象而得出的结论。宋代酿酒专家朱肱在《北山酒经》中也说："古语有之，空桑秽饭，酝以稷麦，以成醇醪，酒之始也。"朱肱的观察较之江统更细心，说得也较科学，这里的秽饭实际上已被当作酒曲了。这种现象在远古时期就可能存在，观察到它而制得酒也不奇怪。问题是用这种方法酿酒，要依赖酵母菌的积极活动，因为在谷物加热蒸煮之中，大部分的酵母菌被灭杀，仅靠游离在空气的酵母菌，发酵能力有限。假若环境没有为酵母菌的繁衍创造条件而让其他类型的杂菌抢先占领饭醅，结果就是饭馊酸败，酿不出酒。由此可见掌握这种方法要有一定的技术条件。在古代曾出现过这样一种办法：人们加热糊化谷物不是靠灶火，而是靠咀嚼。在咀嚼淀粉类食物时，只要慢慢咀嚼，就会感觉到甜味。这是因为人的唾液中包含了专门消化淀粉的糖化酶，就是它帮助人把食物中的淀粉分解成单糖而被吸收，成为人体能量的补充或储备。这种制酒的方法在历史上真实存在过。据《魏书·勿吉传》记载："勿吉国嚼米酿酒，饮能至醉。"即在勿吉国人们是将米通过咀嚼后，再封储在容器里，过段时间（这也需要一个适宜的温度和环境）就制成了酒，饮这种酒也能醉人。这种口嚼酒曾以美人酒之名出现在《真腊风土记》中。这种方法在古代世界的许多地区（如日本）被采用过，但该方法可行而不可靠。可行的是这种方法的确可以制得酒，不可靠的是由于口腔唾液既能分泌糖化酶，还可能引入其他功能的酶，更重要的是口嚼后的米醅的进一步发酵必须在一个无其他杂菌污染的，温度、湿度适宜的环境下进行，故这种方法酿酒的成败只能靠运气。更何况经过别人的口嚼，很不卫生，所以口嚼糖化的技术很难被接受而流传下来。当然加水加热使淀粉糖化的方法很多也很简单，除非是有某种信仰或风俗，否则是不会采用口嚼糖化的方法。加水加热既可煮，又可蒸，甚至可用热水浸。由于谷物本身的糖化功能有限，用这种方式进行糖化在一般情况下速度较慢，所以制酒中常用其他方法来催进糖化。

真臘風土記
元 周達觀 撰 明 徐仁毓 閱
城郭
州城周圍可二十里有五門門各兩重惟東向開二
門餘向皆一門城之外巨濠濠之外皆通衢大橋橋
之兩傍各有石神五十四枚如石將軍之狀甚巨而
獰五門皆相似橋之闌皆石為之鑿為蛇形蛇皆九
頭五十四神皆以手拔蛇有不容其走逸之勢城門
之上有大石佛頭五面向西方中置其一飾之以金

《真腊风土记》书影

第二种方法，利用谷物发芽使淀粉糖化。这是先民观察到的一种自然现象：谷物发芽后，在煮食时，它变甜了。这是因为谷物发芽时，自身会产生糖化酶，使淀粉变成糖分以供作物生根发芽成长的需要。由于发芽的谷物存在着糖分，将它浸在水中，在合适的温度条件下，酵母菌落入其中并迅速繁殖，发酵后就会生成乙醇。用谷芽酿酒也是最古老的酿酒方法之一。在古代中国，谷芽酒就是最原始的酒品之一，下面有专节讨论。在世界古代文明的其他发祥地：西亚两河流域、古埃及和古希腊盛产大麦、小麦，长期以来，那里的人们一直沿用麦芽发酵制酒。在当时，啤酒和面包、葡萄酒、蜂蜜酒可能是西方民族发酵食品中最古老的品种。古埃及、巴比伦人大约在公元前 4000 年就已经生产上述发酵食品了。

第三种方法，利用酒曲将谷物酿制成酒。所谓的酒曲实际上就是一类以谷物为原料的多菌多酶的生物制品，它是专职繁殖霉菌的培养基。在其培育出的霉菌中既有能使淀粉糖化的曲霉、根霉及毛霉等，又有使糖分酒化的酵母菌、细菌等。当在生或熟的谷物中加上预先制好的酒曲后，在适当的条件下，就能酿造出酒。采用酒曲酿酒出自东方，是中国先民的伟大发明。西方各国各民族大都是采用先糖化后酒化的单式发酵，而中国从 5000 年前就开始实践糖化、酒化同时进行的复式发酵，相比之下，复式发酵的效率显然比单式发酵高，更重要的是以酒曲（混合菌）为发酵剂的复式发酵中，除了糖化、酒化外，还同时进行蛋白质、脂肪等有机物及无机盐的复杂的生化反应，因此酒的内涵特别丰富，不仅有醇和的口感，还有诱人的芳香。这造就了在世界酒林中独树一帜的中国发酵原汁酒（黄酒）和蒸馏酒（白酒）及其精妙的酿造技术。

以上三种谷物糖化的方法就是先民在模仿自然现象而探索掌握的酿酒技术的关键部分。在实践摸索中，先民相继对上述各种方法进行了实践和探索，对其条件、利弊等有所识别和判断，有所取舍和综合，终于在不断继承和积累经验的前提下，创造出一整套较先进的酿酒工艺。

在中国，由古代至近代流行的主要酿酒技术就是在上述方法中（主要是第一种和第三种）取长补短、择优汰劣而结合起来的多种多样的，用酒曲来酿酒的独特、先进的技术。

啤酒的发明

尽管关于啤酒在西方的起源有很多说法，但其核心技术，正如著名的英国化学史家帕廷顿（J.R.Partington，1886 ~ 1965 年）在研究啤酒起源后总结说，啤酒可能最先是由面包酿制的，就像至今仍在埃及、苏丹农村生产“布扎”（啤酒）一样，其加工方法大致是“将谷物浸湿，使其发芽，然后放入臼中碾捣，用水湿润，和酵素一起揉成块状，轻微焙烤成内部是生的面包。将面包揉碎，放在一盆（水）中发酵约一天，挤压的液体用滤网过滤，即得啤酒”。

啤酒

这里使用谷芽是因为人们发现由发芽的谷物制得的生面团较容易被酵母菌所利用；一般谷物制成的面团，酵母菌就缺乏兴趣。酵素的引入也是一种发明。可能是浸泡生面块采用了酿制过葡萄酒的容器或碾磨和焙烤操作时离酿制葡萄酒的大桶很近，产生奇特的效果而总结经验发明了酵素。至于为什么要轻微焙烤面团，很可能一方面是灭杀外面的杂菌，另一方面则是促使内部面块中的酵母菌更快地繁殖。总之，制造谷芽酒必须先制得谷芽，通过发芽使之部分淀粉糖化，从而为发酵准备充足的可发酵的糖分。当时的这种酒在古埃及、古希腊和中亚很流行，并有多种称谓。严格来说，是一类没有啤酒花（亦名忽布，属荨麻科，为多年生草木蔓性植物）的啤酒，应叫谷芽酒。喝起来不像我们所熟悉的啤酒味道，有的甜，有的酸，不同的类型有不同的口味。当时的人们都认为啤酒不如葡萄酒好喝。为了改善谷芽酒的口味，人们曾试验着在发酵过程中加入很多不同种类的香料和草药，特别是德国用得最多。古代埃及已经知道了啤酒花主要是药用，嫩芽可作蔬菜食用。直到中世纪，啤酒花才被当作防腐剂和调味品引入酿酒，它能为酒带来一种特有的苦味。公元 736 年，德国南部一所修道院里一位叫希尔德加德（H.Hildegad）的女院长，她总结并介绍了她使用啤酒花酿制啤酒的经验。她酿制的啤酒不仅口味好，而且还具有一种特殊的芳香，很受欢迎。于是使用啤酒花酿制啤酒的技术得到快速推广。从 14 世纪和 15 世纪起，将啤酒花用于所有的啤酒酿造遍及德国。英语中出现“HOPS”（啤酒花）一词大约在 1400 年。当时就产生如下歌谣：“《圣经》清教徒，啤酒啤酒花，来到英伦岛，全于一岁间。”可见英国酿制这种名符其实的啤酒大约在 15 世纪。此后真正的啤酒逐渐大行于欧洲乃至亚非一些地区。

下页的两幅图都是古埃及制作面包和啤酒的木制模型，前者出自公元前 2050 年，后者出自公元前 1900 年。

当今人们已非常熟悉啤酒的酿造过程：先浸麦生芽制得麦芽，再将

制作面包和啤酒的作坊：有的妇女在磨面，有的在揉面成块状

妇女在搅拌生面团的发酵醪，面前就是酒发酵罐

其焙烤至含水 3% ～ 4% 后除根粉碎，随后与作为辅料的淀粉（如来自大米、玉米的淀粉）、水、啤酒花及酵母混合在一起进行酿造。在这过程中，麦芽中的糖化酶将其本身和辅料中的淀粉转化为麦芽糖和糊精，由此产生的糖类溶液（可称其为麦芽汁，当今啤酒标志的度数是指麦芽汁的浓度，而不是指酒度）再与啤酒花一起煮沸、冷却，再由酵母菌发酵成为含有酒精、二氧化碳和残余糊精的啤酒。在现代的啤酒工艺中，麦芽的制造是关键技术之一。

麦芽制作的质量直接关系到啤酒的质量，其焙烤的温度还决定啤酒的品种。若在发酵过程中不加啤酒花，只加淀粉类的辅料，生产的应是麦芽酒，即原始的啤酒。由于酵母菌的活动受酒精浓度的限制，当醪液中酒精浓度接近 18%左右，酵母菌的活动就停止了。为了突破这一限制而生产酒度更高的酒品，通常的做法是利用蒸馏技术，即通过蒸馏发酵醪液而得到酒度较高的烈性酒。例如威士忌，其主要原料就是麦芽。综上所述，在西方无论是啤酒还是威士忌之类的蒸馏酒，其制酒过程都是按先糖化、后酒化两个步骤进行的。糖化靠麦芽，酒化靠筛选培育的酵母，两个过程都可以在液态状况下完成，这就是西方传统酿酒技艺的路线和特色。在古代中国，人们也利用谷芽变淀粉为糖的现象生产过醴（先秦时期的酒品之一），春秋战国时期，人们将曾经是祭祀中不可缺的醴下架了，因嫌其味薄而在日常饮用中逐渐被淘汰。但人们为谷芽找到了新出路，即运用谷芽来制造饴糖。我们熟悉的麦芽糖即关东糖等饴糖食品就是以麦芽为主进行糖化制造的。

第四章

酒醴曲糵

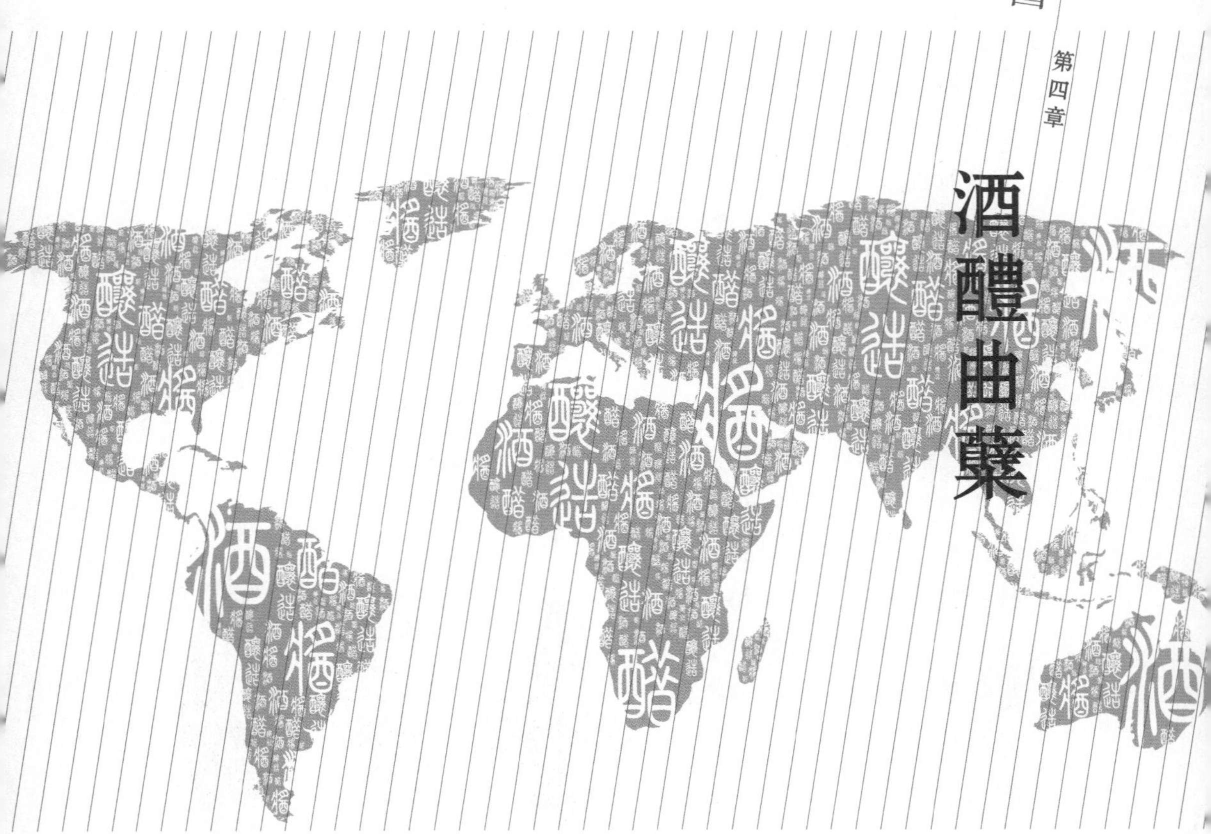

从酒具到“酒”字

酒作为重要的饮品进入人类的生活后，饮酒、储存酒的器皿便应运而生。据分析，最早被当作酒具的应是动物的角。古代的酒具，如爵、角、觥、觞、觚等，或在字音上，或在字形上都与动物的角相关。早期的酒，大多是酒浆和酒糟的混合体，呈糊状或半流质，动物的角不仅容量有限，使用起来也很不方便，所以很快改用陶制酒具。陶器中的盆、罐、瓮、钵、碗都可以当作酒器。在距今五六千年前的新石器时代晚期，特意设计作为酒器的陶制品开始出现。发展到铜石并用时代，陶制酒器的种类迅速增加，组合酒器的雏形逐渐形成。罐、瓮、壶、鬶、盉、碗、杯等，有的专司存，有的专司饮。酒具组合群体的发展，从一个侧面反映了酿酒业的发展和地位，同时也展示了不同地区的文化特征。商周时期的酒具又发展到一个新的水平，迅速崛起的青铜冶铸业，使精美的青铜酒器成为权力和财富的象征。贮酒用的尊缶、鉴缶、铜壶等，盛酒用的尊、卣、方彝、觥、瓮、瓿、罍等，饮酒用的爵、角、觚、觯、杯等组合青铜酒器的发展充分反映了当时酿酒业的发达，饮酒风的炽盛。这些式样繁多的酒器大致可以分为适用于液态清酒的小口容器和适用于带糟醴酒的大口容器两大类。

虽然制陶技术尚在进步，仰韶文化时期还没有较大型的缸、瓮之类陶器，但是在半坡遗址中还是出土了不少质量很好的泥质陶和砂质陶，其中就有盛水的平底瓮、小口壶、漏斗等陶制品，特别是那种小口尖底瓮，其外形整体成流线型，小口尖底，鼓腹短颈，腹侧有两耳。大者高60厘米，小者有20厘米。

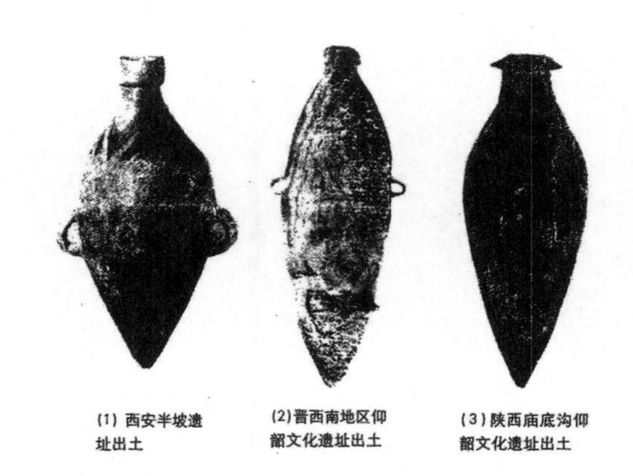

仰韶文化遗址出土的小口尖底瓮

有学者认为小口尖底瓮是一种盛水器，既方便汲装井水，又便于携带而不洒水出瓮，还可架起来用于煮水。从古巴比伦和古埃及、古希腊酿制葡萄酒和麦酒的器具中可以看到大量的这类小口尖底瓮。在古代中国的仰韶文化时期，那时的先民曾用过这种小口尖底瓮酿酒。从酿酒角度来看，由于早期的酒，酒精度极低，需解决的突出问题是防腐酸败，小口尖底瓮可以减少空气的接触面积，即可降低酒精氧化变酸的可能性，当装满酒而加木塞后，则可以杜绝空气的直接接触。再者细长的瓮体便于谷物的发酵和渣滓的沉降，尖底部分可以有效地集中沉淀物而有助于酒的澄清和吸收。有酒共饮是氏族社会的习俗之一，用细管吸饮则是共饮的一种常见方式。目前部分少数民族仍保留这一吸饮方式，是欢度节庆时的一种特有民俗。由此可推测这类小口尖底瓮在中国古代也曾被用作酿酒。

古希腊遗址中的酒库和酒缸图

用吸管饮酒的叙利亚人（古代壁画）

傣族共饮竹竿酒

殷商时期，酿酒业有了较快的发展，其主要的表现就是以曲酿酒成为当时酿酒的主要方法。酿酒器具的大型化，特别是贵族已有专用的酿酒青铜器具，都可以证明这点。

1976 年从安阳殷墟发掘的妇好墓出土的 440 多件青铜器，有 150 多件是酒器，约占三分之一，觚、爵就达到 90 余件。商代晚期，青铜酒器的品种和数量之多，在世界古代史中也是少见的。而且出土的酒器多是配套的，

商代青铜斝

商代青铜爵

商代青铜罍

如一角二斝，一觚二觯，一卣二爵。最简单的是以爵、觚、斝合成一组，爵是三足有流的杯，觚是容酒器，斝是灌酒器，在这基础上扩大发展，增添了盉、尊、卣、壶、罍等中型或大型的饮酒器和容酒器，此外尚有更高级的方彝、兕觥和牺尊等容酒器。酒器的品种和数量之多，充分展示了商代奴隶主贵族沉湎于酒的历史镜头，同时也反映了商代农业生产的进步和发展。1953年和1958年在河南安阳大司空村共发掘了217座墓，无论是中型墓，还是小型墓几乎都出土了觚、爵。这说明殷代普通平民墓中觚、爵也是不可少的殉葬品，确实是富者铜觚铜爵，贫者陶觚陶爵，由此可见殷人嗜酒之一斑。

1974年在河北省藁城县台西村商代遗址，发现了商代中期的造酒作坊，出土了一批酿酒用器材及酒器。它是一座建在夯土台基上的两间没有前墙的屋子，室内面积约36平方米，作坊出土了陶瓮、大口罐、罍、尊、壶等酒器，其中一只大陶瓮内存在8.5公斤灰白色水锈状沉淀物，经中国科学院微生物研究所鉴定为发酵酒挥发后的残渣，其主要成分为曲酒中死亡的酵母残壳。这些曲酒不是浊酒，否则瓮中的残渣就不会只有8.5公斤，但这不等于当时的人已大量饮用清酒，因为那时可能还没有榨酒设备，只是舀取酒醪上面的清液进行简单过滤而得。这是我国目前发现的最早的酿酒实物资料。在发掘中还发现，另外四件罐中分别存有一定数量的桃仁、李、枣、草木樨、大麻子等五种植物种子，推测它们大概也是用于酿酒的原料。在1985年的继续发掘中，又发现在酿酒作坊附近有一个直径在1.2米以上，深约1.5米的谷物储存窖穴。这些谷物经鉴定为粟。台西村商代酿酒作坊的完整发现，至少给我们三点启示。一是发现的人工培养的酵母和酒渣粉末，展示了商代中期的酿酒工艺和水平。二是根据酿酒的实物资料，可以推测当时除酿制

商代高柄盉

大陶瓮，出土时内存8.5公斤，灰白色酒渣

将军盔

陶爵

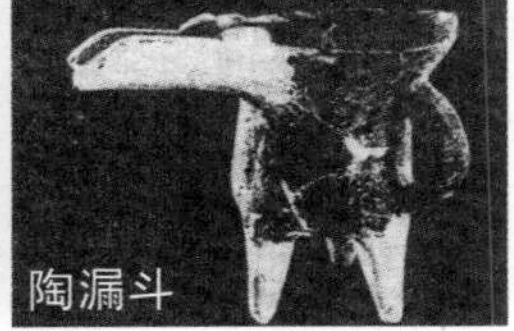

陶漏斗

河北省藁城县台西村商代遗址制酒作坊出土器物图

谷物酒外，还可能酿制果酒和药用露酒。三是出土的酿酒设备，表明当时已有相应的酿酒器具的配套组合。

最早出现的文字大多是象形文字，汉字也不例外。甲骨文和钟鼎文属于早期的汉字，甲骨文和钟鼎文中的“酒”字几乎都是小口尖底瓮的形象，即“酒”字曾用酿酒容器来象形，由此可以推测小口尖底瓮与酿酒的关系。

甲骨文、金文为后人研究商周文化提供了可靠的资料。在已发现的甲骨文或金文中，“酒”可能是一个较常使用的字。它的象形文字如下图所示，有多种形式。从这些象形文字的变化来看，当时的酒字还没有最后定形。金文中不少酒字也都与酉字相近。进一步的比较还可以看出，酒字与酋字又有着密切的联系，可推测“酋”最初的含义是造酒。《说文解字》对“酋”的解释是：“酋，绎酒也。从酉，水半见于上。礼有大酋，掌酒官也。”《礼记·月令》称监督酿酒的官为“大酋”，设官管理表明在周代酒的生产和供应颇受重视。

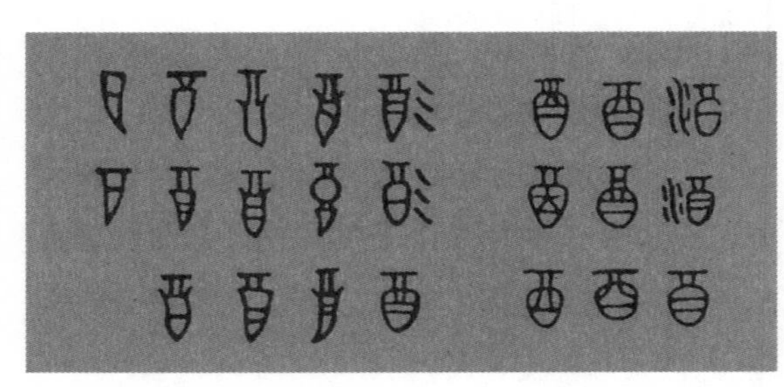
甲骨文和钟鼎文的“酒”字

甲骨文和钟鼎文的“酋”字

从酋字与酒字的关系中已能看到酿酒在古代社会生活中的重要地位。实际上在甲骨文、金文中还有许多与酒相关的文字，它们也能说明在商周时期，饮酒现象已较普遍，酿酒业也很发达。我国第一部诗歌集《诗经》里，有诗305篇，直接写到酒的有20多篇。有的以饮酒表达爱情生活，有的是庆贺丰收的喜悦，有的写祭祀，有的写招待宾客的活动，还有的则描述一些重大的庆典。总之，充分体现了酒在社会生活中的重要地位，也反映了人们对酒的喜爱和尊崇。

“清醠之美，始于耒耜”

酿酒技术源于人们对自然界普存的发酵现象的模仿，但具体是何时开始应用、普及和推广依然存在不同的见解。有人认为，仰韶文化时期，即“我国原始社会的氏族公社时期，主要的生活资料来自农业生产的谷物，而畜牧业则处于从属地位，尽管有了储备的粮食，但它为氏族所公有，为全民所珍视，要把全体赖于托命的粮食作为酿酒之用，以供很少数人的享受，在当时是大有问题的。只有在生产力提高的情况下，只有在由之而起的阶级分化的情况下，才会有比较剩余的粮食集中于很少数较富有者之手。只有到了这样一个时期，谷物酿酒的社会条件才够成熟”，所以主张酿酒起源于龙山文化时期。这种把酿酒起源和剩余产品私有制、阶级产生联系起来，有些牵强，不符合实际，是把酒的起源、酿酒技术的发明与较大规模的酿酒活动混为一谈了。酿酒技术的发明源于对谷物发酵这一自然现象的模仿，而不是取决于粮食生产的规模。酿酒技术的发明和发展与制陶、纺织等技术一样，都是为了满足人们的生活需求和提高生活质量，是直接服务于每一个社会成员，而不是只为少数人的专门享受。

通过上述对发酵自然现象的模仿和曲糵发明的分析，人们对汉代刘安主撰的《淮南子·说林训》中的名言“清醠之美，始于耒耜”可以有更深的理解。酿酒技术的起始与农业，特别是种植业的兴起密切相关。

淮南子
漢高誘注

《淮南子》书影

根据考古资料，在我国的新石器时代中期，部分地区的原始氏族社会已由渔猎为主的游牧生活转入以农业生产（种植业和养殖业）为主的定居生活，此时的遗址中曾发现有粮窖和谷物，表明当时已大量种植谷物。谷物的生产为酿酒提供了原料。在南方，浙江余姚河姆渡文化遗址、良渚文化遗址都已出土有大量窖藏谷物和酿酒饮酒的器具。在

河北武安磁山文化遗址

北方，河北武安发现的早期的磁山文化遗址，河南新郑发现的裴李岗文化遗址都发现储粮用的窖穴，堆积的粮食数量相当大，现仅就磁山文化遗址的发掘情况做一简介。

河北武安磁山第一文化层遗址，经 14C 法测定年代在距今 7355 ～ 7235 年前。在 2579 平方米发掘面积中，发现灰坑 186 个，大小不等，深者达 6 米，浅者 0.5 米左右。其中平面呈圆形或椭圆形灰坑 22 个，深者 1.5 米，浅者 0.5 米。从浅者堆积物来看，它们可能是遭到严重破坏的居住遗址。长方形灰坑 157 个，一般坑壁垂直规整，极少数为袋状。其中 62 个还有粮食堆积。出土时厚度为 0.3 ～ 2 米，其中超过 2 米者 10 个。堆积的谷物虽已腐朽，但出土时的谷粒，粒粒可见，不久即风化成灰。经分析，判定为粟。由此可以推测，这里曾是部落聚居地，当时还没有私有财产，谷物为公共所有。结合出土的农具和生活用具来看，当时仍有狩猎，并开始养猪，但农耕生产已占主导地位，粮食较充裕，显然具备了酿酒的物质条件。通过对粮窖的考察，可知当时将粮食入窖后，一般上面用黄土或灰土覆盖，以延长谷物的保存期，覆盖物的厚度约为谷物的三倍。

遗址出土的陶器虽然很粗糙和原始，但用于盛水或发酵酿酒不成问题。总之磁山新石器遗址的发掘资料表明在大约距今7000年前的黄河流域的先民不仅有了原始的农业，而且食用谷物主要是粟，是否有粟酒尚值得进一步研究。

仰韶文化是我国黄河流域进入母系氏族社会的典型，因最早发掘的该文化遗址是河南渑池县的仰韶村而得名，年代约为公元前5000～前3000年。目前仰韶文化遗址的发现和发掘已多达千处。现以西安半坡遗址为例，看看当时的社会，特别是农业生产的状况。

据考，西安半坡遗址定居的先民达到数百人至千人，可以说是一个不小的群居寨落。共发掘出200多个储粮的窖穴，可见储粮的数量之大。在储粮窖中，115号灰坑有点特别。坑的口径约为115厘米，底径168厘米，深52厘米，坑中尚残存谷物约18厘米厚，已腐朽的谷壳呈灰白色。与发掘出来的其他储粮窖有明显不同，一是灰坑很浅，不像用于储粮；二是灰坑壁仅涂有1厘米厚的黄土层，不像其他储粮窖有厚达10～20厘米的防潮层；三是灰坑底部四边有圈浅沟。根据以上三个特点，学者猜测它很可能是用于谷物发芽。灰坑较浅，显然是便于操作。坑壁涂上黄土薄层，可能是为了防上周围泥土污染谷芽。底部环沟的设置，可能是为了谷物发芽的湿度控制，既要经常洒水，使谷物保持必须的水分，又能排除多余的浸渍水，以免因水淹而窒息谷芽。根据上述分析，可以推测当时已在生产谷芽酒了。

有人认为，谷物酿酒的起源至少应当具备下列条件才能成立：①要有可以用于酿酒的原料；②要有可以用于烧、煮原料的设备；③要有可以用于酿酒的洁净水；④要有可以用于酿酒的酒曲；⑤要有可以制醪发酵的设备；⑥要具备基本的酿酒经验。

从上述资料和分析来看，仰韶文化时期这六个条件都已具备。不论这六个条件是否符合酿酒的科学根据，也不管人们对这六个条件的要求在程度上有什么不同理解，但是遵循历史演进的眼光，认为仰韶文化时期，在中国的部分地区出现酿酒技术是可信的。

酿酒技术的发明和早期发展还有两个问题必须考虑到：一是酿酒与吃饭的关系，二是酒品与祭祀神祖的关系。历史学家吴其昌根据他对甲骨文、钟鼎文的研究以及对古文献的考证，曾于1937年提出一个很有趣的见解。他认为在远古时代，人类的主要食物原是肉类，至于农业的开始乃是为了酿酒。他说，我们的祖先种植稻和粟黍的目的是制作酒而不是做饭，吃饭乃是从吃酒中带出来的。他的这一见解虽然未能为大家所接受，但是这一见地对后人是有启迪的。他所说的远古时代，吃酒是连酒糟一起吃是合乎历史事实的。

原始的果酒和奶酒，充其量只能说是带点酒味的果汁、果浆和发酵奶。远古时期的谷物酒也强不到哪里去。当时的人们将发芽或发霉的谷物浸泡在水里，一般只经过很短时间（一宿至几天），发酵的程度有限，故酒度很低，人们就像喝普通饮料那样量大。又由于粮食的珍贵，人们在喝掉酒液之后，略有甜味的酒糟也要一起吃掉。连酒糟一起吃，不仅可口，而且节约。当时烧、烤、煮等谷物加工方式大都十分简陋，保存熟或半熟的谷物更是乏术，将谷物酿造成酒，倒可能是简便而有效的方法。当时吃酒的目的与当今人们饮酒的观念有一定差异，远古的人们吃酒不仅能暖身饱肚，而且还能振奋精神，舒畅身体。因此远古时期很可能将吃酒当作吃饭的一种方式。

为了表示对祖先的尊重和对鬼神的敬畏，在祭祀仪式上，人们总是供奉最好的食物，酒自然成为必不可少的供品。在仪式之后，供酒还会成为主持祭祀的头人的饮品，这促进了酿酒技术的发展，商周时期就出现了事酒、昔酒和清酒。

总之酿酒技术在远古时期的起源和发展，是当时社会生产力发展的必然结果，也是人类逐步改善和提高自己生活质量的重要成果。依据考古发现和科学的推理，中国先民在仰韶文化时期已学会了谷物酿酒技术。

先秦时期通常指中国历史上秦代以前的夏、商、周、春秋战国时期，这是中华文明发展的重要时期。中原地区的龙山文化，早期属于父系氏族原始公社，晚期与夏代相映交错。从大量的考古资料可以证明龙山文化时期的社会生产力较之仰韶文化有了新的发展，收获的粮食也增多了，酿酒的物质条件更殷实了，酿酒技术在部落内外也有进一步的推广。

《礼记·明堂位》中写道：“夏后氏尚明水，殷尚醴，周尚酒。”表明在不同时期，祭祀等礼仪上必用酒，但酒的内容是不同的。《礼记·礼运》中写道：“玄酒以祭……醴醆以献……玄酒在室，醴醆在户，粢醍在堂，澄酒在下。”孔颖达疏云：玄酒谓水也，以其色黑谓之玄。而太古无酒，此水当酒所用，故谓之玄酒。每祭必设玄酒，但是人们并不喝它。醴醆指醴齐和盎齐，陈列在室内，稍南的地方。粢醍即缇齐，也是一种酒，以卑之故，陈列靠南近户而在堂。澄酒即沈齐，也是一种酒，陈列在堂下。这几句话讲的是在祭祀中各种酒的安放位置和作用。玄酒既然是水，为什么要冠以酒名，并陈列在祀堂的显著位置。《礼记·乡饮酒义》中说：“尊有玄酒，贵其质也。”“尊有玄酒，教民不忘本也。”其意思是太古时期，有些时候或有些地方没有酒，在礼仪中，人们是以水代酒，并给此水冠以玄酒之称。这样做是因为此水贵在其质，教人们不要忘本。对玄酒的一段讨论有助于对“夏后氏尚明水”的理解。“殷尚醴，周尚酒”进一步反映了一个事实：人们对酒品的要求和祭祀礼仪上用酒一样是向着提高醇度方向而变化的，这正是先秦时期酿酒技术的提高和酿酒业发展的方向。

礼
记

《礼记》书影

醴、酒、鬯、酎之异

根据文献资料的大致清理，夏商周至少有以下被归划为酒的名目：醴、鬯、酎、三酒（事酒、昔酒、清酒）、四饮（清、医、浆、酏）、五齐（泛齐、醴齐、盎齐、缇齐、沈齐）及春酒、元酒、醪等。对这些酒的名目进行考察，不难看出人们对酒的认识和酿酒技术的发展，还反映了人们对酒的喜爱和取向。

在商代及之前，醴是最受器重的酒，也是最早用于祭祀的酒。《说文解字》谓：“醴，酒一宿熟也。”《释名》里说：“醴，齐醴体也，酿之一宿而成，体有酒味而已也。”《尚书·说命下》明确指出：“若作酒醴，尔惟曲糵。”就是说若要制酒，只能依靠曲和糵。古代一般情况是用曲造酒，用糵来制醴。糵即是谷芽。由此可见，醴应是一种以糵为主，只经过一宿的短时间发酵，略带有甜味（含少量麦芽糖），酒味很薄的酒。

制取醴的第一道工序是制造谷芽。谷芽的生长主要掌握好温度和湿度。制造醴的第二道工序是让发芽的谷物发酵制酒。酒化的温度不能太高，否则易变酸，还不能广敞在空气中，因空气中有杂菌。因此上述小口尖底瓮应是一个很合适的酿酒器具。实际上，当时用于酿酒的器具，开始时主要是陶瓮之类，商周时期有大量使用青铜制的瓮和罐及盆之类的器具。阻绝大量空气接触的办法是器具加盖。随着酿酒技术的提高，特别是用曲酿酒技术的推广和发展，相形之下，醴较之用曲酿造的酒，酒味太淡，虽有甜味，吃起来却不如酒那么刺激，而且其他带甜味的酒料也较多，于是到了周代，特别是战国时期，人们已较少吃醴了。这就是宋应星所说的："古来曲造酒，糵造醴，后世厌醴味薄，遂至失传，则并糵法亦亡。"实际上，糵法制醴虽然在许多地区失传了，但是糵法并没有亡，糵法制酒至今仍存在于陕北农村。自汉代起，人们利用制糵的技术，用糵为糖化剂，制造饴糖，即糵法逐成为生产糖品的主要技术。

《礼记·内则第十二》："饮：重醴，稻醴清糟，黍醴清糟，粱醴清糟，或以酏为醴……"这段记载的意思是当时的诸多饮料中有稻、黍（即今黏黄米）、粱（可能是糯粟或高粱的一种）为原料而制成的醴。当时称酾（以筐滤酒）者为清，未酾者为糟，以清与糟相配重酿云重醴，酿粥为醴者则叫作酏。由此可见，当时因原料不同，过滤加工程序不同及加工原料的方式不同而有多种醴。但无论是哪种醴都由于发酵时间短而酒味淡，这是醴被淘汰的主要原因。

用曲酿酒的技术与用糵制醴的技术有点不同。假若用带壳的谷物为原料，在适当的温度和湿度条件下，根据掌握的手段，要么全部生成谷芽，要么生成谷芽和发霉谷物的混合体。两者都可以制酒，不同的是人们将前者称作醴，后者称作酒。还有另一种情况，若原料不是带壳的谷物，而是去掉谷壳的米，或生或熟的谷物，那么只能是发霉而不会长芽。粟、黍与稻谷，大小麦的情况不一样，因为它们籽实裸露的状况不一样，这些区别致使制曲的技术更为多样和复杂，为此人们必定经过了长期的摸索。

稷、黍是先秦时期北方居民的主食，二者的差异仅在于成熟后籽实的性质不同。不黏或粳性的为稷，黏性或糯性的为黍。黍具有易于分解的支链淀粉和微生物繁殖的各种营养成分，较之稷更适宜用作酿酒原料，因此得到广泛栽培，成为先秦时代北方地区的主要酿酒原料。在商殷甲骨文中，黍出现竟达300次以上，较之稷的40余次多许多。

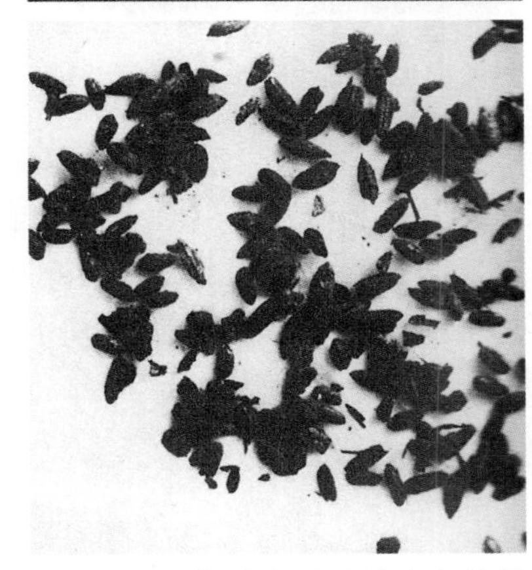

浙江余姚河姆渡文化遗址出土的稻谷遗物

浙江余姚河姆渡文化遗址出土了数量相当可观的稻谷遗物,颗粒完整，较野生稻大些，证明它是人工栽培的籼稻。这史实表明在7000年前那个时期，稻米已成为南方许多居民的主食之一。

无论是黍还是稻，其加工方法不外乎舂之磨之，以省咀嚼。烹饪方式主要是煮、炒、蒸，以助消化。上述谷物的加工方式都为将谷物制成曲提供了方便。无论是生的或熟的加工过的谷物，在控制一定的温度和湿度条件下都可以制成曲。曲实际上是微生物繁殖后含有糖化酶和酒化酶等复合酶的粮食。用曲酿制的酒，显然酒精的含量会比醴高。由于在远古时期，制蘖的工艺较制曲的工艺简单，易于掌握，故醴的出现会比曲酒早。可是当人们熟练地掌握了制曲技术后，就会生产较多的曲酒以替代醴。

鬯在商周时期常用作敬神祭祖仪式上的供品。《周礼·春官》记载说:“王崩大肆以秬鬯渳。”“小宗伯大肆，以秬鬯渳。”东汉学者郑玄注曰：“大肆，大浴也。杜子春读渳为泯，以秬鬯浴尸。”能用秬鬯于浴尸，肯定不是一般的场合和普通的人，秬鬯必定具有某种香气或一些药

东汉经学家郑玄

用效果。既然鬯常用于祭礼等重要礼仪，故在周代就专门设“鬯人”来管理鬯的制造和使用。《周礼·春官》写道：“鬯人：下士二人，府一人，史一人，徒八人。”“鬯人掌共秬鬯而饰之”，“……大丧之大？设斗，共其衅鬯。凡王之齐事，共其秬鬯，凡王吊临，共介鬯”。这些话的意思是：鬯人掌握供给鬯酒和彝樽上的饰巾……大丧时洗浴尸体，准备好的勺子，并供给洗尸用的鬯酒。王者斋戒，供给沐浴时倒在浴汤中的鬯酒。王者吊临诸侯诸臣的丧葬，也要供给避凶秽的鬯酒。对于上述鬯，郑玄注曰：“鬯，酿秬为酒，芬香条畅于上下也。秬如黑黍，以事上帝。”《诗经·大雅·江汉》中有“釐尔圭瓒，秬鬯一卣”的歌词。汉代学者毛亨注曰：“釐，赐也。”“秬，黑黍也；鬯，香草也，筑煮合而郁之曰鬯；卣，器也。”再根据构词分析，鬯可能是用黑黍加香草而酿制的一类酒，也可以推测它是最早的一类药酒。酒味不一定很浓，但要具备一定的香气，重气而不重味也。

古时的酒，酒度较低，由于微生物对淀粉、脂肪、蛋白质的分解作用，酒体的营养成分也很丰富。当人们适量饮食后，由于酒精的作用，会产生浑身发热、精神兴奋和身心舒畅等良好感受。于是人们认为它具有保健医疗的作用，从而不仅把酒当作美味，也视之为能治病的药。为了提高酒的药效，同时也是为了酿造更好的酒，古人有意识地在制曲和发酵酿酒过程中，往里添加一些药材或香料，从而丰富了药酒的种类和发展了药酒的功效。鬯就显得更加珍贵而被更广泛用于某些尊重的礼仪。由于酒与医药这种特殊的关系，繁体字“醫”，从酉字就表明这点。《说文解字》指出：“酒，所以治病也，周礼有医酒。”后来，篡夺汉代皇位的王莽在其诏书中也说：“夫盐，食肴之将；酒，百药之长，嘉会之好。”

制鬯的技术，对后来的制曲和酿酒工艺都有重要影响，曾是酿酒技术发展的一个方向。

《礼记·月令》中写道："天子饮酎，用礼乐。"汉代学者郑玄注："酎之言醇也，谓重酿之酒也，春酒至此始成，与群臣以礼乐饮之于朝，正尊卑也。"《左传》襄公二十二年记道：溴梁之明年，子蟜老矣，公孙夏从寡君以朝于君，见于尝酎，与执燔焉。"《左传》的这段记载是讲述一段史实：溴梁会盟的第二年，子蟜已经告老了，公孙夏跟从寡君朝见君王，在尝祭饮酎的时候拜见了君王，并参与了祭祀。尝酎，即是用新酒于祭祀。晋代学者杜预注："酒之新熟，重者为酎。"以上记载，表明酎在当时是较珍贵的，只有王公贵族和重要的祭祀礼仪中才能饮用。

关于酎的制法，有两种解释。许慎的《说文解字》说："酎，三重醇酒也。"清代学者段玉裁注说，用酒代水再酿造两遍而成的酒。这是一种以酒代替水，加到米、曲中再次发酵来提高醇度的方法，从汉代的酿酒工艺中可以证明它的确是存在过。这应属酿酒技术的一项创新，后来曾得到推广和发展。关于制酎工艺的第二种解释，《史记·文帝本纪》提到了高庙酎，学者张晏解释说："正月旦作酒，八月成，名曰酎，酎之言纯也。"正月作，八月才成，可见发酵时间长达半年多。增长发酵期是制造酎的第二种手段。宋玉在其《楚辞·招魂》中写道"挫糟冻饮酎清凉些"，可见酎在战国时已开始流行。

三酒、四饮、五齐之辨

在周朝，酒正掌管有关酒的一切政令，还具体监督管理各种酒的生产和区分。例如，"辨五齐之名，一曰泛齐，二曰醴齐，三曰盎齐，四曰缇齐，五曰沈齐"。"辨三酒之物，一曰事酒，二曰昔酒，三曰清酒"。"辨四饮之物，一曰清，二曰医，三曰浆，四曰酏"。然后进一步关注和管理，"掌其厚薄之齐，以共王之四饮三酒之馔，及后、世子之饮与其酒"。"凡祭祀，以法共五齐三酒，以实八尊。大祭三贰，中祭再贰，小祭壹贰，皆有酌数。唯齐酒不贰，皆有器量"。"共宾客之礼酒，共后之致饮于宾客之礼医酏糟，皆使其士奉之"。"凡王之燕饮酒，共其计，酒正奉之。凡飨士庶子，飨耆老孤子，皆共其酒，无酌数"。"掌酒之赐颁，皆有法以行之。凡有秩酒者，以书契授之"。"酒正之出，日入其成，月入其要，小宰听之。岁终则会，唯王及后之饮酒不会，以酒式诛赏”。

酒人的具体职责则是“酒人掌为五齐三酒。祭祀则共奉之，以役世妇。共宾客之礼酒、饮酒而奉之。凡事，共酒而入于酒府，凡祭祀，共酒以往。宾客之陈酒亦如之。”其意思是酒人负责酿造五齐三酒，祭祀时供给酒品，并让他手下的女奴供仪式上的世妇差遣。凡是供给宾客所需酒，都由酒人派人送上。凡有事所用之酒由酒人交酒正存入酒库中；凡是小型祭祀，酒人派人送酒以保证供给，包括送给宾客之酒也照样派人送上。

从科学技术角度来考察，人们不禁会问，三酒、四饮、五齐究竟是不是酒？究竟是什么样的酒？它们又是怎样生产的？

先秦时期虽然没有关于酒类生产的专著，但是通过《周礼》《礼记》等文献，还能从一个角度分析，推测当时的酒品和它们的酿造技术。关于三酒，东汉经学家郑玄和唐代学者贾公彦及其他一些人都曾作过注释。汉人郑司农（郑众）云：“事酒，有事而饮也；昔酒，无事而饮也；清酒，祭祀之酒。”所以，事酒指为某件事临时而酿的新酒，主要供祭祀时执事的人饮用。因为它随时可以酿制，所以是新酒。郑玄注：“事酒，酌有事者之酒。”郑众和郑玄的看法是一致的。关于昔酒，贾公彦说：“昔酒者，久酿乃孰，故以昔酒为名，酌无事之人饮之。”这无事之人指的是在祭祀时“不得行事者”。由此可见昔酒是一类酿造时间较长的酒，冬酿春熟，酒味较浓厚。事酒的酒度很低，所以供祭祀时执事人饮用，不易醉。而祭祀时不是执事的人，喝酒度稍高的昔酒，即使醉了也不碍事。清酒，郑众说：“清酒，祭祀之酒。”这酒应该是较好的，一般是头年冬天酿制，第二年夏天才成熟。酿造时间比昔酒更长，酒味也比昔酒更为醇厚、清亮，而且还必须是经过滤而去掉渣滓的酒。三酒明确指酒，后人好理解。它们之间的差别主要在于酿造时间的长短和酒味的厚薄。

四饮是不是酒，需作进一步探讨。当时的饮料肯定有很多，专供给王者的四饮想来必定是有讲究的。它和三酒一样，不归酒正造，但归酒正负责辨别它们的成分厚薄。据分析，清，很可能是五齐之中的醴齐，经过滤去糟后制成的清酒，酒度低得接近于甜水。医是将蘖曲投入煮好的稀粥里，经短时间发酵而制成的醴。这种醴由于粥较稀，因此较五齐中的醴齐稀而清，无须过滤即可饮用。浆，贾公彦注：“浆亦是酒，米汁相载，汉时名截浆。”孙诒让进一步注释说：“截浆同物，盖酿糟为之，但味微酢耳。”贾思勰在《齐民要术》中记载一种寒食浆，说它是用熟饭做成的，就是汉代的浆。综上所说，浆可能是用熟饭为原料，加米汤后发酵而榨取的汁，既有点酒味，又有点酸味。酏，汉代学者郑玄注：“酏，今之粥。”既然是酿酒用的稀粥，有没有加曲蘖发酵，不得而知。但是酏字有酒旁，当时将其列为酒类，肯定与酒有关。由以上分析来看，四饮主要是类似粥一样的发酵液，较稀薄，酒味也很淡，故可作为常用饮料。

《齐民要术》书影

关于“五齐”的认识，有两种看法，一是《周礼》的传统注释者，他们认为：古代按酒的清浊及味的厚薄分为五等，叫五齐。五齐都是味薄，有滓未经过滤的酒，大都用于祭祀。汉代学者郑玄就说：“齐者，每有祭祀，以度量节作之。”“齐”即是造酒中米、曲、水火的控制状况。郑玄又注：“作酒既有米曲之数，又有功沽之巧。”唐人贾公彦疏：“谓米曲多少及善恶也。”“作酒既有米曲之数者，谓此为法式也。云又有功沽之巧者，功沽谓善恶，善恶亦是法式也。”“法式”，就是指酿酒的方法和技术要领，不仅要知道原料的配给，还要了解酿造过程中的变化，因为掌握法式的好坏，直接影响酒的质量。关于“五齐”，郑玄在《周礼》的注疏中作了以下解释：一曰泛齐，“泛者，成而滓浮泛泛然，如今宜成醪矣。”二曰醴齐，“醴犹体也，成而汁滓相将，如今恬酒矣。”三曰盎齐，“盎犹翁也，成而翁翁然，葱白色，如今酂白矣。”四曰缇齐，“缇者，成而红赤，如今下酒矣”。五曰沈齐，“沈者，成而滓沈，如今造清矣”。据郑玄的解释，不难看到，当时的人们是依照发酵醪五个阶段所发生变化的主要特征而将它们分列为五种酒。这一方面体现了

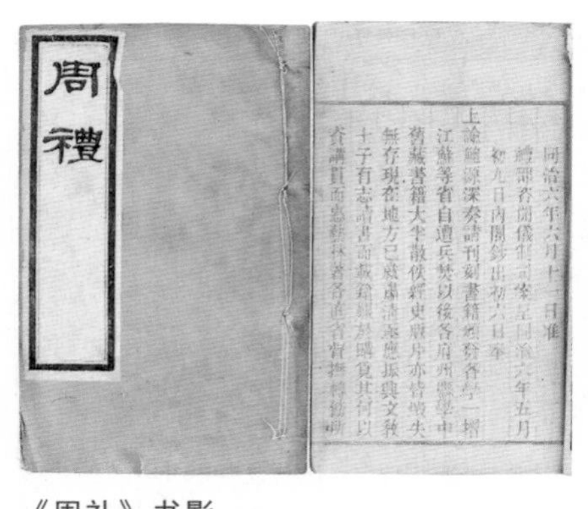

同治六年六月十一日准
禮部咨開儀制司案呈同治六年五月
初九日内閣鈔出初六日奉
上諭鮑源深奏請刊刻書籍頒發各學一摺
江蘇等省自遭兵燹以後各府州縣學中
舊藏書籍大半散佚經史版片亦皆燬失
無存現在地方已就肅清亟應振興文教
士子有志讀書而載籍無從購覓其何以
資講貫而惠藝林著各直省督撫轉飭所

《周礼》书影

他们对发酵酿酒过程的仔细观察，但另一方面也表明当时的一些糊涂观念。其实，只要仔细观察和剖析我国传统黄酒和日本清酒的生产发酵过程，就会发现，《周礼》所说的五齐完全符合生产黄酒或清酒的复式发酵现象的客观描述。中国化学史家袁翰青（1905 ~ 1994 年）曾明确地指出：五齐是指发酵酿酒过程的 5 个阶段。认为第一阶段泛齐，指发酵开始，醪醅膨胀，并产生二氧化碳，它使部分醪醅冲浮于表面。第二阶段醴齐，是指在曲蘖的引发下，醪醅的糖化作用旺盛，逐渐有了像醴那样的甜味和薄酒味。第三阶段盎齐，是指在糖化作用的同时，酒化作用渐渐旺盛，并达到了高潮，发酵中产生了上逸的二氧化碳气泡，并发出声音，这时的酒醪液呈白色。第四阶段为缇齐，这时发酵液中的酒精含量明显增多，同时，蛋白质生成的氨基酸与糖分反应生成色素，溶解于酒精中，从而改变了醪液的颜色，呈现出红黄色。我国传统生产的发酵原汁酒大多呈现红黄色就是由此而来，故命名为黄酒。第五阶段沈齐，这时发酵逐渐停下来，酒糟开始下沉，上部即是澄清的酒液。这是运用近代的酿酒知识来审视五齐，应是合理的。

对照古人和近人的不同解释，可以看出，古人对酿酒发酵过程的描述是生动细致的。酒正的辨五齐之名即是要求他必须熟悉和掌握发酵过程中五个阶段的变化现象，考察酒人是否按法式来组织生产。尽管古人错把发酵过程五个阶段的半成品分别称为不同的酒，有欠科学，但是，它还是从一个侧面表明当时的酿酒生产技术已达到一定水平。从上古时期对上述酒品的介绍分析，不难看出当时酿酒技艺还很不成熟，所以人们还只是根据在酿酒实践中的有限经验，依据原料的不同、加工方法的差异、酿酒发酵的程度和用途的不同，来对酒进行分类和命名，甚至把一些中间产品和加工过程、特征都当作酒品来命名，因此分类和命名有许多重叠，既不规范，也不科学。这就迫使后人要花费很大精力来考证，才能对这些记叙稍有理解。

曲是酒之魂

中国先民创造的酿酒技术，其最重要的特色是使用了酒曲，而且制醋、做酱等工艺也使用了曲。在酿酒行业中，流行一句“曲是酒之骨”或“曲是酒之魂”，即酿酒技术的关键在酒曲的质量。因为酿酒过程既然是微生物参与的生物化学反应过程，那么，微生物的品种菌系及其酶系质量当然就会起着举足轻重的作用，而酒曲则是参与酿酒的菌系的载体。人们有这一精辟的认识是长期实践的结晶。

对曲的认识和利用还得从远古说起。当时人们称酒曲为曲糵。在古代的许多文献中，特别在南北朝以前，人们往往将曲和糵联在一起来称谓，似乎它们是不可分割的。古代的曲糵究竟是指什么？它们又是怎样发明的？过去，人们在认识上并不清楚，甚至还存在着争议和存疑。

据《说文解字》记载：“曲，酒母也；糵，牙米也。”东汉刘熙在《释名》中进而解释说：“糵，缺也；渍麦覆之，使生芽开缺也。”由此可见，当时已明确曲和糵是两种物质。明代宋应星在《天工开物》中指出：“古来曲造酒，糵造醴，后世厌醴味薄，遂至失传，则糵法亦亡。”宋应星也认为曲和糵是两种东西。曲是用于酿酒的酒曲，糵是一种发酵能力较弱的酒曲，由糵酿造醴的方法，由于醴的味薄而早已失传。中国化学史家袁翰青在其《中国化学史论文集》中也认为，曲、糵从来就是两种东西，曲是酒曲，糵是谷芽。他的观点与宋应星是一致的。日本学者山崎百治在他所著的《东亚发酵化学论考》中也主张，曲、糵从来都是两种东西，曲主要指饼曲，饼曲后来发展为大曲、酒药等，糵为散曲，后来发展为黄衣曲（酿造酱、豉的常用曲）和女曲（清酒曲）。

上述看法似乎都有其根据和道理，但是从逻辑推理来分析，实际情况似乎要比这要复杂得多。

中国微生物学家方心芳（1907 ~ 1992 年）认为，曲糵的概念有个发展的过程。即人们对曲糵有个认识过程。在新石器时期，秋季收获的谷物要储存，当时虽已有陶器制作，但制出的陶器件小，容量有限，尚不能满足储粮之需，谷物大多储存在特别挖成的地窖中。假若遇上大雨

中国微生物学家方心芳

或其他异常情况，谷物受潮受热的情况时有发生，结果是谷物发霉或发芽，视环境条件的不同而定，有时可能是同一窖中，部分谷物发芽，部分谷物发霉。发霉谷物中的霉菌菌丝及孢子柄与发芽谷物的芽混在一起。在当时粮食尚很珍贵的情况下，人们不会抛弃这些发霉或发芽的谷物，而是继续食用它。假若把它们浸泡在水中，在一定条件下就会发酵成酒。这些发霉、发芽的谷物就是最原始的曲糵。在当时人们也分不清发霉的和发芽的谷物在发酵过程中有什么不同，怎么称它。后来经过很长年代，实践使人们认识到发霉的谷物与发芽的谷物虽然都可以酿酒，但还是有区别。在技术进步的前提下，人们遂能专门生产出发芽的谷物和发霉的谷物，并分别用于酿酒，这时才开始专称发芽的谷物为糵，发霉的谷物为鞠。至于“鞠”字从革，很可能是在制曲中常用皮革来包裹受潮的谷物发霉成鞠，故造字时出现鞠，后来人们又掌握了更多造曲的方法，而制曲的原料都是原粮，这个“鞠”就被麴或曲所取代。堆积在一起的谷物制曲时，由于发霉所产生的菌丝和孢子柄相互绕缠在一起，有时就不成颗粒状，而成块状。当人们认识到颗粒状的曲与块状的曲在发酵后有不同的效果时，人们进而分别生产出块曲和散曲，前者用于酿酒，后者主要用于制酱做豉。

以上仅是根据科学知识推测的，早期人们认识曲糵和使用曲糵的大致过程。由于当时它们主要被用于酿酒，故常被联在一起使用。后来由糵制醴的技术被淘汰后，人们仍习惯用曲糵来泛指酒曲。其实在远古时期，人们促使谷物糖化的几种方法中，发芽的谷物在其干燥后，碾碎了也可以成为酒曲。熟饭发霉了，晾干了也可以作为酒曲。正如晋代学者江统所说的，“有饭不尽，委余空桑，郁积成味，久蓄气芳”。人们获取酒曲的途径很多，后来在实践中才有了取舍和发展。这应该是中国先民发明酒曲的大致过程。首先是发现并模仿了谷物在储存中发芽、发霉的自然现象，有意识地生产曲糵，然后在实践中通过进一步观察又将原先常混杂的曲和糵区分开来并掌握了它们独自的生产方法。

“若作酒醴，尔惟曲糵。”既表明酿酒技术的发展对曲糵技艺的依赖关系，也表明这时期曲、糵已分别指两种东西，用于酿酒和制醴。从谷物偶然受潮受热而发霉、发芽形成天然曲糵到人们模仿这一自然过程而有意识地让某些谷物发霉生芽制成人工曲糵，这是制造曲糵的开始。当人们进而采取适当操作使谷物仅发芽为糵或仅发霉为曲，并了解它们在酿酒作用上的差别，从而能够将糵和曲分开并且单独使用，这应是酿酒技术和制曲技术的一大进步，认识上的一大飞跃。

制曲可以采用不同的谷物为原料，又在不同的工艺条件下制成不同种类酒曲，这就逐渐丰富了酒曲的种类。人们通过实践逐步认识和筛选出制曲的最佳原料及其配方，这当然是制曲技术的又一重要发展。用于制曲的谷物，可以是整粒，也可以是大小不等的碎粒；可以是预先采用水蒸煮或焦炒使之成为全熟或半熟的谷物，也可以是生的谷物。通过实践和比较，对制曲原料的预加工及预加工的方式和程度有了更深入的了解，也进一步丰富了酒曲的品种，并提高了酒曲的质量。以上这些酒曲制造技艺的进步大体是在商周时期完成的。

《左传·宣公十二年》里记载了一段对话：申叔展（楚大夫）问还无社（萧大夫）：“有麦曲乎？”答曰：“无。”“有山鞠穷乎？”答曰：“无。”叔展又问道：“河鱼腹疾，奈何？”答曰：“目于眢井而拯之。”这段对话表明当时已使用麦曲，而且麦曲还被用来治腹疾。麦曲的利用表明它和糵在当时已经分化为两种明确不同的物料，而且酒曲也因采用不同的原料而有进一步的区分。麦曲称谓的出现说明当时酒曲已不止一种。

《左传》书影

《楚辞·大招》里有“吴醴白糵”之说。这话一方面表明吴醴在当时已很有名气，另

一方面也说明曲和糵已区分开来。糵中既出现了白糵，可以推想糵也有很多种。白糵的制成又表明当时在制糵工艺中，人们已能控制到使谷芽中只有较少霉菌繁殖，或只使白色糵芽生成，而在一般情况下糵必然会呈现黄、白、绿等多种颜色，而不仅仅是白色。《周礼·天官冢宰》记载："内司服掌王后六服，袆衣，揄狄，阙狄，鞠衣，展衣，缘衣，素沙。辨外内命妇之服，鞠衣，展衣，缘衣，素沙。"郑玄注曰："鞠衣，黄桑服也，色如鞠尘，像桑叶始生。"这说明当时在制鞠时，从鞠上落下的尘粉也呈幼桑叶的黄色。由此可知，当时的鞠仍是颗粒状的散曲，否则不会落鞠尘；而且那时在鞠上繁殖的霉菌是黄曲霉，假若不是当时技术已有一定水平，就会有其他霉菌侵入，就不可能只生成单一的黄色孢子，落下黄色的鞠尘。这些记载部分地反映了当时制曲技艺的进步，而制曲技艺的发展是酿酒技术发展中的重要组成部分。

从春秋战国到秦汉，酿酒技术的进步，首先表现为制曲技术的提高。长期的酿酒实践使人们认识到，酿制醇香的美酒，首先要有好的酒曲；要丰富酒的品种，就要增加酒曲的种类。中国酿酒技术的发展正是沿着这条路线前进的。从近代科学知识来看，酒曲多数以麦类（小麦和大麦）为主，配加一些豌豆、小豆等豆类为原料，经粉碎加水制成块状或饼状，在一定温度、湿度条件下让自然界的微生物（霉菌）在其中繁殖培育而成，其中含有丰富的微生物，如根霉、曲霉、毛霉、酵母菌、乳酸菌、醋酸菌等几十种。酒曲为酿酒提供了所需要的多种微生物的混合体。微生物在这块含有淀粉、蛋白质、脂肪以及适量无机盐的培养基中生长、繁殖，会产生出多种酶类。酶是一种生物催化剂，不同的酶具有不同的催化分解能力，它们分别具有分解淀粉为糖的糖化能力，变糖为乙醇的酒化能力及分解蛋白质为氨基酸的能力。微生物就是凭借其分泌的生物酶而获取营养物质才能生长繁衍。若曲块以淀粉为主，则曲里生长繁殖的微生物多数必然是分解淀粉能力强的菌种；若曲中含较多的蛋白质，则对蛋白质分解能力强的微生物就多起来。由此可见，曲中的菌系是靠后天通过逐次筛选而培育成。不同原料的不同配比会对曲的功效产生影响，曲的不同功效则会进一步影响酿造的过程和结果，因为酒曲的质量决定酒品的质量。

传统酒曲的制造大多是在春末至仲秋，即伏天踩曲。因为这段时间的气候最适宜霉菌的繁殖，而且也比较容易控制培菌的条件。酒曲质量的好坏，主要取决于曲坯入曲室后的培菌管理。在调节好曲坯本身的配料、水分及接入曲母后，调节好曲室的温度和湿度及通风情况是很关键的，它必须有益于微生物的繁殖。制好的曲还应贮藏陈化一段时间，最好要过夏，再投入使用。经过一段时间贮藏的曲，习称为陈曲。在传统工艺中，特别强调要使用陈曲，是因为在制曲时潜入的大量产酸细菌，在比较干燥的环境中存放时会大部分死掉或失去繁殖能力，所以相对而言，陈曲中糖化与酒化的微生物菌种就较纯，有利于糖化和发酵，而避免酒醪变酸。先民制曲工艺经验的积累正是不自觉地遵循了这些科学道理。

从西汉时起，先民中的酒工已认识到曲和糵在酿酒过程中有不同的功效，并以此为根据将它们区分开来。糵主要指谷芽，曲主要指酒曲，两者的酿酒效果有差异。在周代，醴尚存在。到了西汉，由糵酿制的醴，就因人们嫌它酒味淡薄而被淘汰。这也正是制曲和酿酒技术提高的明证。从春秋战国时起，糵便逐渐专门被用来制作饴糖，而酿酒则主要采用酒曲了。

两汉时的制曲方法与先秦时期比较，最大的进步反映在饼曲和块曲的制作和运用上。在商周乃至春秋战国时期，酒曲主要还是以散曲形式进行生产。所谓散曲是指将大小不等的颗粒状谷物，经煮、蒸或炒等手段预加工成熟或半熟状态后，引入霉菌让它们在适当的温度、湿度下繁殖，制得松散、颗粒状的酒曲。事实上，在制曲过程中，那些发霉的谷物由于霉菌的繁殖，菌丝和孢子柄的生长繁殖而相互缠混在一起，最终获得的曲大多自然成团块状，所以制曲生产的结果通常是散曲中裹有许多团块状的曲。这些团块状的曲就是块曲的雏形。在散曲的生产操作中，由于其温度及原料中的水分不易在发酵过程中保持稳定，因而在曲中得以快速繁殖的微生物主要是那些对环境条件要求不很苛刻的曲霉，如黄曲霉、黑曲霉等，而它们的大量繁殖则抑制了其他糖化、酒化能力更强的微生物的生长。块曲的情况则有所不同。由于原料被制成块状，团块内的水分和温度相对来说比较恒定，加上团块内空气少，较适宜酵母菌、根霉类微生物的繁殖，而不适宜于曲霉的繁殖。所以块曲具有比散曲更好的糖化发酵能力。在古代，人们不知道什么是“微生物”，当然就不了解酿酒中块曲为什么比散曲好，他们只能在实践中摸索和体会。现代的微生物知识获知发酵酿酒中起主要作用的酵母菌、霉菌（根霉、曲霉）大多是厌氧微生物，即它们适宜在缺氧环境中繁衍，其代谢过程都是厌氧代谢。从这个视角来看，发酵是厌氧条件下的糖酵解作用。因此，块曲较适宜酿酒。唯有醋酸菌将乙醇氧化为醋酸是个例外，因为醋酸菌的繁殖需要氧气介入。正是人们在酿酒的实践中，逐渐认识到块曲的酿酒能力强于散曲，从而有意识地将酒曲原料制成饼状或块状，以饼曲、块曲取代散曲用以酿酒。从用散曲发展到饼曲、块曲，是制曲技术的一大进步，也是酿酒工艺的重要发展。《说文解字》中所列的曲大都是饼曲，可见在汉代饼曲的生产已很普遍。从此，饼曲、块曲的制造、使用及其发展成为中国酿酒技艺中的奇葩，也是中国酒（包括后来的蒸馏酒）具有独特风格的奥秘所在。

第五章

酒政酒事

酒

人不吃饭会饿死，不穿衣服会冻死，而不喝酒，即便终身滴酒不沾，也不是什么了不得的事。酒并不是生活的必需品，所以古俗居家开门七件事：柴米油盐酱醋茶中没有酒。但是你稍加留心酒与人们的生活关系，就会感到惊讶，酒在人心目中的地位非同小可。古人云："大哉，酒之于世也，礼天地，事鬼神，射乡之饮，鹿鸣之歌，宾主百拜，左右秩秩，上至缙绅，下逮闾里，诗人墨客，樵夫渔夫，无一可缺也。"（见《北山酒经》）在现实生活中，许多人对酒的关注远胜于油盐酱醋，这是因为饮酒已不止于物质上的享受，而是成为礼仪交往、情感抒发的常见载体。逢年过节、婚丧嫁娶、宾朋聚离、兴业礼宴、祭神拜祖，都少不了酒。酒业应运而发达，饮酒的利弊随之产生。如酒业发达，酒税增加，利于国家财政；酿酒太多，与民争粮，影响社会稳定。适量饮酒，有促进新陈代谢的保健功能；饮酒过度，则伤身害己。特别是酗酒，常使人失去理智，丧德败性，贻害无穷。因此，从古至今，不论任何朝代，都根据当时的情势，采取和制定相应的"酒政"，对酿酒、饮酒加以管理。

从商纣王酗酒到文王禁酒

由于酿酒技术相对于制陶、冶金、纺织等手工技术简便，较易普及，只要拥有较多的谷物和一些简单的坛罐之类的容器即可酿酒。当酒作为一个特殊的饮品从祭祀的神坛上走下来，首先为富有的权贵所享用，《周礼》中反映的周王室的用酒制度足以说明这一史实。随后，酒作为餐饮的一项重要内容而迈入了千家万户，当传统文化赋予酒某些特殊的功能，它进一步深入到人们日常生活的方方面面，并成为民俗民风的一部分。例如在拜祖敬神的庄严仪式上，酒是必不可少的供品；在尊老敬长、亲朋欢聚的人际交往中，酒是常见的礼品；在欢度喜庆的节日里，酒成为重要的助兴剂；在排除烦恼、发泄情绪的气氛中，酒又成为消愁药，甚至许多文人墨客都借用酒劲来抒发情感；政治家则借用酒来实践自己的阴谋诡计。总之酒作为一种特殊饮品融入到许多民俗活动中，有了这样的文化背景和不同寻常的社会需求，势必促进酿酒业的蓬勃发展。

从另一个视角来看，酒是粮食深加工的产品，酿酒业发展的规模和速度直接受制于粮食收成的丰歉。碰上好的年景，粮食丰收了，自然有了较多的谷物供人们酿酒；相反，当遇到灾年，粮食歉收了，供人们用于酿酒的谷物就少了。因此粮食的丰歉对酿酒业的发展，影响是直接的。这种影响一方面表现为农民对收获粮食的安排，另一方面则表现在政府关于酿酒政策的调整。

夏商时期，受环境和技术条件所限，人们将酿酒作为谷物的一种加工方式。吃酒连酒糟一块吃，吃酒也能饱腹，故将吃酒与吃饭联系起来。这种略带酒香，稍有甜味，容易消化的酒食对权贵具有很大诱惑力。当时酒的醇度极低，人们吃酒就像喝饮料一样，能海量而不倒。他们就将手中掌握的较多粮食用于酿酒，因此当时的贵族嗜酒成风。“昔者，帝女令仪狄作酒而美，进之禹，禹饮而甘之，遂疏仪狄，绝旨酒。曰：‘后世必有以酒亡其国者。’”（《战国策·魏策二》）这是通过禹之口对酗酒的告诫，后人还是不听，于是出现夏桀无道，奢侈无度，败业丧国。酗酒是其罪状之一。后来的商纣王比夏桀有过之而无不及，“大冣乐戏于沙丘，以酒为池，悬肉为林，使男女倮相逐其间，为长夜之饮”。即酒池大到可以行舟，牛饮群饮，一次可长饮七天七夜不歇，结果导致殷

大丰收

商灭亡被周取代。当然，这种酗酒的描绘有点夸张。将商纣亡国归咎于酗酒，也只是后来禁酒者挂在嘴边教训后人的一个警示。但这从另一个角度描绘了当时吃饭与饮酒的关系和当时酿酒业的状况。

周朝颁布了中国历史上的第一个禁酒令——《酒诰》。酒诰中强调说：酒只能在祭祀时用，不能常饮。官员们到下面去，可以饮酒，但不能饮醉。酗酒会误事、会乱行、会丧德，甚至因酗酒而灭亡。明令禁止民众群饮，不听命令的人，要收捕起来，送到京师，将择其罪重者而杀之。做官的要以身作则，做人表率。《酒诰》中明确了许多关于酒的政策，中国历史开始有了酒政，所以《周礼》中关于酒政的记载多了起来。实际上，一个《酒诰》并不能把酒禁绝，更何况，禁酒并没有涉及王室本身。《周礼·天官冢宰》记载："酒正：中士四人，下士八人，府二人，史八人，胥八人，徒八十人。"这应是当时管理酒类生产、政令、销售的机构编制。其中，酒正是酒官之长，酒官隶属天官。中士、下士属于中层管理官员，府是保管文书和器物的官员，史是记载史事和制作文书的官员，胥和徒都是供酒正使唤的工作人员，胥是徒的官长即领队。酒人是具体掌管酒类生产的官员，据《周礼·天官冢宰》说："酒人，奄十人，女酒三十人，奚三百人。"奄应是供官吏使役的宦人（即后来的太监），女酒是没入官府的女奴之长，奚即是直接从事造酒的女奴，从《周礼》中酒正、酒人等官员的设置和职能，表明王室饮酒是不受限制的。对贵族、官员和百姓的政策也不一样。在地方上设"司市"专门管理市场秩序，负责稽查饮食状况，发现群聚饮酒，即禁；禁而不听者，即拘捕起来，特别严重的，就把他杀掉。即对百姓，他有"饥酒""谨酒"的权利，但对于官员饮酒，不是"禁"，而是用有限度、有节制的办法来管理，即在朝廷内设置一些机构和官员从事酒类生产的管理和消费。由此可见，《酒诰》只是加强了对酒类生产和饮酒秩序的管理，而不是严格意义上的禁酒。

禁酒、榷酒与税酒

春秋战国时期，各诸侯国大多各自为政，因此对酒的政策各有其方。《酒诰》已名存实亡，绝大多数统治者不再禁酒，对酒的生产采取放任

酒徒醉卧街头图

河北平山县中山王墓中出土的扁酒壶及其中液体

不管的政策，酿酒、卖酒、饮酒都自行其是。当时的齐秦赵魏楚燕韩诸国的统治者大都是“嗜酒而甘之”。因狂饮而误事败业丧德者，屡见不鲜。齐景公七天七夜长饮不止，赵襄王五日五夜不废酒等。上行下效，大臣们饮酒也都放胆无忌，加上酒业管理基本上解体，酿酒卖酒初步形成了行业。生意兴隆，酒旗高悬。《史记·刺客列传》对荆轲的描写就很形象：“荆轲嗜酒，日与狗屠及高渐离饮于燕市，酒酣以往，高渐离击筑，荆轲和而歌于市中，相乐也。已而相泣，旁若无人者。”荆轲等在集市上酗酒，耍酒疯竟无人管。荆轲是个平民，尚敢如此，可见人们饮酒已无约束。各诸侯国大多无酒的专门政策，只要在市场上卖酒者缴纳一定的市税即可。

唯独秦国，在商鞅变法后，其酒政才有了变化。商鞅变法的基本点是重农抑商。抑商政策表现在酒业上，则是对酒业课以重税，其税重到使酒价高于其成本 10 倍以上。酒价这样高，一般人当然买不起，从而达到限制酒业发展的目的。与此同时，变法中制定的《秦律》，禁止在农村居住的人，包括地主和富裕农民，用剩余的粮食来酿酒，更不能到市场上沽卖取利。这样做，实际上也能实现控制粮食用于酿酒的初衷。由此可见商鞅变法后的秦国是春秋战国时代唯一实行禁酒政策的国家，同时也是税酒的开始，当然商鞅的税酒目的在于限制酿酒的发展，保证有充足的粮食支援对六国的战争。

东晋以后，南方经历宋、齐、梁、陈四个王朝，南朝的酒政与两晋时差不多。在北方，十六国以后，酒政时税时禁，也实行过酒的专卖，最后官府关心的只是酒税收入，酒的产销则完全归私人经营了。此举大受豪绅地主欢迎，他们由此便可大获酒利，正如《太平御览》中所说的“酒利其百十”。酒利之争也成为统治阶级集团内部斗争的内容之一，因此无论是北朝还是南朝，酒政都是时禁时开，禁开无常。禁酒于民于官都无利可取，所以禁时短，开时长。经常是酒禁一开，还继续推行“官卖曲”，则“远近大悦”。另一方面，各时期禁酒，其实是禁民不禁官，禁小不禁大，禁无力不禁有势，明禁暗不禁，黑市价格倍涨，获利反而更多。由此可见禁酒是难以持久的。

西汉初年，一方面为巩固其统治秩序，害怕民众喝醉后妄议朝政，非议时弊，另一方面也有恢复生产，抗水、旱灾，粮食歉收等经济原因，曾在部分地区实行禁酒令。汉初律令规定：“三人以上无故群饮酒，罚金四两。”只是在“赐民”的日子里才能会聚饮食数日。例如，汉文帝即位，赐令天下可大饮五日。但是，由于酒已成为大众生活的必需品，酿制又简便，禁酒令很难完全实施。到了汉武帝即位后的40多年里，再也没有下过禁酒令，私人可以自由酿酒了。传说汉武帝刘彻也是个好酒的人，他曾“行舟于”秦始皇造的酒池中。还说：“池北起台，天子于上观牛饮者三千人。”但是，他喝酒不糊涂，考虑到酿酒投资少、原料广、利润丰厚，可以为政府谋得一大笔收入。于是，在天汉三年（公元前98年）二月他下令“初榷酒酤”，即榷酒政策。这项政策的实质就是官买官卖，不再准许私人自由酿酤。这项政策成为盐铁官营后的又一大经济决策。当时还考虑到运输的不便，决定酒只能就地生产和就地销售为主，酿酤则分散于各地，具体管理由地方的“榷酒官”代办，利

东汉（公元25-220年）酒肆画像砖及其拓片（四川博物馆藏）

润上缴中央财政，纳入国库。实行榷酒政策的另一目的是抑制“富商巨贾”和“浮淫并兼之徒”，让那些每年可盈利二十万钱之大酒商的“钱袋”为政府所得。总体上看，政府基本上控制了酒的流通领域，统而不死，那些街头巷尾、阡陌之间的小点分销，仍然交给小商小贩去经营。且课以重税，未离开“酒专卖”这个大原则。酒专卖政策的实行，严重侵害了兼管工商业的地主，特别是官僚贵族大地主的利益，遭到他们的强烈反对。

汉武帝死后，榷酒政策受到抨击，于是在昭帝始元六年（公元前81年）七月，“罢榷酤官，卖酒升四钱”，即以税酒政策代替已实行了18年的榷酒政策，私人又可以酿酒了，但每卖一升酒要交税四钱。酒税成为一项专税直接交到国库以供政府开支。从此以后，禁酒、榷酒、税酒政策在不同朝代的不同时期被交替使用，不变的是酿酒业的税收始终是政府一项重要的财政收入。王莽篡位后，改税酒政策回榷酒政策。当时的大司农要求“请法古，令官作酒”。当时制定的“官自酿酒卖之”办法异常详细，从用粮、用曲等原材料到计算成本，以至售价等都有明确规定，其中包括官方所能得到利润的比例。当时的酒利比一般商品税额高三倍之多。为了管好酒利，还特别设立了“酒士”之官，直接控制，严格管理。欲增加酒利，就要酿出好酒，好酒的标志是提高醇度，无形之中就推动了酿酒技术的提高。贵族地主大多只饮清酒而不再食酒糟，饮酒也逐渐从吃饭的阴影中走出来，这也促进了酿酒技术的进步。

酒政的变化和农业的发展，粮食收成的丰歉一样，能左右酿酒业发展的规模和速度，对酿酒技术的发展有着直接的影响，但不是唯一的决定因素。人们对酒品的鉴赏、喜好和酿酒实践中的经验积累才是决定酿酒技术进步的重要因素。

“竹林七贤”

到了三国时期，魏、吴、蜀汉三国对酒的政策并不相同。曹操时期酒禁甚严，讳言酒字。孔融公开反对，曹操就借故把他杀了。曹丕为了增加财政收入，恢复了酒的专卖。诸葛亮治蜀汉，禁酒也严，连他的儿子都不许饮酒，所谓“道无醉人”，可见一斑。孙权治理下的吴国，实行了酒的专卖，由于官吏腐败，并没有收到增加收入的预期效果。西晋对豪强妥协，取消了酒的专卖，允许私人经营。东晋继续让商人在市上开设“酒肆沽卖”，私人也可以酿酒自用。从而出现像陶渊明那样的田园诗人，他能自由自在地种秫酿酒饮酒，自饮为乐。还出现像竹林七贤那样的一批文人，借酒来发泄对朝政的满腹牢骚。只在晋安帝隆安五年(公元401年)因岁饥而禁酒。

1960年，江苏考古工作者在南京西善桥一带发掘六朝古墓一座，出土了包括瓷器、陶器、玉器、青铜器、铁器等文物53件。在这批文物中最引人注目的是墓室内两幅砖刻壁画。这种壁画在南京众多的六朝古墓中尚属初次发现。它们各长2.4米，高0.8米，距底0.5米。估计是先在大幅绢上画好，然后分段刻成木模，印在砖坯上，再在每块砖的侧面编好号，待砖烧成后，依次拼接砌成。南面的壁画自左向右依次为嵇康、阮籍、山涛、王戎四人，北面壁画自右向左为向秀、刘伶、阮咸、荣启期四人。前面七人即是两晋时期著名的竹林七贤，荣启期则是春秋

江苏南京西善桥出土的砖刻壁画

时期的隐士。八人席地而坐，掩映于松、柳、银杏之间。

在画面上，嵇康抚琴。据《晋书·嵇康传》记载，他“常修养性服食之事，弹琴咏诗，自足于怀”，可见画中表现出嵇康生活的一个特点。《晋书·阮籍传》说，阮籍嗜酒能啸，因此画中的阮籍侧身而坐，突出张口长啸的神态。在其身旁还置有一具带把的酒壶，酒壶是放在一个托盘上。画面上的山涛，一手挽袖，一手执耳杯，其前置一瓢尊，勾画出山涛饮酒的状态。《晋书·山涛传》说：“涛饮酒至八斗方醉，帝欲试之，乃以酒八斗饮涛，而密益其酒，涛极本量而止。”而画中的王戎则是一手靠几，一手弄一如意，仰首屈膝，正在高谈阔论。《晋书·王戎传》说，“戎每与籍为竹林之游”，“为人短小，任率；不修威仪，善发谈端”。画面体现了王戎的谈吐风格。《晋书·向秀传》说他“雅好老庄之学，庄周著内外数十篇……秀乃为之隐解，发明奇趣，振起玄风，读之者超然心悟，莫不自足一时也”。画中向秀赤足盘膝坐在皮褥上，闭目倚树，表现出一种闭目沉思庄子真义的神态。画面上的刘伶也很形象，他一手持耳杯，一手作蘸酒状，双目凝视杯中，充分刻画出他的嗜酒成性。刘伶好酒不仅《晋书》所记甚多，民间也有许多传说。他所写的《酒德颂》对后世影响很大。在后人文笔下，他几乎成了“酒”的代名词。画中的阮咸也是赤足盘膝，他挽袖持拨，弹一四弦乐器，正如《晋书·阮咸传》所写，“咸妙解音律，善弹琵琶”。

画面中的竹林七贤，每个人都有自己的鲜明形象。可能是为了画面的对称，加了第八个人，即生活在春秋时期的隐士荣启期。《高士传》中记载了孔子游泰山，见到了隐居在那里的荣启期。他鹿裘带索，鼓琴而歌。画面上的荣启期披发长须，腰系绳索，弹着五弦琴，盘坐在皮褥之上。将荣启期与竹林七贤并列，很可能是因为这七贤在气质上与荣启期相近。这幅砖刻壁画能如此逼真、形象地描绘竹林七贤，并被安装在墓中，应是名家之作。

竹林七贤生活在司马氏篡权当政的魏晋之交的时期，当时残酷的权力之争使封建社会的道德观在统治集团内部完全丧失或被扭曲，猜忌、掠夺、残杀、虚伪、奢侈、荒淫、贪污、酗酒、颓废等龌龊行为充斥其间。一些属于士族的知识分子，要么同流合污，要么想方设法逃避现实。

前一条道，虽然也会有暂时的苟且偷安，但时常招来了杀身之祸。后一条路，则以空谈、酗酒、放荡的生活虚度年华。竹林七贤都是当时的社会名流，尽管他们在政治观点和哲学信仰上不尽相同，各有所见，各有其长，但是却都是当时清谈家的代表。他们崇尚老庄的虚无之学，接受了庄子的“醉者神全”的思想，隐身于酒，也得全于酒，不拘礼法，任性放荡。他们经常聚会酣饮纵酒，交流于竹林之中，时而弈棋，时而赋诗，海阔天空，无拘无束，所以被冠以“竹林七贤”。

嗜酒是他们的共同爱好，也可以说是酒将他们聚集在一起。事实上，他们的处世哲理反映了封建社会的一种思潮。在封建专制的思想牢笼中，一些出身士族的读书人，思想受到压抑，严酷的现实使他们难以实现自己的人生抱负，为此他们中的一些人以酒来麻醉自己。他们这种放荡不羁的生活，多为时人所贬。竹林七贤所饮用的酒应该是今天的黄酒。他们饮酒的观念已明显地与商周时期不同，不是为了满足酒瘾，更多层面上是一种精神上的需求。酒在人们生活中的影响愈来愈大，以酒为载体的文化发展也层出不穷。

“饮中八仙歌”

隋文帝杨坚在公元 589 年灭陈统一中国后，为了恢复农业，发展手工业和商品经济，他一方面与民休息，另一方面鼓励生产，减轻税负。酒业和盐业一样获得了最宽松的政策。酒不再是官府垄断独售，而是与百姓共之。酿酒、卖酒皆是免税。

杜甫及成都杜甫草堂

初唐时期，继续推行隋代的酒免税政策，允许百姓私酿私卖，造就了近百年酒政最宽松的年代。由此可以想象，这一时期酿酒业的兴盛和饮酒人的放纵。唐代大诗人杜甫 (712 ~ 770 年) 曾写过一首脍炙人口的诗篇《饮中八仙歌》：“知章骑马似乘船，眼花落井水底眠。汝阳三斗始朝天，道逢麴车口流涎。恨不移封向酒泉。左相日兴费万钱，饮如长鲸吸百川，衔杯乐圣称避贤。宗之潇洒美少年，举觞白眼望青天，皎如玉树临风前。苏晋长斋绣佛前，醉中往往爱逃禅。李白斗酒诗百篇，长安市上酒家眠。天子呼来不上船，自称臣是酒中仙。张旭三杯草圣传，脱帽露顶王公前，挥毫落纸如云烟。焦遂五斗方卓然，高谈雄辩惊四筵。”诗里杜甫用生动、形象的诗句描绘了他所熟悉的文人酒友贺知章、汝阳王李琎、左相李适之、崔宗之、苏晋、李白、张旭、焦遂等饮酒后的姿态。这些人不仅嗜酒狂放，才气横溢，而且在当时的文坛，特别在赋诗和书法上颇有名气。从简明传神的诗篇中，人们不难看到盛唐时期，文人官吏饮酒、嗜酒的鲜活场面。至少还表明当时的市场上有较充裕的酒，而且酒价也不高。因此在唐代的文坛及其众多作品中，处处洋溢着令人陶醉的酒香。甜醇的酒液已融入了文化的各个领域。像李白这样的大诗人被誉为“酒仙”，杜甫也被称为“酒圣”都是有原因的。正如郭沫若所说：“李白真可以说是生于酒而死于酒。”传说中李白之死是酒醉后到采石矶的江中捉月亮而落水淹死，连死都带有一抹浪漫色彩。可惜的是唐代的酒客文人，喝酒太容易了，也无需他们亲自动手酿酒，所以留下赞美酒的诗句不少，却很少有酿酒技术的文字留下。

太白醉酒图（清·苏六朋画）

张旭三杯草圣传（国画）

酒政的这一变化让我们从经济角度窥视唐宋时期酿酒业的盛况，可以推测，酿酒技术在这一过程中得到较快的发展。

李白遊迹在江畔

同时，与酒相关的文化事业也出现空前的盛况，洋洋万篇的唐诗宋词更是酒香四溢。中唐晚期，唐代宗在位的764年，由于国库空虚，朝廷终于下达了恢复税酒的命令，“定天下酤户，以月收税”。几年后又进而改为“三等逐月税钱，并充布绢进奉”。即按酿酒量将酒户分为三等，再按等纳税。这种税法实际上就是后来的累进征税法。此后的酒政，虽然因朝廷当政者的认识不同，在税率上会有升降，但是基本的税酒政策没有本质的变化。唐代二百多年，几乎有一半时间在实行税酒政策。其具体形式除了官酿官卖和酒户纳榷钱外，还有榷曲均摊于青苗钱上。榷曲即是通过卖曲收税，要酿酒就得买曲，买曲就得纳税，这方法虽有弊病，但是办法简便，为许多地方所采用，避免了乱收税，人们尚能接受。将酒税均摊于青苗钱，成为青苗钱的附加税，显然有失公允，连不喝酒的人也要纳酒税，但是终年不喝酒的人毕竟很少，最重要的是这办法中最大受益者是官府，故一度得到推广。在唐代的酒政中还有一个特点就是“委州县领”，诸镇多得自专，即酒利进奉多少，酒税征收高低，私酤量刑轻重，

唐代绘画：宫乐图（局部）（台北故宫博物院藏）

以及如何处理等，地方的权力很大。特别在方镇跋扈之处，皇权衰落之时，此况尤显。总之，唐代的酒政从免税到重开榷酒，实行酒专卖制度，在变化中逐步发展。

学士们的夜宴图（宋代佚名画，美国私人收藏）

五代时期，政治上延续了唐后期藩镇割据的局面，在实行酒的政策方面各有不同，大体上，实行的是唐代重开的税酒制度。偶尔也曾弛禁，也曾对私曲私酿者用法残酷。例如后汉时期，一度对私曲者像对私盐者一样，不计斤两，并处极刑。不仅专卖酒和曲，而且还禁同样用曲的醋。从酒政的变化可以看到五代十国的藩镇割据战乱，致使生产和经济都遭到严重的破坏，物资的贫乏是酒业受到抑制的主要因素，官家对酒税的苛求也妨碍了酒业的正常运作。

苏轼、朱肱著文论酒

北宋时期，由于冗官、冗兵、冗费，财政支出庞大，苛求盐酒两税来填充其库虚。因此不仅要坚持酒的专卖政策，而且征课越来越重，可以说是历史上榷酤最重者。榷酤在形制上更为完备，办法细密，是中国酒政史上一个非常重要的时期。具体地说，北宋榷酤是榷曲、官卖和民酿而课税的三种基本形式并行，因地而异。

所谓官卖曲，即官造曲。凡官曲，麦一斗为曲六斤四两。东京、南京曲价每斤值钱一百五十五文，西京减五。东京酒户一年用糯米三十万石，规定都用官曲。官府有时对酒户贷给糯米、秫米，到期收钱。官卖曲要多卖钱就多造曲，“曲数多则酒亦多，多则价贱，贱则人户（酒户）损其利”。也就是说曲卖多了，产酒也就多了，酒价就贱。为了解决这一矛盾，政府又出台了减数增价的办法。即酒的产量减少一点，设定一个限额，而酒的售价却提高不少，保证政府的酒税有增不减。

神宗熙宁四年(1071年)就规定东京的产酒额度为180万斤，闰年增加15万斤，每斤曲价提高约20%。后来再增东京酒户曲钱，并减少造曲数量，即实行减数增价法。这种政策实行了八年，酒户按日输钱，周岁而足。官卖曲立法之严，收钱之重，比较官卖酒的做法有过之而无不及。所谓官卖酒，即是在官卖酒的地方都有特设的酒坊酒工，他们酿造商品酒供应市场，有的地方官府干脆自己建酒楼卖酒。当然，部分的官酿酒是通过私商分销零售，官府的酒库则搞批发。北宋政府规定：酒的原料因地而定，通过收购方式取得。粮食集中供酿酒之用，对于酿酒匠只发钱不发粮。

所谓募民自酿，即包税制，实际上就是募民掌榷。由包税人承买酒坊，酿酒酤卖。承包以三年为限，到期后再通过有财力者的竞争，产生新的包税人。政府通过“实封投状”之令，即采取投标法获得更高的利。竞标者则不惜抬高包税额获得酿酒权，企图再由酿酒卖酒赚钱。民酿者为了不赔本而获厚利，办法只能是在抬高酒价的同时，想方设法把酿成的酒全部售出。若酒卖不掉，就通过关系搞摊派。这是包税制的又一大弊病，常常为人诟病。

总之，在官卖酒、官卖曲的地方，官府设置了酒税务来征收酒课。在乡村，官府通过包税制的酒坊来获取酒课收入。这一系列的措施使酒课收入逐年增加。

北宋的酒课收入一年有多少？据史书所载的统计数字，京城卖曲钱有四十八万余贯，真宗景德中酒课收四百二十八万贯，卖曲为三十九万一千余贯。从北宋中叶来看，一年收入已达一千七八百万贯。例如仁宗时，一年酒课约一千七百万贯，除去酿造成本，净利所得加上商税(酒在城乡之间流通需缴税)达两千万贯。而当时盐课一年为七百七十五万贯，酒课总收入高出盐课一千万贯。与唐代时一年酒税收入一百五十六万贯相比，则相当其十倍之多。北宋末酒价提高，酒课收入当有增加。中央和地方政府都视酒利为财源，在分配上必然会出现矛盾。中央要多收，地方则乱加税，加之太多，民怨就大。为了防止民变，皇上不得不下令禁课。其实，中央政府是期望地方多缴一点酒课，曾采取“比较法”，即以原定的上岁课数为准，几个地方进行比较，看谁岁缴增额多少。多者奖，少者罚。这就促使地方官挖空心思增课，酒薄价高，配售强摊，从而把多增数额转嫁于民，加重了弊病，到了宋代后期，酒价屡增，升涨几倍之多。

在宋代，文人中不乏嗜酒者，诗词中也飞舞着赞誉酒和饮酒为乐的篇章，但是，与唐代的文人不一样。唐代的文人喝酒不需自己动手酿酒；而宋代的文人由于酒价高，有的就不得不自己酿酒。酿酒的实践，促使他们至少为后人留下了 20 多篇关于酿酒技术的文字。宋代的文人一是因酒价高，无钱买酒畅饮，二是由于仕途不畅，或官场失意，他们被迫辞官隐退乡里，闲暇之中自己动手酿酒，并研究起酿酒技术。苏轼、朱肱就是典型。

苏轼 (1036 ~ 1101 年)，字子瞻，号东坡居士，是中国历史上著名的大文豪。他不仅在诗词、散文、绘画、书法等文学艺术领域有极高造诣，为后人留下了数以千计的诗词及散文，同时他还热爱生活，关心民间疾苦，通过自己的实践，在水利建设、医药、农学、生物学及食品诸多方面做出过贡献。其中他对酿酒技术从兴趣到研究，通过亲手实践并

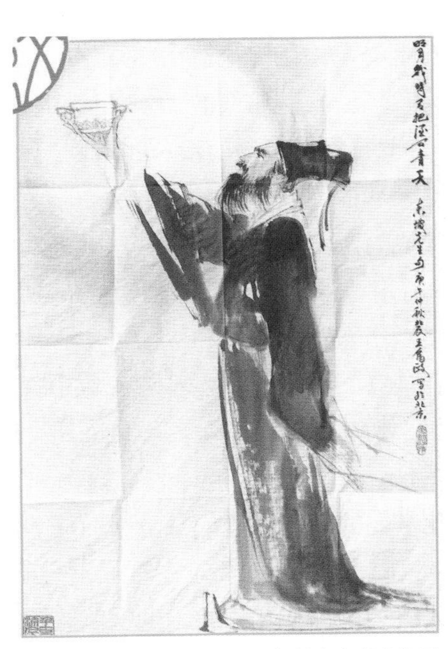

关于苏轼的两幅国画：东坡把酒问青天 (左)，东坡醉舞 (右)

总结经验，完成了《东坡酒经》等著述。正如他在因“乌台诗案”而被贬黄州后所写的杂文《饮酒说》所说的那样，“予虽饮酒不多，然而日欲把盏为乐，殆不可一日无此君。州酿既少，官酤又恶而贵，遂不免闭户自酝”。这里讲述他对酒的需求，每天都需有酒为伴。虽然他的酒量不大，但喜欢请别人喝酒，把与朋友共饮当作乐事。他为官时，有州酿供给和友朋送酒；当他被贬官后，送来的酒少了，又买不起酒，只好闭户自酿。正是在流放黄州期间，他将流放居所前的坡地种上谷物，收成的谷物专供自己酿酒，从而开始了酿酒实践和研究。当被流放到广东惠州时，因为地处边远地区，酿酒无须纳税，苏轼不仅自己积极酿酒，还向当地民众介绍中原地区先进的酿酒技术。《东坡酒经》就是在这时候写的。除了《东坡酒经》外，他还写了《洞庭春色赋》《中山松醪赋》《酒隐赋》《浊醪有妙理赋》《密酒歌》《桂酒歌》《酒子赋》《真一酒法》等有关酿酒技术的杂文和诗赋。总之，苏轼常饮酒以取乐消愁，无奈朝廷对酒的官酤，逼迫他闭户自酿，反而成了酿酒的行家里手。

朱肱，字翼中，元祐三年（1088 年）考取进士，官至奉议郎直秘阁。崇宁元年（1102 年），他借口看到日食，上书皇帝说这是灾异，要求罢免当时的权臣章惇。没想到，皇上看了奏章，认为他造谣惑众，陷害大臣，下旨把他罢官。此事使朱肱认为官场没有是非标准，于是回到杭州大隐坊定居，潜心研究医学和酿酒，过着自在的逍遥生活，自称为“无求子”“大隐翁”。从喝酒到自己酿酒，从酿酒到研究酿酒方法，学习和试验使他积累了丰富的酿酒经验，遂成为酿酒高手。他研究医学，花了近 10 年时间，完成了《伤寒百问》一书。该书不仅把张仲景的《伤寒论》加以充实，而且以问答形式讲述了伤寒病的病症和医治方法，被世人称为《南阳活人书》。政和四年（1114 年）该书被宋徽宗看中，重新起用他为医学博士。但是在第二年，朝廷又以他书写苏轼诗而将他贬到达州（今四川达县）。一年后又被召还任朝奉郎，不久即病故。《北山酒经》是他在流放达州期间，为把他掌握的酿酒经验记录下来而完成的关于酿酒工艺的一本专著。

借助于苏轼、朱肱及其他一些文人著述的关于酿酒技术的文献，可以帮助我们窥视和讨论唐宋时期的酿酒技术和水平。他们的经历和作为

韩熙载夜宴图（五代）

使后人从一个新的视角认识了宋代的酒政和酒业。

自从金人入侵，南宋王朝偏安于东南一隅，国土比北宋减少了三分之一，而庞大的军费、政府开支、宫廷花销却一点也不比北宋少。包括榷酤在内的各种专卖收入和商税收入就成为支撑南宋政权存活的经济基础，其中酒税的收入占了很大的份额。史书记载绍兴末年(1160年前后)，东南及四川的酒课就达到了一千四百万余贯，占财政全年收入近四分之一。榷酤立法之严、酒课收入之多、售曲酒价之贵，南宋远胜于北宋。南宋时酒的专卖也是花样翻新，就以四川的隔糟法为例。所谓的隔糟法即是由官府提供酒曲和酿具，酿户只要出够钱款就可以到官府管理的隔糟上自行酿酒，酿酒多少不限，但要缴纳一定数额的酿酒税。这样官府不花原料和人工成本，就可稳当地坐收租金和酒税了。还值得一提的是南宋的专卖商品，不仅有盐、酒、茶等，甚至也涉及醋，可见政府财政的困窘。酒的专卖，始于西汉，经过唐、五代，至宋，可以说其税制已大体完备。提酒价、包酒税，中央政府一直紧抓榷酤，遂使酒利收入在国家财政中地位日益提高。在两宋，就明显地表现出它在加强中央集权制的重要作用。政府对酒利的追逐，无形中以半强迫性的多种措施维系和发展社会上遍布的酿酒业，为了推销产出的酒，不惜采取强行摊派等

河北宣化辽墓出土的备酒图（壁画）

诸多办法，从而造就了更多酒鬼。在这种榷酤政策的推动下，酿酒业进一步成为农产品加工的最大副业。在酒的税制发展和逐渐完备的同时，酿酒技艺作为一项重要的手工技术而初显端倪。

在中国的北方，经历了契丹族建立的辽朝，女真族建立的金朝，直到蒙古帝国灭金并宋，统一了中国。在这一时期，基本上是实行酒的专卖政策，但在各朝的不同时段，酒政也各有不同。辽代前期，酒由私人经营，后期才实行榷酒政策。一度粮食紧张，还严加禁酒。金建国后，很快就推行酒的专卖政策，实行多年后又改为榷曲和包税制。金代的酒政有自己的特点，它在实行酒的专卖时，曾提出：一是酒课不能太重，致使酒官暗累，承办乏人；二是卖酒不能赊贷，免得奸吏贪污，官府亏蚀。据史书记载，金世宗觉得上京的官酤酒味不佳，指示“欲如中都曲院取课，庶使民得美酒”。才由榷酒改为榷曲，同年又试行包税制。总之，金代的酒政较为宽松，故北方的酒业和酿酒技术都获得较快的发展。

元明清时期的禁酒与反禁酒

寿命仅有 99 年的元朝在中国历史上有着独特的地位，成吉思汗及其子孙建立的蒙元帝国，把统治的疆域扩展到横跨欧亚大陆的辽阔地区。这时期各民族之间的文化交流也达到空前的水平，对中国酿酒技艺的发展产生了深刻的影响。明朝则是农民起义后建立的封建王朝，统治者对酒的复杂情感，一度放松的酒政，迎来了酿酒业的巨大变化。又一个少数民族为统治者的清朝，在继承明朝酒政的同时，禁酒的争论并没有影响酿酒业的平稳发展。

蒙古汗国的“汗满天下”

1206年，在漠北草原，成吉思汗建立了蒙古汗国，1234年吞并了金国，1279年推翻了南宋政权，统一了中国，在世界东方屹立起一个蒙元帝国。通过不断的征战，成吉思汗的子孙，又将帝国的疆域扩到亚洲，欧洲的许多地区。

蒙古族原先是生活在中国北方一个游牧民族，习惯围地放牧，擅长骑马射箭，被称为“马背上的民族”。该地区的经济和科学技术远较中原地区落后。为此，忽必烈建立元朝后，为巩固其在中原统治，大力推行学习汉文化，并把发展农业经济作为立国之本。官方组织学者编纂《农桑辑要》等农学著作，以推广先进的农业技术，指导农业生产。酿酒技术也与其他食品加工技术一样被列入推广之列。此外，酒在蒙古族生活习俗中占有特殊地位。他们待人豪爽好客，常把酒当作珍品敬奉给贵宾。同时，蒙古族居住在高寒地带，喝酒排寒取暖已成为生活的嗜好，酒是蒙古包的必备之物。甚至在当时蒙古统治集团议事决策的集会上，酒也必不可少，许多重要决定都是在酒宴上商量拍板的。开始时他们常饮的是本民族特产马奶酒，后来随着疆域扩大，文化交流的展开，蒙古人的饮酒口味也变了，他们接受了中原地区普遍饮用的黄酒，也品尝到产自中亚的葡萄酒，但是他们最钟爱的是产自中亚或阿拉伯的葡萄烧酒。这种酒是通过蒸馏葡萄酒而得，酒度远高于马奶酒或黄酒。为此元朝的统治者把葡萄烧酒列为法酒，这种酒的生产技术最大的特点是通过蒸馏而取得。原先在炼丹制药中已熟悉蒸馏技术的汉族先民，模仿着将蒸馏技术应用于黄酒上，从而掌握了烧酒，即今之白酒的生产技术，从此中国的传统酒品中增加了烧酒一大类，进一步丰富了中国饮品，同时也表明中国的酿酒技术又迈向一个新的台阶。

《农桑辑要》书影

元代虽然国势强盛，但是对外不断征战，军旅一兴，费糜巨万，财政开支空前巨大。政府把各项专卖的收入看作财源之本，所以说，元代兵力物力之雄廓过于汉唐，而斤斤于茶盐酒醋之入，一点也不为过。酒醋的课税皆著定额，利之所入甚厚。榷酤之重更甚于南宋。元朝统治者对酒税的认识有一个过程。原先，他们喝的大多是家酿的奶酒，根本没有喝酒要纳税的概念，故在蒙古族草原上没有实行过榷酒的政策。元太宗窝阔台素嗜酒，常常与大臣们酣饮。谋士耶律楚材拿着被酒所蚀的酒槽铁具给太宗看，劝谏说："酒能腐铁，喝多了，人的五脏怎么受得了。"太宗接受了规劝，耶律楚材进而建议：以征收赋税代替圈地放牧，酒课就同地税、商税、盐铁山泽之利一起成为财政的开源之本。由此，元太宗二年(1230 年)，定酒课，验实息十取一。十取一的酒税，政府收入并不多，于是在第二年改为"立酒醋务坊场官；榷酤办课"。专卖政策正式实行，按照各地人口来分配课税任务。元代的酒专卖政策时兴时废，禁酒令时严时松，可见元代统治者政令无常，为难的倒是分管酒务的官员，无所适从。对于乡村百姓来说，只要纳税就可以放心自酿酒醋了。

关于元代酒业有两件事值得关注。一是葡萄酒，二是蒸馏酒。在元代仍只有山西、河北、陕甘几个地方产出葡萄酒。故此，元世祖至元六

元代钱选的《扶醉图》(绢画)

年 (1269 年) 定葡萄酒税率为三十分取一。至元十年大都酒使司曾想提高税率为十分取一分，但在部议中被否定。部议中官员们认为，葡萄酒虽有酒名，实际上不用米曲，与米酒不一样，每当因粮食不足而实行禁酒，独葡萄酒不在禁酿之列。以葡萄烧酒为模式，把蒸馏技术与黄酒技术相结合生产出有中国特色的蒸馏酒：烧酒。当时的烧酒傍依着米酒，技术仍属初始，产量也有限，故朝廷还来不及为它增改酒课。

葡萄酒

白酒在明代的崛起

在元末农民起义的大潮中，农家子弟朱元璋于 1368 年登上了皇位，建立了明朝。面对着战乱的创伤，土地的荒芜，生产的凋零，朱元璋执政伊始，推行了一条旨在安民乐业、发展生产的政策，从奖励垦荒，实行屯田，到修河筑堤，种棉植麻，轻徭薄赋，调动了广大农民的生产积极性，很快就医治好战伤，农业生产有了恢复和发展。

朱元璋还从元朝不到百年的历史中汲取了一条教训，那就是要禁酒。原本强悍的蒙古骑兵，进驻繁华的中原地区后，富饶的物质和美丽的景色让他们眼晕，特别是那种令人陶醉的歌舞酒肉让他们折服，时常的酗酒逐渐让这些勇士变成拉不开弓、跑不动马而不堪一击的朽兵。这就是饮酒害人的教训，据此，朱元璋强力推行了禁酒政策，他躬行节俭，是开基创业的君王，不仅多次发布：“因民间造酒，靡费米麦，故行禁酒之令”。而且也拒收贡酒，连不用粮食酿造的葡萄酒也在禁限之列，甚至他还把酿酒所用的糯米列入禁种范围，表明其“塞其源，遏其流”的决心。

皇帝有着至高无上权威，然而其对社会的控制和影响还必须得到臣民的支持才能实现。此时的酒已深入到社会生活的方方面面，上至皇亲

朱元璋

国戚，下至平民百姓，生活中都不能断酒，所以禁酒令实际上没有得到真正的贯彻，而且很快就成为一纸空文，遂被废止。洪武二十七年（1394年），朝廷又令民可建酒楼，很快在京都四处就酒楼林立。官吏们常设饮酒大宴，饮酒之风又起。统治者不禁，民间酿酒业很快有了规模。

朱元璋禁酒的结果，倒是促成了官方掌控的酒类专卖的废除。后来朝廷不能完全放弃酒利收入对财政的贴补，遂又推行起税酒政策，酒的税率也定得较低。在这一政策的鼓励下，民间酿酒、贩酒及制曲业都有了相应的发展。明英宗时，明令“各处酒课，收贮于州县，以备其用”。这实际上将酒税的收入纳入到地方财政。这种酒政无疑促进了酿酒业，特别是烧酒业的蓬勃发展。直到明末，由于财政日趋困难，粮食又告不足，朝廷又打起了酒类专卖的主意，但是时间已不允许其顺畅地贯彻。

清朝的酒政与酒业

清朝初期，由于连年的战争，不仅使自然经济，甚至那些孕育在商品生产中的资本主义幼芽都遭到严重的摧残。直到康熙、雍正、乾隆三朝，采取了一系列旨在恢复生产的措施，经济才逐渐得以恢复和发展。即使这样，这时期中国的经济和科学技术已被在西方蓬勃发展起来的资本主义工业文明远远抛在后面。落后就要受欺挨打，殖民者的船坚炮利终于在鸦片战争后让中国沦落为半封建半殖民地的境界。

在上述的社会变化中，酿酒业却没有受到致命的打击和影响。除了西方较先进的葡萄酒和啤酒生产技术被引进外，蒸馏酒和黄酒的生产技术大致上维持着原有的水平。清代前期基本上是继承了明代的酒政，对酒的生产采取征税的管法。国家不设专职征酒税的官吏，而是由地方管理赋税。地方官府像对油、盐之类日用品一样，对酿酒业设立了经营税和流通中的关税、船税，数额有限，赋税较轻。例如雍正年间，天下门关所征的酒税总共为十万两银。乾隆年间，北新关税每酒十坛（200斤）

征银二分。嘉庆年间，北京崇文门的酒税：烧酒每十斤征银一分八厘；黄酒每小坛（50斤）征税一分九厘。在有些地方，不禁造曲，而征收曲税，相当于原料税。正是这种税赋较轻的政策，致使酿酒、制曲及贩酒的私营作坊有了很大发展。这当中，有一变化特别引人注目，尽管生产饮用黄酒在市场中还是主体，但是蒸馏酒生产发展的速度已大大超过黄酒。即以高粱为原料，大麦作曲，用蒸馏技术生产的烧锅业获得较快的发展，特别在北方地区。能饮白酒四两始醉者，饮黄酒两三斤仍感不足。加上当时黄酒的实际税率高于白酒数倍，造成价低易得一醉的白酒在广大平民中有了较大的市场。价高的黄酒不仅难以久贮远运，而且在晚春、炎夏、初秋等季节都不可酿造，生产受季节温度的制约，而生产白酒就不受此限，此其一。其二是当时酿造白酒的原料：高粱、黍、大麦都是较贱的粗粮，售价低就可降低成本。据此也促成了白酒在北方地区获得较快发展。白酒不仅在北方有了自己的市场，而且其牟利也较大，一些官僚、地主及工商业都热衷于投资此业，白酒的生产规模也逐渐壮大，与此相适应，白酒的生产技术逐渐成熟定型。

随着酿酒业的发展，供应酒曲的踩曲业也兴旺起来，当时盛产大小麦的河南，成为酒曲的主要产地，直隶晋陕等地区所需的曲均购自豫。贩酒也能发财，于是贩酒的商船或挑夫，穿梭于各水陆码头名镇大集，造就出一批批繁华的商埠。酿酒业的发展，必定会消耗大量的粮食，势必形成与民争口粮的局面。每当遇到灾年歉收的年代，朝廷被迫颁布禁酒令。这一状况在清代中后期时有发生。禁酒令随着农业的丰歉而波动，清代的酒禁较之明代有所不同。清代禁的明确是高粱酿制的白酒，而官僚地主喜饮的黄酒却不在禁酿之列。另外禁酒令的次数多了，从政府到百姓反而疲了，甚至还出现朝廷颁布禁酒令，就有人出来反对禁酒，并想出一些反限制的对策。其实地方官员为了其自身的利益，对禁酒也常采取阳奉阴违的做法，所以禁酒的效果较差。直到清末，由于财政困难，理财者提议加重酒税，于是，名目繁多的酒税不断出笼，进一步激化了禁酒与反禁酒的争论。

禁酒与反禁酒的争论对酿酒技术的发展会产生什么影响，难作评估。但是粮食丰歉对酿酒技术的发展，肯定会产生直接影响。丰收之年，酿酒的多了，市场竞争更为激烈，以质取胜是酿酒作坊竞争的重要手段。歉收之年，粮食少了，人们往往会寻找一些主粮的代用品用作酿酒原料，用代用品酿出质量可靠的酒，就必须在酿酒技术上下功夫。无论是粮食的丰年或歉收，酿酒的技术都会因为社会对酒，特别是对好酒的追求而不断发展。这一进步不仅表现在原料的扩展上，更多体现在酿酒技术的成熟上。蒸馏酒技术在明清时期日趋完备，从而开始形成不同风味、各具特色的多种蒸馏酒（白酒）。例如山西汾阳杏花村的汾酒，四川泸州的老窖酒，宜宾的五粮液，贵州仁怀的茅台酒，贵州遵义的董酒，安徽亳县的古井贡酒，江苏泗洋的洋河大曲和泗洪的双沟大曲以及广西桂林的三花酒，广东佛山石湾和南海县九江镇的玉冰烧，它们或是明清两朝皇室贡品，或是在巴拿马万国博览会和南洋劝业会等国际展览会上获奖产品，或是在国内外享有盛誉的历史名酒。它们从原料到制曲，从酿造到勾兑都有自己独特的工艺过程，这是在长期酿造生产中逐渐摸索总结出来的。与此同时，黄酒生产中，除了应用蒸馏技术利用酒糟生产烧酒外，还采用蒸馏酒勾兑的办法提高某些品牌黄酒的酒度，以增加新的风味品种。总之，明清时期中国传统的酿酒工艺基本定型。

高粱

第六章

史籍中的酿酒术

中国传统酿造生产的酒主要有当今被称之为“黄酒”和“白酒”的两类酒。黄酒由于酿造技艺独特，而在世界酒林上独树一帜。白酒酿造技术主要是在继承黄酒技艺基础上发展起来的，故下面先讲黄酒工艺。

先秦时期人们常饮的酒主要是醪醅之类。醪，“汁滓酒也”，即浊酒；醅，“未泲之酒也”，泲即釃，意即使清。古代最常用的分离酒液与糟的方法是茅草过滤法，但这种过滤法显然得不到较澄清的酒，所以饮的酒往往是浊酒，要么就是连酒糟一起吃。《楚辞·渔父》里说：“众人皆醉，何不餔其糟而扬（饮也）其釃。”糟和釃皆是酒滓，说明当时吃酒确实是将酒糟一起吃掉。当时的酒大多醇度极低，酒度可能不比当今的啤酒高，所以人们能海量饮酒。在饮酒即是吃饭的观念引导下，人们节制饮酒确实较困难，当时制约饮酒的关键在于粮食富足与否，对于一般百姓的确是个问题，对于权贵们则不成问题，所以贵族们普遍嗜酒成风。

总之，先秦时期的酒种类很多，例如三酒、四饮、五齐等，它们都是以糵或曲为发酵剂而酿成的低酒度的发酵原汁酒。此时的酒已取代了水作为礼拜神仙或祖先的祭品。当时的王室贵族饮酒讲究场合，并有一定的规范和礼仪。当酒品从祭坛上走下来，从贵族家走出去而进入千家万户后，酒开始从一类神秘的饮品演进为表现民俗的必备之物和许多文化活动或舒张精神状态的载体。饮酒功能的扩伸，必定会促进酿酒技术的发展。

酿酒“古六法”

有关先秦时期酿酒技术的文献很零散，而且不多。王室既然有专门的酿酒机构和管理人员，因此，有关管理的技术规范就集中反映了那时的技术水平。《礼记·月令》主要是按月记载当时天子的活动以及重大农事活动。在仲冬就有一段关于酿酒活动的记述：“乃命大酋，秫稻必齐，曲糵必时，湛炽必洁，水泉必香，陶器必良，火齐必得，兼用六物，大酋监之，毋有差贷。”郑玄注：“酒熟曰酋，大酋者，酒官之长也，与周则为酒人。”通过这简短的记述可知王室酿酒生产的季节和技术要求。初冬是酿制发酵酒的最佳季节，我国历来酿制黄酒的最佳季节都选在秋末冬初。在这季节，谷物收成了，气温也较适宜酿酒，于是天子下令掌握酿酒的官长开酿。酿酒的技术要求非常严格，其工艺可概括为上述的六句话，具体解释如下。

“秫稻必齐”，是对制酒原料的要求。郑玄曰：“秫稻必齐，谓熟成也。”意即选用成熟的秫稻。这里值得探讨的是“秫稻”，“秫”字的含义通常有三种，一是如《说文解字》中的“秫，稷之黏者”指黏谷子，二是指高粱，三是指糯米，笔者认为“秫稻”应是两种谷物，即黏谷子及稻米。

“曲蘖必时”，是对曲蘖的要求。“曲蘖必时者，选之必得时。”必就是曲蘖的生产应按时妥善进行。限于当时科学技术水平，制曲质量受季节、气温影响甚大，因而强调制曲时间是完全必要的。

“湛炽必洁”，是对原料处理时的要求。郑玄注曰：“湛渍也，炊也。谓渍米炊酿之时必须洁净”。即浸渍米，蒸煮成饭，水和用具都必须保持清洁。

“水泉必香”，是对酿酒用水的要求。“水泉必香者谓渍曲、渍米之水必须香美”。井水有苦水及甜水之分，苦水即含碱量较高，味苦，不宜用作酿造水，正如《齐民要术》所讲以河水最佳，所以水泉必香这点要求在当时具有重要意义。另外，从“渍曲渍米”可以推知在周人酿酒时的曲处理方法可能是渍曲法。

“陶器必良”，是对酿酒器具的要求。“陶器必良者，酒陶瓮中，所烧器者必须成熟，不津云。”从此可以看出当时的人们已认识到陶瓮是较好的发酵酿造用容器，直至今日，烧结成熟，而无渗漏现象的高质量陶器仍是较好的贮酒器。例如在周代，印纹硬陶就可以制成贮酒器。

“火齐必得”，是对酿造中温度的要求。“火齐必得者，谓酿之时生熟必宜得所也。”意即酿造时火候必须适当，即不能不足，也不能过火。火表现在温度上，品温即不能低也不能过高，现在制曲术语中有“起潮火”“大火”“后火”等叫法，就反映了人们对酿造过程中对掌握温度的重视。

“兼用六物，大酋监之，毋有差贷。”郑玄曰：“物事也，差贷谓失误，有善有恶也。”如兼备以上六件要点，在掌管酿酒之官大酋监督

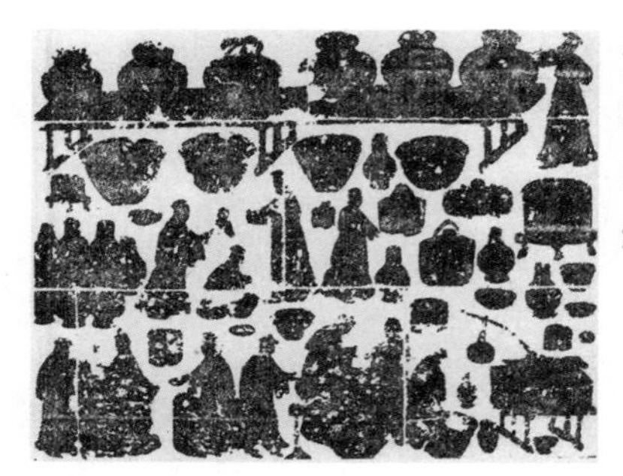

石刻画：酿酒备酒图（河南密县打虎亭1号汉墓东耳室出土，图分三栏，第一栏是盛酒的酒瓮。第二栏是将酒装入瓮。第三栏是描绘酿酒过程）

石刻画下栏：酿酒过程（临摹图）

指导之下，就不会发生失误，从而保证酒品的质量。

总括以上所讲，上述六项技术元素，确实构成了酿酒技术管理核心，非常中肯，后人尊之为酿酒“古六法”。“古六法”不仅反映出当时的酿酒技术水平，而且它对后世产生深刻影响。它不仅是传统酿酒工艺规范，为人们所奉行，而且其细节内容不断地为后人所丰富，促进了酿酒业的发展。近代山西汾酒厂所总结的酿酒七条秘诀，“人必得其精，水必得其甘，曲必得其时，高粱必得其实，器具必得其洁，缸必得其温，火必得其缓”，实际是对“古六法”的继承和发展。

曹操的“媚奏”

《礼记·明堂位》说：“夏后氏尚明水，殷尚醴，周尚酒。”这段话不见得很确切，但是它反映了一个基本事实：随着酿酒技术的提高和酿酒业的发展，人们的口味向着提高醇度方面而变化。在战国时期，经过重复发酵所得的酎较受欢迎。《礼记·月令》谓：“孟夏之月，天子饮酎。”可见天子饮用的是酎，足以表明它是当时最好的酒。宋玉的《楚辞·招魂》中也有“挫糟冻饮，酎清凉些”的话。在其他文献中，酎也较常出现，在一定程度上反映了酎的发展和受欢迎的程度。传为葛洪所撰《西京杂记》谓：“汉制，宗庙八月饮酎，用九酝太牢，皇帝侍祠。以正月旦作酒，八月成，名曰酎，一曰九酝，一名醇酎。”这时所记的酿制酎酒所用发酵时间达到了 8 个月，醇度由于多次重复发酵而高些，其间还可能采用了固态醪发酵。

曹操和刘备：煮酒论英雄（国画）

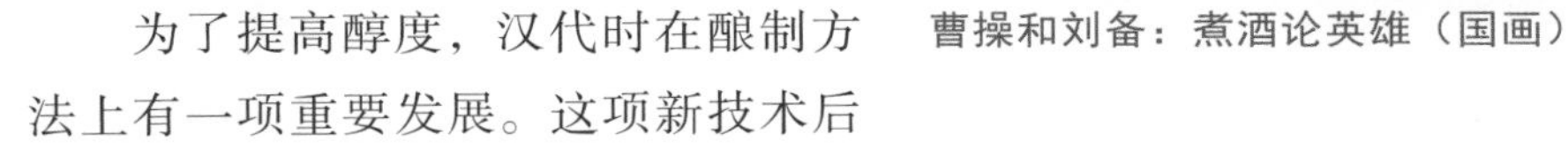

为了提高醇度，汉代时在酿制方法上有一项重要发展。这项新技术后来得到推广，这里还要为曹操记一功。几乎尽人皆知的诗句：“慨当以慷，忧思难忘。何以解忧，唯有杜康。”这是曹操赞美酒的诗句，他对酒和酿酒还是有点了解。当他还不得势时，为了讨得汉献帝的欢心，曾以奏折的形式向汉献帝推荐当时的先进酿酒新技术：“九酝春酒法”。可见曹操也是一个懂酒善酿之人。其实，作为一位杰出的政治家，他能审时度势，为了节约粮食支持统一战争，曾力主实行“禁酒”。为了强力推行禁酒政策，不惜杀掉公开反对禁酒的北海太守孔融。下面就曹操介绍的“九酝春酒法”，从酿酒技术的角度作一分析。其奏折如下：

“臣县故令南阳郭芝，有九酝春酒法。用曲三十斤，流水五石，腊月二日渍曲，正月冻解，用好稻米，漉去曲滓。便酿法饮。曰，譬诸虫虽久多完，三日一酿，满九斛米止。臣得法酿之，常善，其上清滓亦可饮。若以九酝苦难饮，增为十酿，差甘易饮，不病。今谨上献。”

“春酒”，指春酿酒。《四民月令》称正月所酿酒为“春酒”，十月所酿酒为“冬酒”。关于“九酝”，一种解释为原料分九批加入依次

稻米

发酵；另一种解释为原料分多批（至少三次）加入，依次发酵。《西京杂记》则认为“九酝”与“酎”是一样的酒。“十酿”是相对“九酝”而言的。由此可以认为曹操介绍的这种酿酒法，是在正月酿造，每酿一次，用水五石，用曲30斤，用米九石。三日一批，分几批加入，依次发酵，推算可知，用曲量是较少的，加入的曲主要作菌种用。由于曲中以根霉为主，能在发酵液中不断繁殖，其分泌的糖化酶将淀粉分解为麦芽糖、葡萄糖等单糖，酵母菌又将部分单糖转变成乙醇。在整个发酵过程中，不仅用曲量少，而且只加了五石水，用水量也是很少的，可以认为发酵是接近于固体醪发酵，又是重酿，所以酿制出的酒当然比较醇酽，加上根霉糖化能力强，它较之酵母菌又能耐较高的醇度，从而使酒中能保留住部分糖分，故此酒带甜味。方法的最后一句是：“若以九酝苦难饮，增为十酿，差甘易饮，不病。”补充这点很重要，所谓酒“苦”，就像现在称谓的“干”酒，如干葡萄酒、干啤酒，即酒中的糖分都充分地被转化为乙醇，无甜味，会觉得略苦。再投一次米，其中淀粉被根霉分解为单糖，同时由于醪液已具有一定的乙醇浓度，抑制了酵母菌的发酵活力，已无法使新生成的糖分继续转化为乙醇，从而可使酒略带甜味。由此可见，在这种制酒法中，人们已掌握了利用根霉在酒度不断提高的环境中，仍能继续繁殖，产生糖化酶的特点，促使发酵醪的糖化功能高于酒化能力，终使酒液具有甜味。

九酝春酒法中，稻米为酿酒原料，所用曲很可能是小曲。因为如此少量的曲能在五石水中产生较强的糖化作用，只有小曲才能达到。晋代襄阳（今襄樊市）太守嵇含所著的《南方草木状》记载了这种曲。

“南海多美酒，不用曲蘖，但杵米粉，杂以众草叶，冶葛汁涤溲之，大如卵，置蓬蒿中，荫蔽之，经月而成。用此合糯为酒，故剧饮之，既醒犹头热涔涔，以其有毒草故也。南人有女数岁，即大酿酒。既漉，候冬陂池竭时，填酒罂中，密固其上，瘗陂中。至春渚水满，亦不复发矣。女将嫁，乃发陂取酒，以供贺客，谓之女酒，其味绝美。”

唐代刘恂的《岭表录异》也记载：

“南中酝酒，即先用诸药，别淘漉粳米晒干；旋入药和米捣熟，即绿粉矣。热水溲而团之，形如餢飳，以指中心刺作一窍，布放箪席上，以枸杞叶攒罨之。其体候好弱。一如造曲法。既而以藤篾贯之，悬于烟火之上。每酝、一年用几个饼子，固有恒准矣。南中地暖，春冬七日熟，秋夏五日熟。既熟、贮以瓦瓮，用粪埽火烧之。”

唐人房千里的《投荒杂录》关于“新洲酒”的制曲记载，大致与《南方草木状》类同。从这些记载可以看到，当时南方酿酒所用的曲确实不同于北方的块曲、饼曲而别具特色，后来人们习称它为小曲。它是以生米粉为原料，附加拌上某些草叶、葛汁“溲而成团”，再使之发霉而制成。用这种曲和糯米合酿出的酒，酒力较大，饮后头热出汗。据近人研究，在制曲中加入某些草药是有其道理的。一是这些草药含有多种维生素，辅助创造了发酵的特殊环境，能促进酵母菌和根霉的繁殖；二是使酒曲和所酿的酒具有某种独特的风味。古代的酿酒师虽然不可能明白这些道理，但是他们在实践中，从简单地用曲直接酿酒，发展到借助于曲同时又把某些草药的风味引进酒中，从体会出曲中草药成分会给酒增添风味到发现曲中加入草药有助于制出优质曲，逐步积累了经验，掌握了在制曲中应加入哪些草药，并能使酒具有什么口味等特殊的技能。这些技术又经尔后的实践鉴别和发展，至今已成为许多

《岭表录异》书影

被后人奉为炼丹祖师爷的葛洪画像

酒厂生产名酒、美酒的宝贵科技遗产。

九酝春酒法在技术上两大特点。一是上面已讨论过的九酝即酿酒的米饭分几次投入过滤过的浸曲酒母中，在技术有所创新。另一个特点是浸曲技术。文中所说的渍曲即是浸曲，它已不是单纯地将饼曲破碎，加以渍浸，而是在浸出糖化酶、酵母菌后，不断利用它进行扩大培养。这项工艺就是我国古代长期应用的酒母培养法。九酝和浸曲在当时都属于新技术，正是由于连续投料包含了这些新技术，所以在汉魏时期得到推广，在晋代已相当普遍。浸曲过程不仅将各种酶及酵母菌浸出，同时也会将饼曲的酸类溶出，提高了酸度有助于酵母的增殖。但是气温高时，也会有利于杂菌繁殖，因此浸曲一般选在低温季节进行较好，低温可抑制杂菌污染。九酝春酒法选在腊月浸曲就较好。

九酝春酒法的推广也遇到了一个好的时机。三国魏晋南北朝时期，禁酒无长势，好酒者大有人在，与酒相关的故事脍炙人口。例如，“曹操煮酒论英雄”“温酒斩华雄”等。医药家、炼丹者都对酿酒感兴趣，甚至把许多酒当作良药。那位篡夺汉朝皇位的王莽就说“酒是百药之长”，可见王莽对酒的痴迷程度。东晋炼丹家葛洪在《抱朴子·内篇》中也讨论起酿酒技术，说：“犹一酘之酒，不可以方九酝之醇耳。”酘，即投字，用于饮食酿造者。酘酒即将酒再酿之意。所以葛洪讲，只酿一次的酒在醇度上当然不能与九酝之酒相比。在晋代，酒的优劣是以投料多少次来判定的。以近代微生物工程知识来看，这种九酝春酒法可谓近代霉菌深层培养法的雏形。

《齐民要术》中的酿酒术

现存的最为翔实的记叙两汉至魏晋、北朝时期中国北方、黄河中下游地区酿酒技艺的史籍，当属后魏贾思勰撰写的《齐民要术》。这部著作不仅是中国现存最早、最完整的农学名著，也是世界农学史上最有价值的历史名著之一。贾思勰关于酿造工艺的记叙具有相当的科学性。首先他已清楚地认识到，制曲在酿酒工艺中的关键地位，所以在介绍诸种酿酒法时，必先介绍其相应的制曲法。他把酿造原动力的微生物称作“衣”，并能把制曲归纳起来作专门叙述，表明他的见识卓越。

《齐民要术》着重介绍了当时的9种酒曲。从原料看，有8种用小麦，1种用粟（汉以后，粟指今小米）。8种小麦曲中，有5种属神曲类，2种为笨曲类，1种为白醪曲。无论是神曲或笨曲，都被制成块状，都属于块曲。一般笨曲为大型方块，神曲为小型圆饼或方饼状。所谓“神”与“笨”，是神曲的酿酒效率远比笨曲强，而白醪曲介于二者之间。据《齐民要术》的记载进行推算，神曲类一斗曲杀米少则一石八斗，多至四石，即用曲量占原料米的5.5% ~ 2.5%；笨曲类一斗曲杀米仅六七斗，即用曲量占原料米的16.6% ~ 14.3%；白醪曲一斗杀米一石一斗，占原料米的9.1%。从制曲原料来看，神曲的原料中有3种是以蒸、炒、生的小麦等量配合而成；一种是以蒸、炒小麦各为100，生小麦为115的比例配合而成；还有一种神曲原料，其中蒸、炒、生小麦的比例为6 ： 3 ： 1。白醪曲的原料是以蒸、炒、生小麦等量配合。两种笨曲则皆用炒过的小麦为原料。此外以粟米为原料的粟曲，生粟与蒸粟之比为1 ： 2。这9种曲都没有单纯用生料。尽管小麦经过蒸、炒，有利于霉菌的繁殖，但是当时酿酒对此似乎还缺乏明确的认识，以致由于蒸、炒加工，增加了工序的繁复，

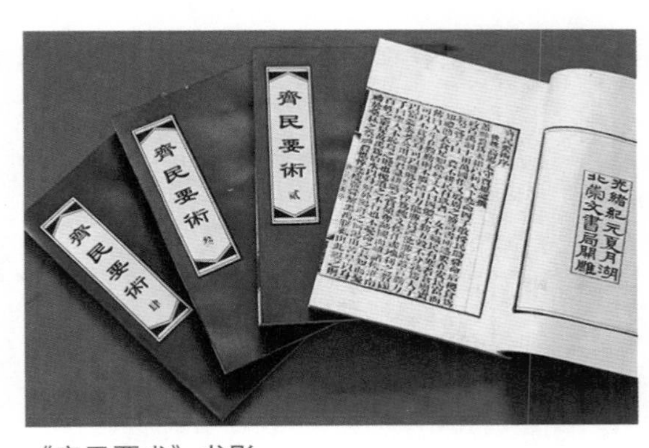

《齐民要术》书影

北宋以后，制曲大多只用生料，这反映了制曲工艺上的又一进步。

《齐民要术》所介绍的神曲制法，虽有多种，却是大同小异。下面仅举一种，以窥当时神曲制作技艺之一斑。

> “作三斛麦曲法：蒸炒生各一斛。炒麦黄，莫令焦。生麦择治，甚令精好。种各别磨。磨欲细。磨讫，合和之。七月取甲寅日，使童子着青衣，日未出时，面向杀地，汲水二十斛。勿令人泼水，水长亦可泻却，莫令人用。其和曲之时，面向杀地和之，令使绝强。团曲之人，皆是童子小儿，亦面向杀地，有污秽者不使。不得令人室近团曲。当日使讫，不得隔宿。屋用草屋，勿使瓦屋。地须净扫，不得秽恶，勿令湿。画地为阡陌，周成四巷。作曲人各置巷中，假置曲王，王者五人。曲饼随阡陌比肩相布讫。使主人家一人为主，莫令奴客为主。与王酒脯之法：湿曲王手中为碗，碗中盛酒脯汤饼。主人三遍读文，各再拜。其房欲得板户，密泥涂之，勿令风入。至七日开，当处翻之。还令泥户。至二七日，聚曲还令涂户，莫使风入。至三七日出之，盛着瓮中，涂头至四七日，穿孔绳贯日中曝，欲得使干，然后内之。其曲饼手团二寸半，厚九分”。

由该文可见，制神曲中，除了要做好原料的选择、配比及加工外，还应注意：择时，七月取中寅日；取水，在日未出时，这时的水因尚未被人动过，一般较纯净清洁；选曲房，得在草屋，勿用瓦屋，因为草屋的密闭程度胜于瓦屋，便于保温、保湿、避风；地须净扫，不得秽恶。在制曲时，不得令杂人接近曲房。这些措施表明当时制曲已十分强调曲

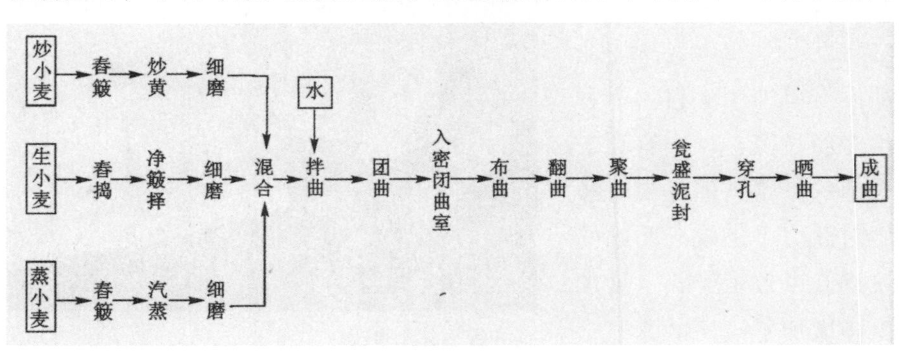

《齐民要术》中神曲生产工艺流程

房的环境卫生和气温、湿度及用水的洁净，以利于霉菌的正常繁殖。

在贾思勰生活的那个时期，神曲大致代表了一批酿酒效能相对较强的酒曲。但这样的命名和分类还不是很严格。其后，人们在实践中有意识地筛选和培植霉菌，逐渐地使大多数酒曲都具有较强的酿酒效能，所以神曲原有的权威性逐渐消退，含义也发生了转变。唐代孙思邈的《千金要方》及其他一些医学著作中，“神曲”则已是指那些专门用于治病的酒曲了。明代宋应星在其《天工开物》中说：“凡造神曲，所以入药，乃医家别于酒母者。法起唐时，其曲不通酿用也。”意思是神曲是入药的，所以称其为神曲就是为了把它与酿酒的曲区分开来。据此宋应星在“曲蘖”篇里专列一节讲此神曲。

《天工开物》书影

笨曲即粗曲之意，是相对神曲而言，不仅其酿酒效能较弱，而且块型较大，配料单纯，制曲时间也不强求在七月的中寅日，制作过程的要求也不像神曲那么严格，总之，较为粗放，故谓笨曲。例如《齐民要术》中介绍的“秦州春酒曲”（秦州在今甘肃天水、陇西、武山一带），其制法是：

> “七月作之，节气早者望前作，节气晚者望后作。用小麦不虫者，于大镬釜中炒之。炒法：钉大橛，以绳缓缚长柄匕匙着橛上，缓火微炒。其着匙如挽棹法，连疾搅之，不得暂停，停则生熟不均。候麦香黄便出，不用过焦。然后簸择治令净。磨不求细；细者酒不断；粗刚强难押。预前数日刈艾，择去杂草，曝之令萎，勿使有水露气。溲曲欲刚，洒水欲均。初溲时，手搦不相著者佳。溲讫聚置经宿，来晨熟捣，作木范之；令饼方一尺，厚二寸。使壮士熟踏之。饼成，刺作孔。竖槌，布艾椽上，卧曲饼艾上，以艾覆之。大率下艾欲厚，上艾稍薄。密

闭窗户。三七日曲成。打破，看饼内干燥，五色衣成，便出曝之；如饼中未燥，五色衣未成，更停三五日，然后出。反复日晒，令极干，然后高厨上积之，此曲一斗，杀米七斗。”

笨曲制作在工艺过程上与神曲没什么根本的差别，但是有以下几点值得注意：①制曲时间，神曲在夏历七月十日至二十日，笨曲则放宽至六月至八月。②神曲使用蒸、炒及生麦，笨曲只用焙炒的小麦。③神曲厚1～2厘米，6厘米见方的方形，笨曲则厚6厘米，长宽可达30多厘米。④神曲管理细致，笨曲管理粗放。

其中有两点，“磨不求细；细者酒不断；粗刚强难押”指的是粉碎曲料不求细，过细使酒液浑浊，不利压榨分离。这里讲的仅是曲料过细影响以后酒糟与酒液的分离。事实上曲粒过细，还会造成曲块过于黏结，水分不易蒸发，热量也难以散发，以致微生物繁殖时通风不良，培养后便容易引起酸败及发生烧曲现象，将会影响酒质；假若曲粒过粗，曲块中间隙大，水分即难以吃透，又容易蒸发散去，而热量也易散失，使曲坯过早干涸和裂口，影响有益微生物的繁殖。这一道理，当时的酿酒师并不明了，所以《齐民要术》认为将曲料的粉碎“唯细为良”，要求捣到“可团便止”，方法是用手团而不是用脚踏，似乎也含有避免过黏的意思。第二点是要求对制成的曲“反复日晒，令极干”。曲要晒得很干，并经过一定时间的存放后才能使用，其目的是使制曲时所繁殖的杂菌在长期干燥的环境中陆续死灭、淘汰，可提高曲的质量。神曲多用于冬酒酿造，而笨曲多用于春夏酒。笨曲存放时间较神曲长。

实际上，曲的质量不仅在于它能杀米多少，即酿酒效能，还在于它本身的菌种质量，也就是说好品种的曲才能酿出好酒。神曲酿出的酒未必一定是好酒，笨曲有时也能酿出好酒。当今一些著名的黄酒，其麦曲的用量与原料米的百分比都较高。例如，江苏丹阳特产甜黄酒为8%，山东即墨黄酒为13%，浙江绍兴酒约为15%。这些酒除用麦曲外，还要另加酒药或酒母。这些酒用曲量都较《齐民要术》的神曲指标高。由此可见，只以杀米量作为曲好坏的标准是不科学的，将酒曲分成神曲、笨曲的分类原则（杀米多少）也并不完全可取。所以在宋代《北山酒经》中就无“神曲”的称谓了。

《齐民要术》中介绍的“白醪曲”，按酿酒效能似乎介于神曲与笨曲之间；“方饼曲”接近于笨曲；“女曲”接近于神曲。“黄衣”“黄蒸”都是散曲，贾思勰将它与蘖放在一起另成一篇，是因为黄衣、黄蒸当时主要是用于制豆豉、豆酱及酱曲，而非用于酿酒。蘖主要用于制糖。据农史专家缪启愉研究，《齐民要术》内的黄酒和黄酒酿造可分三大类。第一类，利用蒸、炒、生三种小麦混合配制的神曲及其他神曲酒类，多是冬酒；白醪酒虽是夏酒，但其所用之曲也是蒸、炒、生三种小麦配制的，故列于神曲篇之后。第二类，单纯用炒小麦的笨曲及其笨曲酒类，多是春夏酒，曲的性能和酒的酿法都不同。“法酒”酿法虽异，但也用笨曲，并且也是春夏酒，故列于笨曲篇之后。第三类是用粟子为原料的白堕曲及其白堕酒。白堕曲属方饼曲，故附于法酒之后。由此可见当时酒的分类在很大程度也取决于曲，即用不同的曲，所酿成的酒归类也不同。

在当时制曲生产中，虽已注意到温度、湿度及水分的控制，但由于整个操作仍属于利用微生物的开放性繁殖，加上对微生物繁殖规律还缺乏科学的认识，抑制杂菌侵入的手段也十分简单，因此在制曲中特别强调制曲季节的掌握。在《齐民要求》中的9种曲，除白堕曲没有说明制曲时期外，神曲5种、白醪曲及春酒曲都要求在农历七月作，只有笨曲中的颐曲可以在九月作。可见对制曲的诸因素的调控在很大程度上还依赖自然环境的变化规律。这种状况一直延续到近代。

《齐民要术》只介绍了散布在黄河中下游地区的多达40种的酿酒法，它们分别被列在某种曲的下面，表示是使用该种曲酿造的。造酒法中大多包括以下内容，首先是关于曲的加工，如碎曲、浸曲，以及淘米、用水等酿酒的准备工作，以下再具体介绍酿造某种酒的方法，工艺过程大同小异。所以下面只举“作三斛麦曲法”一例来作典型说明。

“造酒法：全饼曲，晒经五日许，日三过以炊帚刷治之，绝令使净。若遇好日，可三日晒。然后细剉，布帊盛，高屋厨上晒经一日，莫使风土秽污。乃平量曲一斗，臼中捣令碎。若浸曲一斗，与五升水。浸曲三日，如鱼眼汤沸，酘米。其米绝令精细。淘米可二十遍。酒饭，人狗不令噉。淘米及炊釜中水，为酒之具有所洗浣者，悉用河水佳也。若作秫、黍米酒，一斗曲，杀米二石一斗：第一酘米三斗；停一宿，酘米五斗；又停再宿，酘米一石；又停三宿，酘米三斗。其酒饭，欲得弱炊，炊如食饭法，舒使极冷，然后纳之。若作糯米酒，一斗曲，杀米一石八斗。唯三过酘米毕。其炊饭法，直下馩，不须报蒸。其下馩法：出馩瓮中，取釜下沸汤浇之，仅没饭便止。”

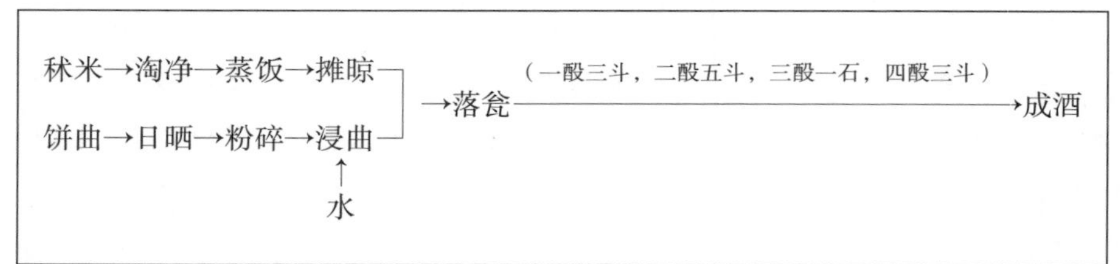

《齐民要术》中的“三斛麦曲法”酿酒工序图

其他酿酒法的工序大致类同，基本工序是：

1. 将曲晒干，去掉灰尘，处理得极干净。然后研碎成细粉。处理得当与否，必然会影响酿酒的过程和质量。

2. 浸曲三日，使曲中的霉菌和酵母菌恢复活力，并得到初步的繁殖。发酵作用中会逸出碳酸气，因而产生如鱼眼的气泡。到这时，此醪液可以投饭了。将水、曲、饭一起制成醪或醅，再发酵成酒，这是最早的技术。从汉代起人们更多地采用先制酒母而后酘饭，这技术在《齐民要求》中得到很好的展示。

3. 一切用具必须清洁，避免带入污染物，尤其是带入油污，用水也须洁净，最好是河水。

4. 米要绝令精细，淘洗多遍。对米的处理要求“绝令精细”，即舂得精白，是有道理的。因为糙米外层及糠皮杂质含蛋白质脂肪较多，会影响酒的香气及色泽。但是米的淘洗也不应过度，若多了，反而会损失大量营养的无机成分，所以“淘米须极净，水清为止”是合适的。秫米、黍米的饭要炊得软熟些，糯米则可以不必蒸，而采用在釜中以沸水浇浸。投入发醪液的饭必须摊放凉后，才可下酘。

5. 至于每次酘饭多少，什么时刻酘，要依“曲势”而定。曲势实际上指的是发醪液的发酵能力。即根据曲中糖化酶、酒化酶的活力而定。古时酒工判断“曲势”主要依靠他们的操作经验。

贾思勰在著述中进一步强调了酿酒的季节和酿酒用水。他认为选择春秋两季酿酒较好，尤其是桑树落叶的秋季，这时候天气已稍凉，酿造过程中不再存在降温问题，保持微温也较容易。选择酿酒时节，目的是便于酿酒过程的温度控制。冬季酿酒，环境温度低，不利于酵母菌的活动，需要采取加温和保温措施。为此，贾思勰提出，天很冷时，酒瓮要用茅草或毛毡包裹，利用发酵所产生的热来维持适当的温度；当酿酒瓮中结冰时，要用一个瓦罐，灌上热水，外面再烧热，堵严瓮口，用绳将它吊进酒瓮以提温度，促进发酵。这种加温的土办法很有趣，体现了酒工的智慧。关于夏季酿酒，则必须采取降温措施，例如把酒瓮浸在冷水中。

酿酒历来重视水质，贾思勰对此也有很清楚的了解。他说："收水法，河水第一好；远河者取极甘井水，小咸则不佳。"又说，"作曲、浸曲、炊、酿，一切悉用河水。无手力之家，乃用甘井水耳。"因为天然水中或多或少地溶解有多种无机和有机物质，并混杂有某些悬浮物，这些成分对于酿酒过程中的糖化速率、发酵正常与否及酒味的优劣都很有影响。例如水中氯化物如果含量适当，对微生物是一种养分，对酶无刺激作用，并能促进发酵。但含量多到使味觉感到咸苦时，则对微生物有抑制作用了。所以要"极甘井水，小咸则不佳"。贾思勰所熟悉的黄河流域地下水一般含盐分较高，所以井水往往会带有咸苦味。当然也有少量的泉源井水，其盐分含量较低，味道淡如河水，通常称其为甘井水。一般河水虽然浮游生物较多，但其所含盐分是较低的。尤其是冬季，其中浮游生物也较少，所以冬季的河水可直接用于酿酒作业。其他季节则常用熟水，即煮沸过的冷水。总之，对酿酒用水的水源和水质必须加以慎重的鉴别和选择。贾思勰反复强调了这点，正说明他把握住了关键。

在《齐民要术》关于酿酒法的记载中，除对酿酒季节的分析、酿酒温度的控制、酿酒用水的选择外，还有几项技术要领也突出地反映了当时酿酒的工艺水平。

1. 酿酒法大都采用分批投料法，表明此法已经实践检验，被酿酒师普遍认可。经验发展的关键是对分批投料不是采取定时定量，而是根据曲势来确定。这就排除了曲本身质量或外部环境条件等因素对发酵过程所产生的影响。这显然是一个进步。

2. 介绍了几种制酒的方法，接近于固态发酵。例如“黍米酎法”，它的酿造过程中，制醪不是浸曲法，而是将曲粉，干蒸米粉混匀，与冷却至体温的粥混合，搅拌，务必均匀，制成醅状，然后盖上瓦盆，用泥密封，进行发酵。加水很少，基本上属于固态发酵。发酵时间长达半年或半年以上，酒度较高，以致酒的颜色像麻油一般，浓酽味厚，放三年也不会变质。平时酒量在一斗者，饮此类酒则至多饮升半。这项酿酒工艺表明当时固体发酵又有了进步。近代山东即墨老酒的酿制方法与此相类似。近代中国传统的蒸馏酒工艺中，将蒸料与曲末拌匀入池，然后入池封项进行复式发酵，就与此法相似。

3. 在用白醪曲酿制白醪的方法中提到了浸渍原料米以酸化米质。其酿酒工序图如下所示。

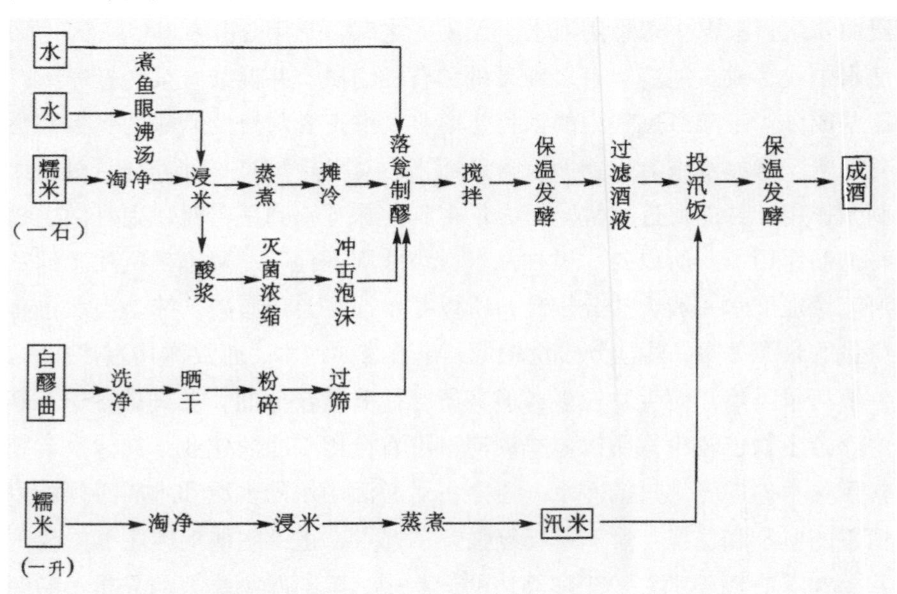

《齐民要术》中酿白醪法的工艺流程

白醪是在夏季高温条件下，用白醪曲和原料米速酿而成。这是此酿酒法的一个特点。在此工艺中首次提到了浸渍原料米。浸米的一般目的在于使原料米淀粉颗粒的巨大分子链由于水化作用而展开，便于在常压下经短时间蒸煮能糊化透彻。但在此法中，浸米的目的还在于使米质酸化，并取用浸米的酸浆水作为酿酒的重要配料。酸浆可以调节发酵的酸度，有利于酵母菌的繁殖，对杂菌还起抑制作用。这是用酸浸大米及酸浆调节发酵醪中酸碱度的最早记载。该书下篇的“冬米明酒法”和“愈疟酒法”中也采用了浸米的酸浆水。这种调酸的方法后来在南方许多地区的酿酒中被继承和推广，《北山酒经》就作了较详细的论述。

4. 低温酿酒法的推广。无论是冬酿或春酿，都是在低温季节进行。主要目的在于利用低温可防止醪液酸败和杂菌繁殖。低温条件下，醪液发酵时升温缓慢，不仅有利于酵母菌活动，而且也抑制杂菌的污染。古人是在实践掌握了这点，现代科技知识证实这是优质酒酿制的重要条件。《齐民要术》中介绍的粟米酒法就是一个典型。

5.《齐民要术》中介绍的“粟米炉酒法”，将白曲与小麦、大麦、糯米，置于瓮中发酵而成，浇饮以汤。古代称其为“芦酒”，就是今天仍流行于西南少数民族中的咂酒。

6. 由于工艺操作不当，酒变酸是易发生的，为此贾思勰介绍了一种当时医治酒发酸的方法。这方法主要是利用了木炭来吸附酒液中的乙酸（醋）成分。

贾思勰所收集的资料主要局限在黄河中下游地区，对于我国辽阔的疆域和多民族的文化，遗漏或不全面是肯定的，但是人们不能不承认《齐民要术》关于酿酒的记载，确实反映了汉晋时期中国酿酒技术所呈现的水平。制曲酿酒中许多技术措施都是先民对霉菌等有益酿造菌的扶植和繁衍手段。

《东坡酒经》中的酿酒术

比《北山酒经》稍早写成的《东坡酒经》是北宋大文豪苏轼的作品，是他根据实地考察和亲自实践而撰写的一篇杂文。内容如下：

“南方之氓，以糯与粳杂以卉药而为饼。嗅之香，嚼之辣，揣之枵，然而轻。此饼之良者也。吾始取面而起肥之，和之以姜汁，蒸之使十裂，绳穿而风戾之，愈久而益悍。此曲之精者也。米五斗为率，而五分之，为三斗者一，为五升者四。三斗者以酿，五升者以投，三投而止，尚有五升之赢也。始酿以四两之饼，而每投以三两之曲，皆泽以少水，足以解散而匀停也。

酿者必瓮按而井泓之，三日而井溢，此吾酒之萌也。酒之始萌也，甚烈而微苦，盖三投而后平也。凡饼烈而曲和，投者必屡尝而增损之，以舌为权衡也。既溢之，三日乃投，九日三投，通十有五日而后定。乃注以斗水。凡水，必熟冷者也。凡酿与投，必寒之而后下，此炎州之令也。既水五日，乃篘得三斗有半，此吾酒之正也。先篘半日，取所谓赢者为粥，米一而水三之。操以饼曲，凡四两，二物并也。投之糟中，熟润而再酿之。五日压得斗有半，此吾酒之少劲者也。劲正合为五斗，又五日而饮，则和而力，严而猛也。篘不旋踵而粥投之，少留则糟枯，中风而酒病也。酿久者，酒醇而丰，速者反是，故吾酒三十日而成也。”

他以这简练的数百字，从制曲到酿酒都作了扼要、清晰的介绍。其要点是：①以糯与粳米杂以草药制成草曲（小曲）。②面粉和以姜汁等，制成酒曲（类似于朱肱所讲的“真一曲”）。③三斗米炊熟后，和以四两小曲、三两酒曲和少量水，装入瓮中，中间挖一“井坑”。④三日后瓮中井坑因发酵后产生醪液而满溢，表明此时发酵在激烈进行。口尝味有点苦。这时候可以投饭五升，三日后再投饭五升，九日三投，十五日完成投饭。然后再注入一斗水（必是熟冷水，酿与投饭都必放凉后再投）。再过五日，可以用酒笼漉取酒液三斗半。⑤利用漉后的酒糟，加上五升饭和三倍于饭的水及四两酒曲，再入瓮发酵，五日后，发醪液用酒笼漉取，再得酒一斗半。⑥两次共漉得酒五斗，合在一起，放置五日就可以

国画：苏轼在品尝友人送来的酒，并赋诗一首。

饮用了。其酿酒操作示意图如下：

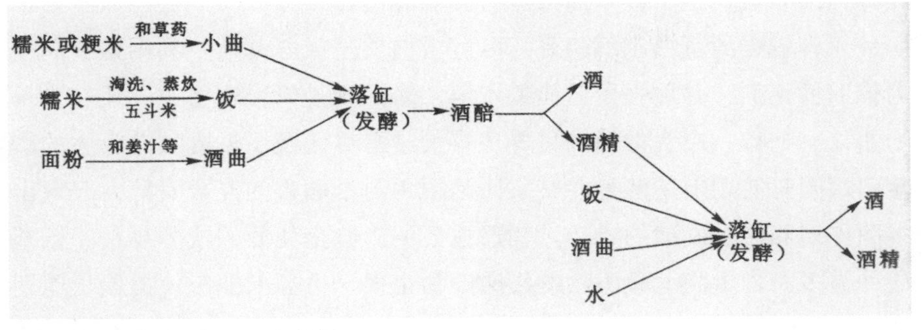

《东坡酒经》的酿酒工艺流程

苏轼讲了在酿酒过程应注意的几点事项：①酒药（小曲）以“嗅之香，嚼之辣，揣之枵（空虚的意思），然而轻”者为良。这种判断酒药质量的办法是很科学和切实可行的。②酒曲放置“愈久而益悍”，这一认识也很有道理，《齐民要术》中就已强调要使用陈曲，因为在存放中大部分产酸细菌会死去。③“凡饼烈而曲和，投者必屡尝而增损之”，即在酒药、酒曲都很好的情况下，每次投饭都应先品尝酒醅，根据品尝的结果来确定投饭的量。④“凡水，必熟冷者”，这里明确要求所用的水，必须先煮沸后，放凉了再用，以免由水带入杂菌。⑤“凡酿与投，必寒之而后下”，这里指的是投饭应是在摊凉之后，和前而加水要求是凉开水一样，为的是酿酒过程的温度控制。

《东坡酒经》所陈述的制酒经验，特别是使用酒药和风曲进行三次投曲及蒸米的酿酒技术，对后世影响很大，具体表现在以下方面。

1. 酒药的最早文献虽是晋嵇含《南方草木状》，但直到唐宋还没有更详细的应用和其性能介绍的文献。《东坡酒经》中既介绍了由煮熟面粉制成的小曲（风曲），又讲述了由大米制成的饼曲，并将两者结合起来使用，取其所长，利于酿酒。这为

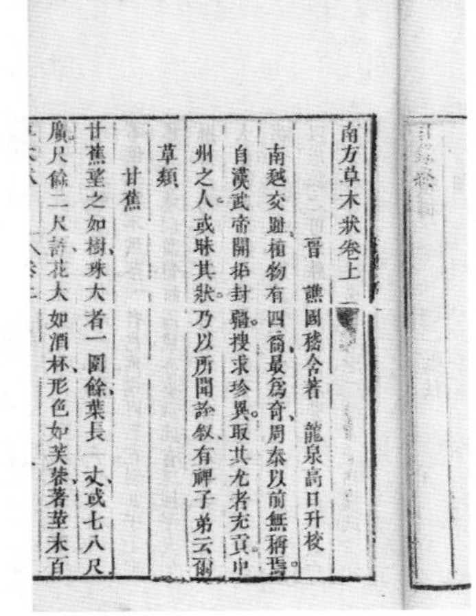
南方草木狀卷上
晉 譙國嵇含著 龍泉高日升校
南越交趾植物有四裔最爲奇周秦以前無稱焉
自漢武帝開拓封疆搜求珍異取其尤者充貢中
州之人或昧其狀乃以所聞詮敘有裨子弟云爾
草類
甘蕉
甘蕉望之如樹株大者一圍餘葉長一丈或七八尺
廣尺餘二尺許花大如酒杯形色如芙蓉著莖末百

《南方草木状》书影

我国南方小曲酒工艺打下了坚实的基础。用面粉制的风曲主要霉菌是米曲霉，结有黄色孢子，米曲霉除有相当强的糖化力，所制之酒风味好，而且还有较强的蛋白水解酶系，分解蛋白质生成氨基酸。利用这种曲作为辅助糖化剂，并加强蛋白质的水解。饼曲则是以根霉为主，还有少量米曲霉、毛霉、犁头霉等，另外还有大量酵母菌及少量乳酸菌为主的产酸菌。同时使用上述两种曲，实质是根霉与米曲霉的混合发酵，表现出多菌株培养混合发酵的成功。其最重要的影响是使酒的成分复杂，氨基酸种类多而含量高。微生物的代谢产物也多，再加上苏东坡提倡长周期发酵，使产品风味得到提高，具有独特的风味。今天的绍兴酒所用麦曲或称草包曲，就是米曲霉的麦曲，是苏东坡风曲使用的延续。

2. 创立了饭、曲、水分三次投入的三投法。这一方法较只将蒸米分批投入法更为科学，充分发挥了浓醪复式发酵的优越性。第一，它避免了浓醪对发酵微生物的不利影响，使米饭糖化和酒精发酵两种主要生化作用，同时均衡地进行，若将大米蒸成米饭进行的浓醪发酵，其总糖分可达 40%，在这一高浓度醪中酒精发酵是不可能顺利进行的，但是由于糖化和酒精发酵同时进行，生成的糖分逐渐变成酒精，降低了糖分含量，避免了浓醪对酵母的抑制作用，由于不仅采用了米饭分批投入法，还将曲分批投入，这样就有效地避免了浓醪发酵的缺点。这也是复式发酵能够取得高酒精含量的重要原因之一。第二，使用分批投饭和投曲，也可避免酸性蛋白酶的不足，使淀粉糖化及发酵酒化均衡地进行。如果酸性蛋白质酶不足，最会影响蒸米的糖化，产生大量酒糟。第三，由于采用了三次投料，避免了由于蒸米一次大量的投入而降低了发酵微生物的密度和发酵醪酸度及酒精含量下降的缺点。从而使发酵正常地进行。第四，由于风曲是分三次投入，持续地提供了发酵动力——酶的活性和发酵微生物数量。第五，三次投料法能使复式发酵产品的酒精浓度达到高水平。

3. 规定了“凡酿与投，必寒之而后下”的技术管理，明确规定了制醪、制醪水、米饭均需求低温时才投。低温制酒的优点在于使乳酸菌在低温下增殖以抑制杂菌，并淘汰掉野生酵母，使有用而且健壮的酵母得到增殖。这对酵母的培养是很有利的，为后世所采用。

《东坡酒经》是对当时南方酿酒工艺的真实写照，所描述的方法与近代江浙一带黄酒的传统工艺基本相近，产率也相差不远。这就表明黄酒酿造工艺在宋代已趋成熟定型。苏轼的这篇杂文可能是他在被流放岭南时写的，为的是向岭南人民介绍他所熟悉的黄酒酿造工艺。这里也暗示，当时岭南可能由于自然环境的不同，酿酒的方法和所饮用的酒与当时中原地区和东南沿海一带不尽相同，工艺大概也较原始。

《北山酒经》中的酿酒术

魏晋南北朝以后，酿酒技术发展仍然把制曲放在首位。集中反映这一进步的历史文献有一些，但大多比较零散和简单，最有代表性的著作应是宋代朱肱所撰的《北山酒经》，它是继《齐民要术》之后的又一本关于制曲酿酒的专著，总结了隋唐至北宋时期部分地区（主要是江南）制曲酿酒工艺的经验。全书分上、中、下篇 3 个部分，其中篇集中介绍了他所知道的 13 种曲的制法，还介绍了当时酿酒师傅所掌握的“接种”、“用酵”、“传醅”的经验。

制曲技术的进步

根据制法的特点，朱肱将这 13 种曲分为罨曲、风曲和曝曲 3 类。所谓罨曲，即是曲室中，以麦茎、草叶等掩覆曲饼发霉而成。它包括顿递祠祭曲、香泉曲、香桂曲、杏仁曲等。风曲不罨，而用植物叶子包裹，盛在纸袋中，挂在透风不见日处阴干。它包括瑶泉曲、金波曲、滑台曲、豆花曲等。曝曲，先罨后风，罨的时间短，风的时间长。它包括玉友曲、白醪曲、小酒曲、真一曲、莲子曲等。在这 13 种曲中，有 5 种以小麦为原料，3 种用大米，4 种为米麦混合，1 种为麦、豆混合。除瑶泉曲、莲子曲分别以 60% 和 40% 的熟料与生料掺和外，其余各曲皆用生料。在这 13 种曲中，也普遍地掺入了草药。少者一味，如真一曲、杏仁曲；一般为 4 ~ 9 味，最多的达到 16 种草药。对此朱肱议论说：“曲之于黍，犹铅之于汞，阴阳相制，变化自然。《春秋纬》曰：麦，阴也；黍，阳也。先渍曲而投黍，是阳得阴而沸。后世曲有用药者，所以治疾也。曲用豆亦佳，神农氏赤小豆饮汁愈酒病。酒有热，得豆为良。”朱肱用阴阳说的观点来认识酿酒发酵的原理，包括曲中为什么加豆及草药。事实上，制曲中若仅用麦类，则蛋白质含量少，而不利于某些微生物的生长。

加入一定量的豆类，不仅增加黏着力，还增加了霉菌的营养即使微生物能全面健康繁衍；加入某些草药，客观上也起了这种作用，而且能造就酒的某种风味。在曲中加入草药的另一原因大概是受到酿制滋补健身酒的启发，试图通过曲把某些草药的有效成分引入酒中，以达到强身健体的目的。

我国的酒曲演进主要表现在四个方面。一是由散曲向饼曲的形态变化，这一转化从周代开始，汉代时饼曲已占多数。二是打破米曲霉为主的格局，使曲中微生物趋于多样化，并以根霉为主。三是制曲的原料由熟料向生料发展。四是制曲原料除麦、米以外，还增加了豆类和许多草药，实现了原料的多样化，创造出许多新品种的曲。后三项的转变大多在唐宋时期完成的。

由于用料、配药更为多样，所以《北山酒经》所记载的制曲工序较之《齐民要术》更为复杂。曲类的增多，从一个角度表明制曲工艺在发展。地区环境、制曲时间的不同，制曲的配料和操作方法的差异，必然使各地生产的酒曲有不同的性能，酿制的酒就很自然地带有地方特色，这也正是中国酒类丰富的原因所在。

传统麦曲的制作

朱肱所介绍的制曲法中，有几点经验可谓制曲工艺的重要发展。《齐民要术》关于“和曲”要求“令使绝强”，即少加水，把曲料和得很硬，很匀透。有的曲要求“微刚”或仅下部“微浥浥”，但都没有说明标准的用水量。事实上，因为各类微生物对水分的要求是不相同的，所以制曲中控制曲料的水分也是一个关键。朱肱在书中指出：“拌时须干湿得所，不可贪水，握得聚，扑得散，是其诀也。”欲达到溲曲的这一标准，需要在拌曲中加入38%左右的水分。

朱肱提出了判定曲的质量标准，做大曲“直须实踏，若虚则不中，造曲水多则糖心；水脉不匀，则心内青黑色；伤热则心红，伤冷则发不透而体重；唯是体轻，心内黄白，或上面有花衣，乃是好曲”。这一标准来自实践经验中，是很科学的。若不实踏，势必出现曲坯内有空隙，水多则会在空隙中积水，有益微生物就不能正常生长，干燥后，该部分会呈灰褐色，曲质很差。“水脉不匀”即曲块干湿不匀，则断面常呈青黑色，曲的质量也不好。“伤热”是由于温度过高，曲块内出现被红霉菌侵蚀而产生的红心；“伤冷”则是由于温度过低，霉菌在曲中没有充分繁殖，曲料中的营养物质没有被利用而“体重”，这也是质量很差的曲。只有体轻，曲块内呈黄白色，面上有霉菌形成的花衣，才是好曲。对酒曲质量的判定，后人一直沿用这一标准。

“接种”、“用酵”和“传醅”经验的取得

《齐民要术》在介绍“酿粟米炉酒”时说：“大率米一石，杀，曲末一斗，春酒糟末一斗，粟米饭五斗。”这段文字可以说是微生物连续接种的最早记载。虽然贾思勰仅把它当作经验记载下来，却反映了人们已不自觉地掌握了一项重要技术。在《北山酒经》中，朱肱在介绍玉友曲和白醪曲的制法时，都谈到了“以旧曲末逐个为衣”，“更以曲母遍身糁过为衣”。这是明确而有意识地进行微生物传种接种的举措。这一介绍较《齐民要术》的记载，不仅是方法上的进步，更重要的是表明这时的利用接种已完成从无意识过渡到有意识的进步。正是这种传种的方法，使用于酿酒的霉菌经过鉴别和筛选，终于使我国现用的一些根霉具有特别强的糖化能力。这是900多年来，酿酒师世世代代人工连续选种、接种的结果，成为世人称颂的我国古代科技成就之一。

在《齐民要术》（卷九）中“饼法”里已提及作饼酵法，但是论述不充分。《北山酒经》则比较完整地记述了利用酵母和制作酵母以及“传醅”的方法。其卷上指出：“北人不用酵，只用刷案水，谓之信水，然信水非酵也……凡酝不用酵，即难发酵，来迟则脚不正。只用正发酵的酒醅最良，然则掉（撇）取醅面，绞令稍干，和以曲蘖，挂于衡茅，谓之干酵。”在卷中又重复说，“北人造酒不用酵（即酵母）。然冬月天寒，酒难得发，多撷了。所以要取醅面，正发醅为酵最妙。其法用酒瓮正发醅，撇取面上浮米糁，控干，用曲末拌令湿匀，透风阴干，谓之‘干酵’。”明确指出“酵”可以从正在发酵的醪液表面撇取“浮米糁”，然后再将它“和以曲蘖”制成干酵，留待后用。这说明人们已意识到发酵酒化也可以由这种“正发酒醅”而引起，从此酿酒工艺中又增加了一

个合酵的工序。这种制备干酵母的方法至迟应在北宋以前就已发明，而且是在南方发明的。显而易见，《北山酒经》所叙述的制曲技术已明显高于《齐民要术》所反映的水平，同时也标志中国传统的制曲工艺及曲与酵母结合使用的经验已逐渐趋于成熟。

从《北山酒经》看黄酒工艺的进步

《北山酒经》的下卷专论当时的酿酒技术。朱肱将酿酒工序大致分为卧浆、煎浆、汤米、蒸醋糜、酴米、蒸甜糜、投醹、上槽及煮酒等八个主要环节。此外在这些环节中穿插着“淘米”“用曲”“合酵”“酒器”“收酒”“火迫酒”等辅助工作或操作。所谓“卧浆”是在三伏天，将小麦煮成粥，让其自然发酵成酸浆。“造酒最在浆……大法，浆不酸，即不可酝酒”。因为酴米偷酸，全在于浆，卧浆中不得使用生水，以免引进杂菌。“煎浆”是对浆水的进一步加工，根据使用季节，用它来调节酸浆的浓度。古谚云：“看米不如看曲，看曲不如看酒，看酒不如看浆。”说明了酸浆在酿酒中的重要作用。“淘米”包括对原料米的拣择和淘洗。该书对米的纯净度极为重视，方法也精细。“汤米”则是用温热的酸浆浸泡淘洗过的大米。夏日浸 1 ~ 2 日，冬天浸 3 ~ 4 日，至米心酸，用手一捏便碎，即可漉出。“蒸醋糜”即是将已经酸浆泡过的汤米漉干，放在蒸甑中炊熟。另有所谓的“蒸甜糜”，不同于“蒸醋糜”，被炊熟的原料不是汤米，而是淘洗净的大米。“用曲”显然讲的是怎样正确地使用各种酒曲。“合酵”中首先介绍了怎样制干酵，然后再讲酵母的使用方法。“酴米”，即酒母。蒸米成糜后，将其摊开放凉，拌入曲酵，然后放入酒瓮中，让其发酵。“投醹”是指将甜糜根据曲势和气温，分批地加到发酵液中，直到酒熟，在整个过程中，酒器必须洗刷干净。还须检查和做好防渗漏的处理。“上槽”“收酒”主要是利用适当的器具控制发酵过程的温度等条件，并将酒液从发酵液中压榨出来，两三日后再澄去渣脚。并要求在蜡纸封闭前，务必满装。“煮酒”“火迫酒”皆是为了防止成品酒的酸败而进行的加热杀菌处理。

下面具体地探讨《北山酒经》所反映宋代酿酒技术较前有哪些进步。

1. 用曲法。《北山酒经》对曲的干燥处理有明确要求。《齐民要术》虽强调的干燥甚厉，还没有用火力焙干曲的记载。焙曲的记载始见于《北山酒经》，是指心未干的大型曲，擘开在火炕上使之干，决非一般的正常操作，实是应急方法。陈贮的主要目的是以减少水分，防止产酸菌的增殖，并让其消亡。如用湿曲，在制醪后由于其中乳酸菌会继续繁殖、产酸，影响发酵和酒的质量。另外，减少水分也可防霉变，促进菌体的自溶。

在《北山酒经》卷下“用曲”项对曲的破碎程度的阐述，充分体现出因季节及要求的不同而应有随机应变的灵活性。“春冬酝造日多，即捣作小块子……秋夏酝造日浅，则差细，欲得曲，米早相见而就熟。”这是有一定科学道理的。细曲与米接触面积增大，糖化、酒精发酵速度加大，迅速产生酒精，抑制产酸菌的增殖，保证发酵迅速正常进行，这就是书中所说“欲得曲，米早相见而就熟”的含义。至于春冬天气温低，空间杂菌少，发酵期长，安全地进行较缓慢地发酵，无妨将曲破碎成较大的小块，使糖化和发酵均衡地持续进行。饼曲块的大小可以调节发酵速度和效果，由此可见古人制酒操作的细致。

《北山酒经》还进一步叙述曲的用量常因曲的陈新、人的嗜好而不同。宋代使用不同制法的曲进行混合发酵，是酿酒史上的一件大事。《北山酒经》用曲项下还道：

> “大约每斗用曲八两，须用小曲一两，易发无失，善用小曲，虽煮酒亦色白，今之玉友曲，用二桑叶者是也。酒要辣，更于投饭中入曲，放冷下此，要诀也。”

这里值得注意的是使用小曲，并指明如玉友曲，这实际是酒药，用辣蓼、勒母藤、苍耳、青蒿、桑叶等的浸汁，合糯米粉制成的曝曲。这些植物叶浸汁可促进发酵微生物的生长，所以“易发无失”。这是小曲的优越性。《东坡酒经》即已肯定酒药的优点而加以使用。

2. 制醪技术。正如《北山酒经》所讲：“古法先浸曲，发如鱼眼汤。净淘米，炊作饭，令亟冷，以绢袋滤去曲滓，取曲汁于瓮中，即投饭。”这古法应是指始自汉代（或春秋战国时代）的浸曲酒母法。到了宋代酒母的制备已有很大的改变，如《北山酒经》所说“近世不然，炊饭冷，同曲搜拌入瓮”。即已不采用浸曲酒母法，除投饭于酸浆酒母的制醪方法外，已是曲与饭同时落罐，在低温下令低温乳酸菌先繁殖起来。由于有大量饭存在，酒曲中的糖化酶分解出了大量糖分，为酵母的迅速增殖提供了营养成分和能源，同样为酵母进行酒精发酵提供了基质。而浸曲酒母法只是用曲，而没有投入蒸饭，仅靠曲中所含有限的淀粉，因而缺乏充裕的糖分来供酵母繁殖及酒精发酵所需，所以酵母的繁殖受到限制。这就体现了曲与饭同时落罐制酒母的优越性，并成为以后制酒母的框架。所以说这是一种进步的酒母制备法。这种曲、饭同时落罐进行酒母培养，而后再分批投饭的工艺，标志着酒母培养技术的一大进步。其最大特点在于利用气温低的季节，做到低温发酵，如果低到6℃ ~ 7℃，首先繁殖起来的会是硝酸还原菌一类菌属，它与繁殖起来的低温乳酸菌所生成的乳酸起到抑制杂菌作用。同时，随着乳酸发酵的进行，以及曲中根霉所生成的乳酸为主的有机酸使酒母醪的 pH 逐渐下降，达到酵母生长的最适 pH，酵母就会更旺盛地增殖。酵母保持了强劲势头，随着酒精发酵的进行，更有效地抑制了杂菌的滋长。较安全地培养好酵母，是本方法的特点。这一酒母培养过程已成为传统酒母生产的基本形式，现代传统淋饭酒母就是在这基础上发展起来的。

3. 投饭法。酵母培养好后，选择投饭的时机是一个非常关键的技术问题。《北山酒经》对此有详细的阐述：

> "投醹最要厮应，不可过，不可不及。（下面又继续举出不及时的过晚及过早的毛病），脚（指酒醪）热发紧（发酵旺盛品温升高之意），不分摘开，发过无力方投（意即如不及时分罐，等发酵已近尾期，酵母无力时才投饭），非特酒味薄，不醇美，兼曲末少（加上曲已少，糖化力已衰弱之意），咬甜糜不住（无法发酵之意），头脚不厮应，多致味酸（投饭和酵母不相适应，由于酵母发酵力弱，酒精量也随之少，结果会导致产酸菌的污染。常使酒醪味酸，这是投饭过迟所出现的不正常现象），若脚嫩，力小投早（如酵母未熟早投）甜糜冷，不能发脱折断（甜糜冷，发酵不起而停止），多致涎慢（以致醪变粘），酒人谓之'颠了'。（颠是倒下之意，就是说发酵停止，酒醪死了。）"

《北山酒经》在"投醹"一段中则具体地发展和阐述了关于曲势的

看法。朱肱认为：第一，要选择最佳发酵状态的酒母及时投入原料中，不可不及，也不可过。第二，还应根据酒母的状况来确定加料的量。第三，根据酒醅即发醪液上泛起的绿色浮沫的状况来确定是补酒曲还是添加饭。第四，要根据不同的季节情况来决定每次的投料量。季节不同，气温则不同，即酿酒的外部环境也不同。朱肱已认识到投料次数和量应根据曲势的状况来掌握，不见得非拘泥于投九次不可，所以在该时期，投料的次数一般在 2 ~ 4 次。天气寒冷四六投，温凉时中间停投，热时三七投。根据发酵醪的旺盛程度增减投的次数是一个很好的办法。如果发酵恰到好处，就可一次投饭，如发得很厉害，怕酒太辣，即入曲 3 ~ 4 次，决定酒味全在此时。另外，投饭的温度和制醪后的保温也很重要。《北山酒经》都有详尽的记载。

4. 酴米（酒母）的制备。酒母在《北山酒经》中称作酴米，当时又有脚饭的称呼。制备酒母首先要将米蒸熟成饭，《北山酒经》中称之为“蒸甜糜”（不经酸浆浸，故曰甜糜）。其蒸法如下：

> “凡蒸投糜，先用新汲水破米心，净淘，令水脉微透。庶蒸时易软。然后控干，候甑气上撒米装，蒸甜米，比醋糜松利（疏松之意）易炊，候装彻气上，用木篦锨帚掠拨甑周围生米，在气出紧处，掠拨平整，候气匀溜，用篦翻搅，再溜，气匀，用汤泼之，谓之“小泼”。再候气匀，用篦翻搅，候米匀熟，又用汤泼，谓之“大泼”。复用木篦搅拌，随篦泼汤，候匀软，稀稠得所，取出盆内，以汤微洒，以一器盖之，候渗尽，出在案上，翻梢两三遍，放令极冷，四时并同。”

这一蒸法与《齐民要术》中的“沃馈”有相同之处，但较之稍麻烦。其水分似应较大而饭软，所以称之为糜也未可知。冷却的程度因天气季节而不同，温凉时微冷，热时要极凉，冷天如人体温。这一操作法是符合开放式酵母繁殖要求的，一石饭加麦蘖（麦芽）四两，撒在饭上，然后将曲和酵掺在一起，令曲和糜混合，这是麦蘖和曲并用的例子。拌用的曲不须过细，曲细甜味大，曲粗则味辣，粗细不匀则发得不齐。天冷因作用缓慢不宜用细曲，可投小块子。暖时可用细曲末，每斗米可用大曲八两，小曲一两，就会很快地发起，这是用多种曲进行混合发酵的例子。瓮底先加曲末，然后将拌匀的曲饭入瓮，逐段排垛曲饭，堆成中心成窝，并用手拍之令实，并将微温刷案曲水入窝中，并泼在醅面上作为信水。这是现代黄酒“搭窝”的端倪。这些操作都在五更初下手，不到天明前即应操作完。如果太阳出，酒多酸败。约十天即可揭开瓮，如果信水未渗尽，加草荐围裹，进行保温，促进糖化作用及酵母的增殖发酵。三天后，如发起，用手搭破醅面，搅起令匀。如发得过于旺盛，应分装入别瓮，酒人称之为“摘脚”。这时的技术管理贵在勿使酵母发得过度，同时要立即炊米成饭投之，不可过夜，以免过发酵母无力，酵母过发，多半由于糜热，甚至两三天后会发生酸败。如果信水未渗尽，醅面不裂，是发得慢，须加围席物，进行保温，过一两天如还未发，每石醅取出二斗，加入一斗热糜，提高发酵温度，同时还须用酵母繁殖旺盛的老醅盖在上面，用手捺平，一两天后就会发起，这叫“接醅”，如果发得还很慢，可多次热水蘸热胳膊，入瓮搅拌，借助热气，使品温上升，或用一两升小瓶贮热水，密封口后置于瓮底，稍发起即去之，谓之“追魂”。将醅倒在案上与热甜糜混拌再入瓮，厚厚地盖住保温，隔两夜即可拌和，然后再紧盖保温，谓之“搭引”或加入正在发酵醅一斗，在瓮心中拌合，盖紧保温，次日发起，搅和，也叫“搭引”。强调制酒之要点在于酒母正常，最忌发起慢，要借助各种措施使之正常，冬天可置瓮于温暖处，用席或麦秸等物围裹保温，夏天则将瓮置屋内阴凉处，勿透日光，天气极热时不得掀开，用砖垫起，避免地气侵入。

通过以上记载，可以认为宋代制酒母工艺基本和现代绍兴酒的淋饭酒母工艺相似，其中将曲饭垛成窝状，醅面上撒曲末等操作与今日绍兴酒的搭窝操作相同。虽然没有明确指出操作的时间，但是由于所载在五更前下手，天明前即完，如果太阳出来，酒多酸败，从这一告诫看，它是低温操作的酒母培养法，是很科学的。

5. 曝酒法。《北山酒经》中有“曝酒法”是我国黄酒淋饭酒操作法的远祖。其方法是早起煮甜水三四升，冷却后，下午时称取纯正糯米一斗，淘洗干净，浸渍片刻，淋干，炊成再馏饭，约四更天蒸熟，把饭薄薄摊在案上，冷却至极冷，于日出前用冷却水拌饭，淋去粘物质，令饭粒松散，互不粘连，以利通风，促进乳酸菌及酵母增殖，同时由于淋水使饭粒含水量增加，使饭温达到要求温度，这又是淋饭法的端倪。

每斗米用药曲二两（玉友曲、白醪曲、小酒曲、真一曲均相同），槌成碎小块，与曲末一起拌入饭中，务使粒粒饭均粘有曲，随即入瓮，中间开一井，直见底，明显是今天的“搭窝”操作，四周酒醅不须压得太实，保持疏松透气，以利酵母增殖。最后将曲末撒在醅表面，加强糖化作用及酵母的增殖，同时防止杂菌的污染，这种撒曲做法近代仍在采用。待酒浆渗入窝内，常酌浆水浇四周醅上，浆水是酒饭经液化、糖化而含各种酶的水解液，其中并有增殖的酵母及发酵而生成的酒，随着浆水的回浇，促进饭的水解，乳酸菌及酵母的增殖和酒精发酵，水解成分也均衡地增长着，待浆水量增到极多，即可投入用水一盏，酒曲一两调制的酒浆，增加了霉菌，强化了糖化力，并增加了酵母，也是强化了酒精发酵，是现在黄酒所忽略的操作。用竹刀将酒醅切成五六片，翻拌后即下新汲水，用湿布盖之，过些时候，由于霉菌的生长自然结成菌盖，漂在上面，下面即为酒浆，到此酒母培育即告完成。这段过程除摊饭冷却酒饭外，与目前黄酒工艺中淋饭酒母非常相似，所以认为这是淋饭酒母工艺的雏形似无不可。酒母既成，下面就是制醪发酵，即淘洗糯米，蒸成饭，取瓮中酒浆拌匀，捺在瓮底，以旧醅盖在上面，次日即大发。待投饭消化，发酵，即可插竹篘子于罐中心取酒。

6. 酸浆的制备。在《北山酒经》中许多地方都提到，如“酝酿须酴偷酸”，“自酸之甘，自甘之辛而酒成焉”。正因为是这样，酸浆酒母的制备受到重视。该书在“卧浆”项下谈道：“造酒最在浆，其浆不可才酸便用，须是味重。酴米偷酸，全在于浆。大法浆不酸即不可酝酒，盖造酒以浆为祖。”所谓偷酸用现在的科学语言来说，即是通过添加适量的具有一定酸度的浆来调节发醪液的 pH，因酵母菌在一定酸性环境中才可能旺盛地繁殖，酸性的环境也抑制了某些杂菌的滋生。酸浆的标准不仅要酸，还要味重。鉴于调酸是酿酒过程中一项重要技术环节，所以他总结后指出：“造酒看浆是大事，古谚云：‘看米不如看曲，看曲不如看酒，看酒不如看浆。’”这项经验当时已成为民谚而在酿酒师间流传。

《北山酒经》对制备酸浆时的汤米操作法作了详细的记载，可以说是继《齐民要术》以来生产经验的总经。先用沸水汤瓮，如为新米，先将沸水入瓮，再投入米，此谓之“倒汤”，如为陈米，则先加入米，后加沸水，此谓“正汤”。边搅拌，边加水，但水不可过热，否则米烂成团块，要慢投，这样成浆会酸而米仍不烂，宁可热点心要冷，否则米不酸，也不会起黏。因此要看季节及米的陈新而操作不同。春天用插手汤，夏季用近似热沸水，秋天则用鱼眼汤（比插手汤热），冬季则用沸水。四季用水应该根据气温恰当地掌握。汤米时要将汤连续投入，同时用棹篱不断地搅，使汤旋转，以米光滑为度。搅时连底搅起，直至米滑浆温，冬天用席围绕保温，不令透气。夏天也要加盖，只不需厚盖而已。如早间汤米，晚间又搅一遍，晚间汤米，翌晨再搅一次。每次搅一两百转即可。第二天再加汤搅拌，谓之“接汤”。夏天隔宿可用，春天要两天，冬天要三天，但不要拘日数，只要浆发黏，米心酸，用手捻便碎，立即漉出。夏天浆经过四五宿会渐渐淡薄，谓之“倒了”。这是因为天热发过的缘故。浆有死活之分，如果浆面有花衣渤起，白色明快，发黏，米粒圆，松散，嚼之有酸味，瓮内温暖，这是浆活；如瓮内冷，无浆沫，绿色不明快，米不酸或有气味，即是浆死。浆死用勺撇出原浆，重煮，再汤，谓之“接浆”，盖好当日即酸；或撇出原浆，以新水冲去米的恶气、蒸过，用煎好原浆泼过亦可。上述对汤米、煎浆的详细叙述，不难看出，酸浆的制备就是为了制醪时用酸浆调整 pH 至酸性以利酒母的培养。现代绍兴酒也是在制醪时使用酸浆来调节pH后添加酒母制酒的。与《北山酒经》酸浆不同之点在于低温浸米主要是利用低温乳酸菌制备酸浆的。

《北山酒经》有“蒸酸糜”的方法。酸糜，又叫酸饭，是将制酸浆后的酸米淋干进行蒸煮的方法。其法是先漉出浆衣，倾出浆水，将米放于淋瓮，滴尽水脉，当米粒疏松成粒状即可进行蒸熟。如米粘连，须泼浆，与葱椒一起加热，并进行搅拌，防止偏沸及粘着锅底，然后在盆中冷却，将米放入笼中蒸熟；投米要分批，待圆气再加，必要时用锹翻拌，务使蒸米均匀地蒸熟。每石米下冷浆二斗，用席盖上，焖片刻，即可将糜摊在用熟浆清洁过的案板上冷却，翻一二遍，得稀薄如粥的蒸米。适时拌入曲，吸收水分恰到好处。使用酸糜也是调整 pH 的一种手段。

黄酒工艺的成熟定型

朱肱能把酿酒的技术依次有序地划列出来，并把每一操作要点讲解清楚，这在其他相关著作中是少见的。因此，我们说这部专著具有较高的学术价值，使人们可以清晰、透彻地了解到当时酿酒的全过程及每一工序的操作要领。若将朱肱所介绍的酿酒程序与近代绍兴黄酒的酿造方法相比较，不难发现它们是大致相近的。

根据《北山酒经》总结出的酿酒工艺，其流程可作示意图如下。

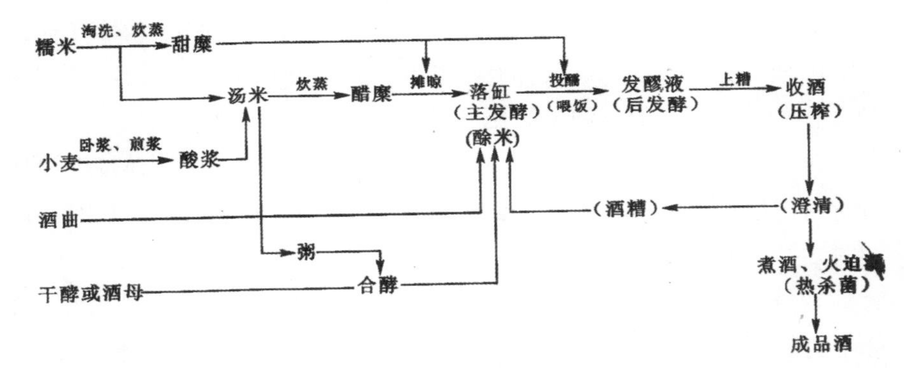

《北山酒经》所载酿酒工艺流程

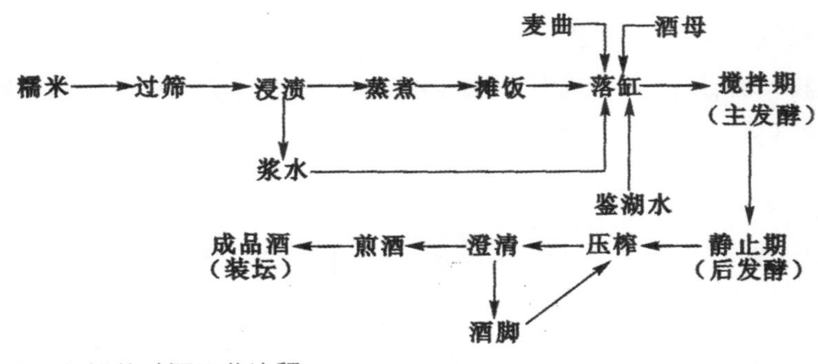

近代绍兴元红酒的酿酒工艺流程

认真考察《北山酒经》还可以使我们了解到中国古代酿酒技艺的演进历程及朱肱对这些先进技术的总结。所以这部著作在研究中国酿造史中有着重要意义。

在调查研究中，朱肱还总结了酿酒过程中发醪液的口味变化："自酸之甘，自甘之辛，酒成焉。"若用现代科学知识来理解，即调节好发醪液的酸度后，根霉菌将淀粉分解为麦芽糖，故酒醅变甜；继之酵母菌又将部分糖类转化为乙醇，故酒醅的辛辣味渐浓；当出现一定程度的辛辣味，即酒度逐渐增高后，酵母菌的繁殖受到抑制，酒化作用停顿下来，这时酒做成了。朱肱能通过观察和品尝，把发酵的糖化阶段和酒化阶段划分开来，这在当时确属不易。此外，他还提出了判断酒已成熟的标志："若醅面干如蜂巢眼子，拨扑有酒涌起，即是熟也。"这时也应是发酵的旺盛阶段，冒出的气泡是酒化反应所产生的二氧化碳。

朱肱不仅总结了当时酿酒过程的实践经验，同时也对酿酒过程的机理进行了探讨："酒之名以甘辛为义。金木间隔，以土为媒，自酸之甘，自甘之辛，而酒成矣。所谓以土之甘，合水作酸，以水之酸，合土作辛，然后知投者所以作辛也。"这段文字可以理解为酒之所以是酒是由于它含有甘、辛两味。金（辛）和木（酸）没有直接联系，通过土（甘）这一媒介可以把它们联系起来，由酸（木）变甘（土），由甘（土）变辛（金），酒做成了，所以酴米要有酸浆，投醽要有甜味。土中种植出来的谷物，通过水可以做成酸浆，酸浆又可促成谷物变成辛味物质，明白这一道理，就可以做酒了。这里的土既表示土地，谷物滋长的地方，又可表示从土地里收获的谷物，所以甘代表甜味物质（即稼穑作甘），辛代表酒味物质，酸即酸浆。朱肱的上述酿酒机理的表述可用下图示意：

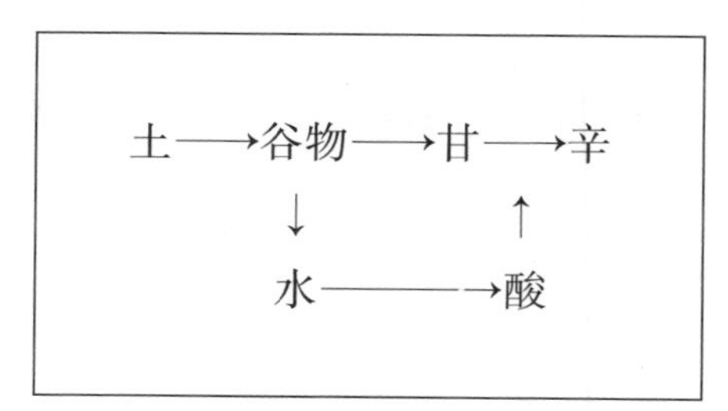

朱肱表述的酿酒机理示意图

现代酿酒理论关于酒精发酵机理的示意图如下。

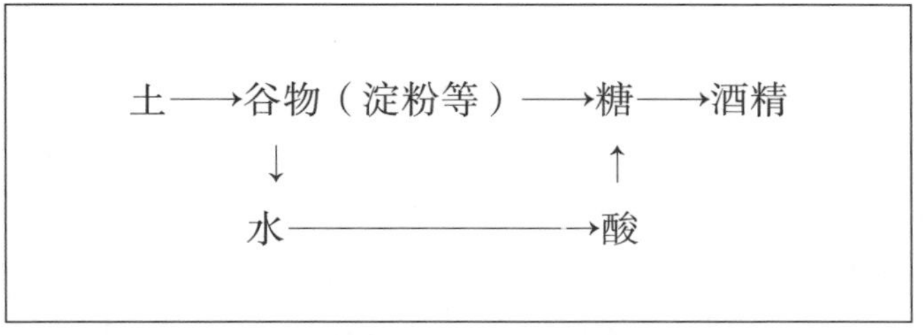

现代酿酒理论关于酒精发酵机理示意图

比较两者，可见它们基本一致。

此外朱肱还介绍了当时在酒的压榨过程中采取了防止酸败的措施和成品酒的热杀菌技术。这一技术比法国科学家巴斯德（L.Pasteur，1822 ~ 1895 年）发明的低温杀菌法早了 700 年。

通过对《北山酒经》的解读，特别是将它所叙述的酿酒工艺流程示意图与近代绍兴元红酒的酿造工艺程序相对照，可以认为黄酒的酿造技术在宋代已很成熟，黄酒酿造程序也基本定型。

最具中国味的黄酒

黄酒和葡萄酒、啤酒一样，是世界公认的三大古老的酒种。自春秋战国以来，中国先民以谷物（主要是黍米、糯米）为原料，通过特定的加工酿造过程，在酒曲、酒药（聚集多菌多酶的微生物制品）的催化下，酿成一类低酒度的发酵原汁酒。这种酒大多呈黄亮色或黄中带红的色泽（有些初榨出来的酒呈白色，但在放置中，由于酒液内的生化反应，色素逐渐析出而会变呈黄色），故人们习称这类酒为黄酒。有的学者还认为，黄酒之“黄”不仅在于颜色，还有其深刻的内涵。黄酒的“黄”表明曾哺育华夏文明的母亲河——黄河，感谢生养炎黄子孙的黄土地，喻示这酒是我们黄色人种酿制的，总之，黄酒是伴随中华民族五千年文明史的见证，是中华民族的国粹。

黄酒酒液中含有丰富而复杂的成分，主要有乙醇、水、糖分、糊精、有机酸、氨基酸、酯类、甘油、微量高级醇、多种维生素等。就以绍兴黄酒为例，经现代科学检测，内含 21 种氨基酸，氨基酸总量每升高达

6700.9毫克，是啤酒的11倍，葡萄酒的12倍；其中8种氨基酸是人体所必需的，又不能合成，只能从食料中摄取。近年来，先进分析仪器的使用和分析能力的提高，使人们进而认识到黄酒中至少有200多种化学物质，其中有些物质对于人体保健有着重要作用。例如有丰富的酚类物质，主要来源于大米、小麦等原料和微生物的转换，其含量远远超过葡萄酒。酚类物质具有抗氧化功能，能抑制低密度脂蛋白的形成，而有助于防止冠心病和动脉粥样硬化的发生。又如含有较多的功能性低聚糖，能改善人体内微生态环境，有利于双歧杆菌和其他有益菌的增殖，能改善血脂代谢，降低血液中的胆固醇和甘油三脂的含量。还含有重要的抑制性神经递质r氨基丁酸和无可比拟的生物活性肽等。所以黄酒是一种营养丰富，并具有一些保健功能的饮料。这些有机成分的交融组合，就会形成特有的浓郁香气和鲜美醇厚的口味，深受人们的喜爱。不仅是宴席餐桌上的常见饮品，同时还被中医当作药引，被厨师用作烹饪的重要佐料。

黄酒以多种谷物为原料，用料广泛，在长期的实践中形成了精细的工艺，特别是采用多种生物制品进行多菌多酶的复式发酵，生产出各具特性、不同风格的饮用酒，在世界酿酒史上写下了辉煌的篇章，好似一颗闪耀的东方明珠。黄酒是中国的特产，在技术上对朝鲜的米酒、日本的清酒及东南亚许多地区的发酵原汁酒也有着深刻的影响。在中国辽阔的大地上，由于酿造原料的差异，特别是生态环境的不同，从发酵的菌系到具体的技术规范都会有各自的特点，因此，黄酒的品种繁多，各具特色，呈现出一幅百花齐放的情景。下面只介绍几个具有代表性的优秀品种。

中国古酒的典范——浙江绍兴黄酒

在众多品牌的黄酒中，酿酒界公认能代表中国黄酒总体特色的，首推浙江绍兴黄酒。绍兴酒起源于何时尚难查考，但是，借助于文物考古，或许我们能获知某些线索。在余姚河姆渡文化遗址和杭州良渚文化遗址中出土了大量谷物（水稻）和类似酒器的陶器。出土的清晰可辨的稻谷，农业专家鉴定为人工栽培的水稻。有了稻米，就可以想象，在当时酿酒或与栽培水稻同步。这样可推测在5000年前越人已开始用稻米酿酒了。

中国黄酒博物馆

绍兴是古越国的都城，关于古越文化有文字表述的当推秦国宰相吕不韦编纂的《吕氏春秋》和《国语》。《国语》是我国第一部按国记事的国别史，它反映了春秋时期各国政治、经济、军事、外交等各方面的历史，勾勒出奴隶社会向封建社会转化阶段的时代轮廓，表现出当时许多重要人物的精神面貌。据书中卷二十《越语上》记载，越王为激励生育，增加人口，增强兵力和劳力而推行一项政策："生丈夫，二壶酒，一犬；生女子，二壶酒，一豚。生三人，公与之母；生二人，公与之饩。……"这里把酒当作激励生育的奖品，在酒政的历史上是绝无仅有的。一则说明酒是当时珍贵的产品，二则表明酒已开始走进千家万户。《吕氏春秋》是本综合性的史书，是先秦时期的重要典籍。在其卷九《季秋纪·顺民》中有一篇记载："越王苦会稽之耻，欲深得民心，以致必死于吴。……三年苦身劳力，焦唇乾肺。内亲群臣，下养百姓，以来其心。有甘脆不足分，弗敢食；有酒流之江，与民同之。身亲耕而食，妻亲织而衣。"这里描述了越王勾践为了获得百姓支持，他苦身亲历，与民同劳同苦，就是有一点酒也要倒入江河中与民共饮。

乾隆五十三年仲夏校梓
呂氏春秋
靈巖山館藏板

呂氏春秋新校正序
漢書藝文志雜家呂氏春秋二十六卷秦相呂不韋輯智
略士作原夫六經以後九流競興駢蔚駢羅各有撝原其意指
要皆有為而作降如虞卿諸儒或因窮愁託于造述亦皆
有不獲已之故焉其著一書專覬世名又不成于一人不
能名一家者實始于不韋而淮南內外篇次之然淮南王
後不韋幾二百年其采用諸書能詳所自出者十僅四五
即如今道藏中文子十二篇淮南王書前後采之殆盡間
有增省一二字移易一二語以成文者類皆當時賓客所
為而淮南王又不暇深致與不韋書在秦火以前故其采

《吕氏春秋》书影

据《嘉泰会稽志》所传，这条江河就是会稽（绍兴古名）的投醪河。由此可见，饮酒在当时仍是一种高档的享受。这两则春秋时期的记载，表明绍兴酒至少已有2500年的历史了。

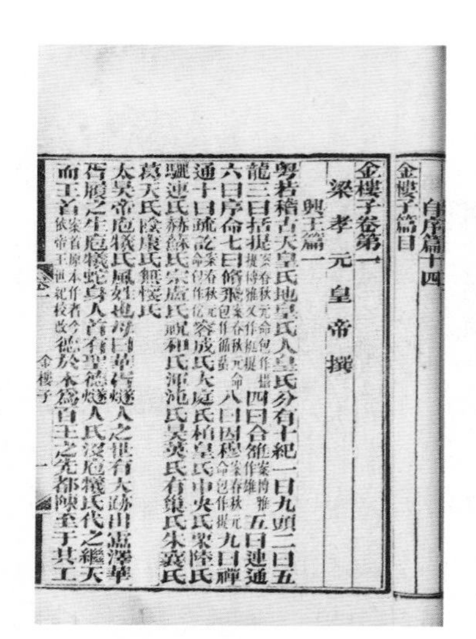
金樓子篇目
自序篇十四

金樓子卷第一
梁孝元皇帝撰
興王篇一
粤若稽古天皇氏地皇氏人皇氏分有十紀一曰九頭二曰五
龍三曰括提 四曰合雒 五曰連通
六曰序命七曰脩飛 八曰因提 九曰禪
通十曰疏訖 容成氏大庭氏柏皇氏中央氏栗陸氏
驪連氏赫蘇氏宗盧氏祝和氏渾沌氏昊英氏有巢氏朱襄氏
葛天氏陰康氏無懷氏
太昊帝庖犧氏風姓也母曰華胥燧人之世有大跡出雷澤華
胥履之生庖犧蛇身人首有聖德燧人氏沒庖犧氏代之繼天
而王首德於木為百王之先都陳埊于共工

《金楼子》书影

最早赞扬绍兴酒为地方名酒的，大概是南朝梁元帝萧绎（公元552 ~ 555年在位）。他在其著作《金楼子》中记录了少年读书时的一个片断，“银瓯一枚，贮山阴甜酒”。他的幕僚颜之推在《颜氏家训》中也记载说萧绎11岁在会稽读书时，“银瓯贮山阴甜酒，时复进之”。山阴是绍兴古名。作为皇族的萧绎从小就喜饮山阴甜酒，说明此酒是好酒，在当时很有名气。祖籍在上虞（绍兴的东邻）的晋代南阳太守嵇含在《南方草木状》中不仅陈述了当时不同于北方块曲，而流行于南方的草曲（小曲的一种），还介绍了盛行于江南的女儿酒。“南人有女数岁，即大酿酒，既漉，候冬陂地竭时，寘酒罂中，密固其上，瘗陂中。至春潴水满，亦不复发。女将嫁，乃发陂取酒，以供宾客，谓之女酒，其味绝美”。这种女酒即是后来声名鹊起的女儿酒“花雕酒”的前身。这种酒的出现至少说明三个问题：一是饮酒之习已深入民俗民风，故此，生活的许多场景已离不开酒的调味。二是当时人们已找到贮存酒的好方法，即是将其密封埋在陂地之中（当然在酒入罂之后要作加热灭菌的工作）。三是酒在适宜环境中贮存，由于后发酵的作用，酒是愈陈愈好，故人们喜欢饮用绍兴的陈年老酒。

在唐代，绍兴酒作为地方名酒，还受到不少文人墨客的青睐。作为“酒八仙”之一的贺知章，晚年从京城长安回到故乡越州永兴（今浙江萧山），再次来到鉴湖之滨饮酒赋诗“落花真好些，一醉一回颠”。他的好友李白寻踪而来，到了永兴，方知贺知章已仙逝。李白心中十分惆怅，在遗憾之余，他带上一船贺知章的家乡酒踏上返程，用这船酒来表达对好友的怀念。为此李白留下了《重忆》的诗句：“欲向江东去，定将谁举杯？稽山无贺老，却掉酒船回。”假若，绍兴的酒不好，他还会带上一船酒吗？在唐穆宗长庆年间（821 ~ 824年），大诗人白居易任越州刺史，其好友元稹任浙东观察使。两人任职为邻郡，居所虽有钱塘江相隔，但是他们的诗简往来更频，还经常相聚，诗书致意，借助酒兴，共同抒发忧国忧民、仕途不得志的伤情愤慨。元稹在《寄乐天》一诗写道："莫嗟虚老海壖西，天下风光数会稽……安得故人生羽翼，飞来相伴醉如泥。"乐天是白居易的号，这里描写了他们在越州饮酒相伴的情景。元稹还在《酬乐天喜邻郡》的末句中写道："老大那能更争竞，任君投募醉乡人。"在这里元稹把越州称为"醉乡"，后许多文人都把越州称作"醉乡"。这种称谓至少有两种含义。一是越州（会稽是越州的官府所在地）酒好，好酒才能让酒客贪杯。二是越州的自然环境好，文人墨客都喜欢到这里相聚共饮，进入一个醉生梦死的境界。

在宋代，苏轼两次到杭州为官，对绍兴酒应该有所了解。他在贬官黄州时，即在城东的营房废地种植谷物，并用收获的谷物亲手酿酒，其酿酒技术就是在杭州时学的。后来，他在流放广东惠州时写的《东坡酒经》也基本上是绍兴酒的工艺，可见绍兴酒留给他的印象。朱肱在离开官场后，在杭州西湖边寓所潜心从事酿酒技术的探索，终于写出酿酒专著《北山酒经》。总之，绍兴酒作为当时的地方名酒已为许多人所关注，到了南宋，情况有了进一步的发展。靖康二年（1127年），金兵攻破汴京，宋徽宗、宋钦宗被俘北上，康王赵构南逃建立南宋政府。越州两次成为南宋临时都城。1131年，宋高宗赵构以"绍祚中兴"之义，改年号为绍兴元年，同时升越州府为绍兴府。绍兴之名由此而来。它一度作为临时都城，自然也成了南方政治、经济中心。在这一背景下，不仅酿酒业获得更快的发展，酒税的收入也成为政府的主要财政收入。绍兴地区盛产糯稻，因此黄酒成为酒类的大宗，不仅要满足宫廷官府的需求，还要为百姓提供充裕的酒品，借此渠道，绍兴酒也走向江南各地。酿酒业在绍兴成为主要的手工业。当时有谚云："若要富，守定行业买酒醋。"南宋诗人陆游就感叹"城中酒垆千百家"。

明清时期，绍兴黄酒又进入一个发展的高峰。不仅花色品种繁多，而且质量上乘，无论是产量还是生产规模都确立了中国黄酒之冠的地位。像沈永和、谦豫萃等数十家规模较大的酿酒作坊，所生产的"善酿酒""加饭酒""状元红""绍兴老酒"等酒都名闻遐迩。清光绪初年，绍兴各酒坊加上农家自酿，产量达到了22万缸，折合成品酒约7.5万吨。故此康熙年间编纂的《会稽县志》说："越酒行天下。"

1915 年，在美国旧金山举办的巴拿马太平洋万国博览会上，"云集信记"酿坊的绍兴酒获得金牌奖。1929 年，在杭州举办的西湖博览会上，"沈永和墨记"酒坊的善酿酒荣获金牌。1955 年，在全国第一届评酒会上，绍兴加饭酒被誉为八大名酒之一，此后历届评酒会都荣登金牌或国家名酒之列。

传统绍兴酒的生产工艺，经过几千年的传承，在宋代业已定型，经过明清时期的发展，更为成熟。传统的经验指出：原料大米像"酒之肉"，糖化麦曲像"酒之骨"，酿造用水像"酒之血"。这一比喻十分形象和贴切，所以生产绍兴酒首先要关注的是用糯米、麦曲、鉴湖水三要素。其酿造工艺主要有六大工序：浸米、蒸饭、开耙发酵、压榨、煎酒、储存（陈化）。这些工序前面已有较详的论述，故不赘述，这里只讲与其他黄酒生产不同的，属于绍兴酒的独到之处。一是浸米。它是绍兴酒传统工艺中最具特色的工序。浸渍时间长达 16 天之久，既使糯米淀粉吸水不再膨胀后便于蒸饭，也是为了得到酸度较高的浸米浆水，作为酿造中的重要配料。二是开耙。这是绍兴酒传统工艺中的独门绝技。开耙操作主要是调节发酵醪的品温，补充新鲜空气，有利于酵母菌生长繁殖。酿酒师傅根据一听、二嗅、三尝、四摸的经验来掌握开耙的时间和力度，其操作极需丰富的经验和熟练的技巧，是酿好酒的关键。三是陈化，绍兴酒与众不同的特点是越陈越香，陈化的环境、手段和方法是有讲究的。

绍兴酒已发展到四大类，二百余个品种，其中传统的、著名的有元

绍兴酒酿造工艺图（录自《中国黄酒》2011 年 3 期）

工艺美术大师徐复沛在制作绍兴花雕酒酒坛

红酒、加饭酒、花雕酒、善酿酒、香雪酒。元红酒又称状元红，因酒坛外表涂朱红色而得名，是绍兴酒中的大宗产品，用摊饭法酿造。这种酒发酵完全，残糖少，酒液呈橙红色，透明发亮，有显著的特有芳香，味微苦，酒精度在 15 ~ 17 度。加饭酒是绍兴酒中的精化品种，口感特别醇厚。因用摊饭法制成，且在酿造中多批次添加糯米饭，故而得名。因增加饭量的不同，又分为“双加饭”和“特加饭”。因加饭的缘故，口感特别醇厚，风味更加醇美。酒液呈深黄色，芳香十分突出，糖分高于元红酒，口味微甜，酒精度通常在 16 ~ 18 度。善酿酒是绍兴酒中的传统名牌，用摊饭法酿造，特点是以贮存 1 ~ 3 年的元红酒代水落缸发酵酿成，酿成新酒后尚需陈酿 1 ~ 3 年。酒液呈深黄色，糖分较多，口味甜美，醇厚鲜爽，芳馥异常，酒精度在 13 ~ 15 度。香雪酒是绍兴酒中最甜的酒。它以陈年糟烧代水，用淋饭法酿制而成。因为只用白色酒药，其酒糟色如白雪，又以糟烧代水，味特浓，气特香，故名香雪酒。其酒精度在 17 ~ 20 度，总糖为 18% ~ 25%。淡黄色清亮透明有光泽，味鲜甜醇厚。花雕酒是绍兴酒中的精品，将优质加饭酒装入精雕细琢的浮雕酒坛而搭配成。它是中国名酒的典型代表，常用作礼品赠送友人。花雕源于两晋时的女儿酒，浮雕描绘的是绍兴历史中的美丽传说，体现的是文明和艺术，盛载的是历史和文化。

“斤酒当九鸡”的福建龙岩沉缸酒

龙岩沉缸酒是一种甜型黄酒。因为在酿造中，酒醅必须沉浮三次，最后沉于缸底，故得此名。龙岩沉缸酒的起源民间有多则传说，流传最

龙岩沉缸酒

广的是在明末清初（约17世纪）之际，在离龙岩县城30余里的小池圩，因聚集了不少来自近邻上杭的民工在那里伐木造纸，形成了一个热闹的集市。有一年从上杭白沙地方来了一位名叫五老倌的酿酒师傅。他发现小池的山泉甜美，水质特别适合酿酒，附近又产品质优良的糯米，于是就地安家，开了一个小酿坊造酒。起初，他还是按照传统的技术（在秋末冬初，将糯米和酒药制成酒醅，再入缸埋藏三年后再起获饮用）生产糯米甜酒（冬酒）。酒客们感到这酒虽然醇厚味甜，但是酒度不高，酒劲不足。于是王老倌在酒醅中加入一些酒度较高（20度左右）的米烧酒，榨得的酒称作“老酒”。老酒的酒度高了，而甜度不减，品质高了一个档次。后来在摸索中进一步发现，若在酒醅中加入“三干”，效果更佳。

所谓“三干”是用18斤米为原料酿制约10斤的50度米烧酒。方法是用6斤米酿造蒸馏得10斤酒度不高的酒，然后在这酒中掺入由第二批6斤米制成发酵醅，发酵后再复蒸得酒10斤。再将这10斤酒投入第三批6斤米制成的发酵醅中，最后再通过蒸馏得到酒度在50度以上的米烧酒10斤。因为这10斤米烧酒经三次蒸馏，故称为“三干”。由此可见，沉缸酒的工艺实际上是由冬酒—老酒的技术改制而来。

沉缸酒选用上等糯米为原料，以红曲和白曲（药曲，在特制的药曲中，还加入当归、冬虫夏草、丁香、茴香、木香、沉香等多种药材）为糖化发酵剂。其工艺较其他黄酒工艺的不同之处，最突出的就是在酿造酒醅中两次加入米烧酒。第一次先加入米烧酒总量的19%左右，目的是为了降低发酵温度，避免酸度过大，从而使酒醪中的酒、糖、酸的配比恰到好处；第二次是为了调整到标准的酒度。很明显，米烧酒的品质与成品酒的关系极大，要求必须是清亮透明，气味芳香，口味醇和。

所谓的三次沉浮指的是，“沉”就是加米烧酒抑制了酒精发酵，让发酵停止，没有二氧化碳气泡产生，酒醅就下沉了。“浮”即是酒精发酵旺盛，产生大量二氧化碳气泡上冒将酒醅托起而浮于缸面。三次沉浮就是表示酒精发酵形成三次高潮，以此来提高醇度和保存糖分。酒醪开始时，酒味胜过甜味，当酒醅经过三次沉浮，沉入缸底后，甜味就胜过酒味了。产品既成，仍需贮存 1 ~ 3 年进行陈酿。在陈酿中，酒精度从 18 度左右降到 14.5 度，糖分则从 22%提高到 27%左右，酒的风味更加香醇协调。假若加酒发酵中酒醅没有出现三次沉浮，则意味着含糖量不够，酒的质量不佳。

小池圩出产的沉缸酒，由于具有独特风味和极好的质感，深受群众欢迎，在民间名声远播，特别是那些病弱体虚者和老人、产妇都要喝，认为该酒对身体滋补十分必要，“斤酒当九鸡”也在民间流传开来。这就是龙岩地区民众对当地沉缸酒的赞语。制它的酿坊也逐渐发展到六七家，成型的技艺也很快得到推广。1965 年，在龙岩登高山下著名的新罗名泉罗盘井旁，建起了龙岩酒厂，采用日臻完善的传统工艺，生产民众需求的沉缸酒。龙岩沉缸酒也先后在 1963 年和 1979 年的全国评酒会上荣登国家名酒的称号。

沉缸酒为什么这样受人们的欢迎？评酒专家们认为，呈鲜艳透明红褐色的沉缸酒，不仅有琥珀般的光泽，而且香气醇郁芬芳。这香气是由红曲香、国药香、米酒香在酿造中形成的，纯净自然不带邪气，入口酒味醇厚，糖度虽高，但无一般甜型黄酒的黏稠感。沉缸酒中糖的甜味、酒的辛味、酸的鲜味、曲的苦味配合得恰到好处，风味独特，当酒液触舌时，各味同时毕现，妙味横生，饮后更是余味绵长，经久不息。

视为“珍浆”的山东即墨黄酒

我国淮河以北的广大地区生产的黄酒大多以黍米为原料，因而不仅口感风味不同于南方的黄酒，而且在酿造工艺上也有自己的独到之处。山东即墨老

即墨老酒

以孝行天下为口号的送酒仪式

酒就是久负盛名的北方黄酒的代表。

黍米，又称黏黄、糯小米、大黄米，是我国北方地区最早栽培的粮食作物之一。它不仅用于主食，还是酿酒的主要原料。即墨当地就出产一种品质特佳的大黄米，不仅粒大饱满，而且含易水解的支链淀粉较多，特别适宜酿酒，出酒率还很高。据推测，即墨地区很早就有酿酒业了，在春秋战国时期以黍米酿酒已很盛行。秦始皇和汉武帝等君王来泰山登山封禅，到蓬莱、崂山寻仙拜祖时，即墨酒必定是祭祀的供品之一。贾思勰《齐民要术》介绍当时流行于黄河中、下游地区的酿酒技术时，指明有五六种方法都是以黍米为原料的酿酒方，特别是酿黍米酎法与近代的即墨老酒工艺很相近。宋代苏轼在密州（今山东诸城）任知府时，对当地生产的酒大加赞扬，这酒很可能就是即墨老酒一类的黄酒。也就是在这一时期，即墨老酒的酿造工艺与绍兴黄酒一样，步入成熟定型的阶段。

即墨老酒既具备了中国北方以黍米为原料的黄酒的典型，又溶入了当地环境和文化的诸多因素，在原料上就颇有特点。一是只选用当地生

战国时齐国田单将军用黍米老酒犒劳将士

产的龙眼黍米。这种黍米粒大色黄黑脐（胚部呈黑色）。二是以伏天生产的麦曲和陈曲为糖化剂。所用酵母也有特色，它是由黍米饭和焙炒的麦曲各半，再加 1/4 的白酒混合制成圆状胚，自然接种而成。三是酿酒用水只用崂山下清澈洁净的“九泉水”。

即墨老酒的酿造工艺也有一些独特的技术。例如麦曲在投用之前，要加香油焙炒，以除邪味和杀灭杂菌，增加成品酒的香气。又如煮糜技术。一般是在多组传统的锅灶上，在大铁锅中煮黍米，先加入 115 ~ 120 公斤清水煮沸，再把浸泡、洗净后的黍米逐次加入，约 20 分钟加完。开始用猛火熬，不断地用木杵搅拌，直至米粒出现裂口、有黏性，此时改用铁铲不断翻拌（注意锅底和锅边的糜的翻拌）。约经 2 小时，黍米由黄色逐渐变成棕色，而且产生焦香气，此时应及时将锅灶的火势压弱，并用铁铲将糜向上掀起，以便散发水分和烟雾。这样持续 2 ~ 3 分钟后即可迅速出锅。这种煮糜的操作可以说是形成即墨老酒特色的关键技术之一。因为煮糜产生了焦香气，但不能有煳味和保证米质不焦。从化学反应来讲，煮糜是进行轻度的褐变反应，由此产生非常复杂的香气成分和色泽。再如，高温糖化，定温定期发酵。将焙炒后的麦曲磨成粉末，加入装有蒸糜的发酵缸里，同时加入发酵旺盛的酒醪 0.5 ~ 1.0 公斤作发酵引醪。混拌均匀后，上加缸盖，周裹麻袋进行保温复式发酵，品温上升至 35℃，即进行第一次打耙，将浮起的醪盖压入醪液。又经 8 ~ 12 小时，再进行第二次打耙，将缸盖掀起。一般经过 7 天的发酵即告成熟。

即墨老酒色泽黑褐中带紫红，晶明透亮，浓厚挂碗而盈盅不溢，具有焦糜的特殊香气，其味醇和郁馨，香甜爽口，饮后微苦而有余香回味。陈酿一年后，风味更加醇厚甘美。酒度约为 12 度。由于该酒中含有大量维生素和较多淀粉、糊精、糖分，适量常饮可以促进新陈代谢，强身健脑。山东的民众都深信它具有良好的医疗功效，特别是祛风散寒、活血散瘀、透经通络、舒筋止痛、解毒消肿等。所以要么当作药引，要么直接作药饮用。尤其对于产妇和老人，即墨老酒更被视为珍酿。

盛名远扬的江苏丹阳封缸酒

丹阳封缸酒是江南名酒之一。丹阳地处江苏省南部，土地肥沃，盛产糯稻。特别是一种曾作为贡米的色泽红润的籼米（又称元米），

丹阳封缸酒

它性黏，颗粒大，易于糖化，发酵后糖分高，糟粕少，非常适宜酿甜型黄酒。民间有“酒米出三阳，丹阳为最良”之说。历史上绍兴酒也曾外购丹阳糯米而酿制。

史籍中有关丹阳美酒的记载很多。《北史》中有一则故事，讲的是北魏孝文帝（471 ~ 499年在位）发兵南朝，委任刘藻为大将军。发兵之日他亲自送行到洛水之南，孝文帝对刘藻说：“暂别了，我们在石头城相见吧！”刘藻回答说：“我的才能虽然不及古人，我想我一定会打败敌人，希望陛下到江南去，我们用曲阿酒来接待大家。”曲阿就是丹阳，可见当时的丹阳酒已是人们向往的名酒。有人曾用“味轻在上露，色似洞中春”的诗句来赞美丹阳酒，当地人又称它为“百花酒”。在唐代，大诗人李白对丹阳酒就十分赞赏，他先后作诗云：“南国新丰酒，东山小妓歌。”“再入新丰市，犹闻旧酒香。”丹阳有辛丰镇，因邻近有新丰湖，故又名“新丰”，新丰酒即丹阳酒，当时闻名天下。宋代诗人陆游在他写的《入蜀记》中说：“过新丰小憩。李白诗云：‘再入新丰市，犹闻旧酒香。’皆说此非长安之新丰。”可见丹阳酒在当时的名气。宋人汪萃《新丰市》一诗中写道：“通过新丰沽酒楼，不须濯脚故相畴。”可见新丰的酒市繁荣。宋代的乐史还在《寰宇记》中讲了一个关于丹阳美酒的传说。“丹徒有高骊山，传云：高骊国女来此，东海神乘船致酒礼聘之，女不肯，海神拨船覆酒流入曲阿湖。故曲阿酒美也。”曲阿湖即丹阳之练湖，这传说也是讲丹阳酒好，有神助也。元代人萨都剌在其《练湖曲》中说：“丹阳使者坐白日，小史开瓮宫酒香。倚栏半醉风吹醒，万顷湖光落天影。”丹阳酒又获得“宫酒”的雅号。宫酒即官方用的招待酒。到了明清丹阳新丰镇仍然是个繁华的酒市。清代文人赵翼在《新丰道中》描绘道：“过江风峭片帆轻，沽酒新丰又半程……向晚市桥灯火满，邮签早到吕蒙城。”

丹阳酒作为江南甜型黄酒的一朵奇葩，是因为其酿造工艺有自己的创新和特色。除了采用当地特产优质糯米一元米外，在工艺上，在以酒药为糖化发酵剂的糖化发酵中，当糖分达到高峰时，兑加 50 度以上的小曲米酒，并立即严密封闭缸口。养醅一定时间后，先抽出 60% 的清液，再将酒醅中压榨出的酒，两种酒按比例勾兑（测定糖分和酸分），定量灌坛再严密封口。贮存 2 ~ 3 年才成产品。因二次封缸，故又名封缸酒。

丹阳封缸酒呈琥珀色至棕红色，明亮，香气浓郁，口味鲜甜，酒度约 14 度。是江南甜型黄酒中别具一格的佳酿。历年全国评酒会都被评为优质黄酒。专家们认为此酒鲜味突出，甜性充足，酒度适中，醇厚适口。

红曲与福建老酒

福建老酒的最大特色是使用了福建特佳的红曲。红曲是中国先民在长期制曲实践中的伟大发明，是项了不起的技术创新。红曲工艺的发明和红曲的使用大约在唐末宋初。红曲又名丹曲，是一种经过发酵得到的透心红的大米。它不仅可用于酿酒，还是烹饪食物的调味品，又是天然的食品染色剂，而且还是治疗腹泻的一种良药，有消食、活血、健脾的功效。

北宋初年陶谷所撰的《清异录》中已有红曲煮肉的描述。北宋大文豪苏轼的诗文中至少有两处提到了红曲。“剩与故人寻土物，腊糟红曲寄驼蹄”，“去年举君苜蓿盘，夜倾闽酒赤如丹”。说明苏轼不仅饮过红曲酒，还吃过红曲加工的食品。清代文人王文诰在注释苏轼上述诗文时指出：“李贺诗云：小槽酒滴真珠红。今闽、广间所酿酒，谓之红酒，其色始类胭脂。”李贺是唐代诗人，如果他喝过的珠红酒确是红曲酒，那么红曲发明和应用至少不晚于唐代。正如注释所说，红曲在清代仍主要在福建、广东及浙南、赣南一带使用，这与红曲的制作环境有关。红曲中的主要微生物是红曲霉，它生长缓慢，在自然界中很容易被繁殖迅速的其他霉菌所压制排挤，所以在一般情况下制曲，是很难促成红曲霉的大量繁殖。红曲霉的繁殖需要较高的温度，所以往往在一些曲块内部偶然能看到的一些小红点，它就是红曲霉。正如朱肱在《北山酒经》中所说的“伤热心红”。正因为红曲霉具有耐高温、耐酸、厌氧的特性，所以只是在较高温度下，在一些酸败的大米中，许多菌类不能正常生长，红曲霉却能迅速繁殖。福建、广东、浙江南部地区正好具备了红曲霉繁殖的自然环境，所以红曲的生产、应用首先出现在这些地区。这就不怪朱肱在《北山酒经》中没有详细地介绍红曲，因为他没有到过福建、广东，没有生产红曲的实践或观察。据方心芳研究，红曲是由乌衣曲逐步演化而来。乌衣曲是一种流行于福建一带的外黑内红的大米曲。由乌衣曲演进为红曲，也要经历很长一段时间的人工培养和筛选。这一培养过程可能在唐代已经完成。

现存文献中最早记载红曲生产工艺的是元代成书的《居家必用事类全书》，在其已集的酒曲类中有“造红曲法”：

凡造红曲皆先造曲母。造曲母：白糯米一斗，用上等好红曲二斤。先将秫米淘净，蒸熟作饭，用水升合如造酒法，搜和匀下瓮。冬七日；夏三日；春秋五日，不过酒熟为度。入盆中擂为稠糊相似，每粳米一斗只用此母二升，此一料母可造上等红曲一石五斗。

造红曲：白粳米一石五斗，水淘洗浸一宿。次日蒸作八分熟饭，分作十五处。每一处入上项曲二斤，用手如法搓操，要十分匀停了，共并作一堆，冬天以布帛物盖之，上用厚荐（草席）压定，下用草铺作底，全在此时看冷热。如热则烧坏了，若觉大热，便取去覆盖之物，摊开堆面，微觉温，便当急堆起，依元（原）覆盖；如温热得中，勿动。此一夜不可睡，常令照顾。次日日中时，分作三堆，过一时分作五堆，又过一两时辰，却作一堆。又过一两时分作十五堆。既分之后，稍觉不热，又并作一堆；候一两时辰觉热分一，如此数次，第三日用大桶盛新汲井水，以竹箩盛曲作五六分浑蘸湿便起，蘸尽又总作一堆。似（俟）稍热依前散开，作十数处摊开，候三两时又并作一堆，一两时又撒开。第四日将曲分作五七处，装入箩，依上用井花水中蘸，其曲自浮不沉，如半浮半沉，再依前法堆起摊开一日，次日再入新汲水内蘸，自然尽浮。日中晒干，造酒用。

由上述记载可见，采用熟料接种的方法，工艺上特别注意温度的控制。明代，红曲的生产得到进一步推广和发展。记录当时红曲生产技术较重要的著述有成书可能在元末明初的，由吴继刻印的《墨娥小录》、李时珍的《本草纲目》、宋应星的《天工开物》。

辑录江浙一带事物的《墨娥小录》关于红曲的工艺记载如下。

造红曲方：无糖粞舂白粳米，水淘净浸过宿，翌日炊饭，用后项药米乘热打拌，上坞，或一周时或二周时，以热为度。测其热之得中，则准自身肌肉。开坞摊冷……洒水打拌，聚起，候热摊开，至夜分开摊。第二日聚起，洒水打拌，再聚，热，即摊冷，又聚，热，又摊，至夜分开摊。第三日下水，澄过，沥干，倒柳匾内，候收水，作热摊开冷，又聚，热，又摊，至夜分开摊。第四日如第三日，第五日下水澄过，沥干，倒柳匾内，候收水分，开薄。摊三四次，若贪睡失误，以至发热，则坏矣。药：每米一石，用曲母四升，磨碎，海明砂一两、黄丹一两、无名异一两。滴醋一大碗，一处调和打拌。

《本草纲目》卷二十五的有关记载如下。

"其法，白粳米一石五斗，水淘浸一宿，作饭，分作十五处，入曲母三斤，搓揉令匀，并作一处，以帛密覆。热即去帛摊开，觉温急堆起，又密覆。次日日中又作三堆，过一时分作五堆，再一时合作一堆，又过一时分作十五堆，稍温又作一堆，如此数次。第三日，用大桶盛新汲水，以竹箩盛曲作五六分，蘸湿完又作一堆，如前法作一次。第四日，如前又蘸。若曲半沉半浮，再依前法作一次。又蘸。若尽浮则成矣。取出日干收之。其米过心者谓之生黄，入酒及酢醢中，鲜红可爱。未过心者不甚佳。入药以陈久者良。"

《天工开物》记载如下。

"凡丹曲一种，法出近代。其义臭腐神奇，其法气精变化。世间鱼肉最朽腐物，而此物薄施涂抹，能固其质于炎暑之中，经历旬日，蛆蝇不敢近，色味不离初。盖奇药也。

凡造法，用籼稻米。不拘早晚，舂杵极其精细，水浸一七日，其气臭恶不可闻，则取入长流河水漂净（必用山河流水，大江者不可用。）漂后恶臭犹不可解，入甑蒸饭则转成香气，其香芬甚。凡蒸此米成饭，初一蒸，半生即止，不及其熟。出离釜中，以冷水一沃，气冷再蒸，则令极熟矣。熟后，数石共积一堆，拌信。

凡曲信，必用绝佳红酒糟为料，每糟一斗，入马蓼自然汁三升，明矾水和化。每曲饭一石，入信二斤，乘饭热时，数人捷手拌匀，初热拌至冷。候视曲信入饭，久复微温，则信至矣。凡饭拌信后，倾入箩内，过矾水一次，然后分散入篾盘，登架乘风，后此风力为政，水火无功。

凡曲饭入盘，每盘约载五升。其屋室宜高大，防瓦上暑气侵逼。室面宜向南，防西晒。一个时中，翻拌约三次。候视者七日之中，即坐卧盘架之下，眠不敢安，中宵数起。其初时雪白色，经一二日成至黑色，黑转褐，褐转赭，赭转红，红极复转微黄。目击风中变幻，名曰生黄曲。则其价与入物之力，皆

红曲制备工艺流程：长流漂米（左）、凉风吹变（右）（采自《天工开物》插图）

倍于凡曲也。凡黑色转褐，褐转红，皆过水一度。红则不复入水。凡造此物，曲工盥手与洗净盘簟，皆令极洁。一毫滓秽，则败乃事也。”

由上述资料可见，当时红曲制造技术已很成熟，其中以宋应星的介绍最为翔实、科学。其中有三点尤其值得称道：①用绝佳红酒糟为曲信，表明作者强调了选好最佳的菌种做曲信。这是人工筛选菌种最常见的方法。②用明矾水来维持红曲生长环境所需的酸度，并抑制了杂菌的生长。这是一项惊人的创造。③采用分段加水法，把水分控制在既足以使红曲霉钻入大米内部，又不能多至使其在大米内部发生糖化和酒化作用，从而得到色红心实的红曲。这三点加上对温度的严格控制方法足以体现当时酒工的技巧和智慧。

红曲制备技术是在制曲实践中发明的，所以红曲首先被应用于酿酒。福建老酒顺应而生。它选用优质糯米为原料，采用著名的古田红曲和白曲（使用了 60 余种中药材）做糖化发酵剂。多在冬至时开始酿造，低温发酵 120 天左右，再进行压榨，酒液经过热煎灭菌后，再灌入酒坛密封陈酿 2 ～ 3 年。最后再勾兑成酒度约在 15 度的产品。

福建老酒呈黄褐色，鲜亮透明，色泽艳丽，独具浓郁醇香，口感醇和爽口，饮后余味绵长。由于使用的是红曲，其风格明显有别于绍兴黄酒。作为有特殊风味的半甜型黄酒，在历届全国评酒会上都获优质奖或金杯奖。

日本的清酒和朝鲜的米酒

中国的酿造技艺对周边国家和民族产生了深刻的影响，不妨看看日本的清酒和朝鲜的米酒就可知一二。日本传统酒有三类，一是传统清酒，它与中国黄酒一样都是用谷物（大米）为原料，以曲和酒母为发酵剂，进行多酶多霉的并行复式发酵而生产的发酵原汁酒。二是将清酒蒸馏而得的烧酒。三是在酿造酒或蒸馏酒里浸泡草根树皮、果实、香辛料等而得的混成酒，称为味淋酒，在西方属利口酒，相当于中国的露酒。日本的梅酒是常见的味淋酒。当今日本的清酒为了改善口感，提高醇度，往往在酿造米酒中加入定量的酿造酒精（即烧酒），从而创制出新酒品，例如味酿酒、大吟酿酒、本酿造酒等。

日本的坛装清酒

日本的瓶装清酒

日本的酿造史专家都认为，水稻的种植是从中国传过来的，所以酿酒技术也传自中国。日本人用大米酿酒开始于公元前300年的弥生前期（相当于中国春秋战国后期），约比中国晚了两千年。日本当时的酿酒方法是用加热过的谷粒中添加长了霉的“粒麴”共同发酵而得酒醪。这方法显然来自中国。而在当时，中国已迅速地用块曲取代散麴，在许多地区较多地采用粉碎成粗粉状的大麦、小麦作为制曲的主要原料，在南方一些地区则采用生米粉为原料制作饼曲。日本当时没有麦类，故一直沿用这种“粒麴”。这就是说日本将中国传过来的酿酒技术保持原样地传承下来，并作为日本独有的方法留下了历史的印迹。古代日本的酒几乎都是“浊酒”，尽管也有文献记载人们曾采用粗布来过滤发醪液而获得“净酒”，但是由于酒醪中含有较多的糊精难以过滤干净而往往作罢。

随着稻作在日本的普及

和发展，酿酒业获得迅速的成长，酿酒技术在接受中国影响的同时，日本人也根据自己的环境条件不断地创新发展。约在奈良时期（公元710 ~ 784年），为了满足皇室对酒的大量需求，皇宫里就设有较大的作坊：造酒司。据10世纪一本《延喜式》的书记载，当时“造酒司”每年要生产约5400升的酒。这些“御酒”的生产方法是将酒醪过滤后的酒里再添加蒸米与曲，让它再次发酵，这样反复操作4次做出来的酒就较浓厚。这种酒就类似于中国汉代皇宫饮用的“酎”酒。后来发现用醪液重复发酵，由于在过滤中易混入杂菌引起发酵醪的酸败，遂改为醪液不过滤而直接添加蒸米、曲及熟水，形成“三段投料”酿酒法。这种酿酒技术就接近于曹操推荐的“九酝春酒法”。

现行的日本清酒“三段投料”工艺约在16世纪（相当于中国明代中后期）确立。其工艺流程如下：

曲

↓

糙米→精米→蒸饭→醪→发酵→压榨→加热→储藏→过滤→装瓶→清酒

↑

酒母

将这工艺与宋代《北山酒经》的技艺相对照，可以明显地看出中国黄酒技术的影响。日本人要求将糙米加工成精米，是考虑到糙米的外层含较多的蛋白质、脂肪及维生素和灰分，它们在发酵中的生化反应会影响成品酒的香味和色泽，故要求原料米的精米率较高。酿造中使用的曲是以大米为原料，蒸米后接种种曲让曲菌繁殖而成，主要的菌种是纯种培养的米曲霉。在发酵开始后，需要大量的乳酸抑制杂菌的产生，这就是加入含有大量乳酸菌和纯酵母的酒母，酒母由发酵醪制成。正是上述技术上的取向差别，加上从原料到糖化曲、发酵剂及生态环境的不同，造就了不同的菌系在发酵中的关键作用，从而使日本清酒具有晶莹透明、香气幽雅、柔和细腻、协调爽适的独特口味和风格。用现代测试手段，可知日本清酒包含有240多种物质成分，与中国黄酒有许多相似之处，但是较比风味物质的总量还是少于黄酒。

朝鲜的米酒酿造技艺也来自中国的黄酒工艺。例如在黑龙江省海

朝鲜米酒

林县生产的著名的响水米酒，就是典型的朝鲜米酒。也可以说是居住在中国东北和朝鲜半岛上朝鲜民族的传统饮用酒。这种酒由于用晶莹透亮的优质东北大米为原料，在北方气温较低的环境中经较长时间的发酵，产出的酒有着与绍兴黄酒为代表的南方黄酒不同的韵味，与黏黄米为原料的北方黄酒也不同，很受欢迎。是中国黄酒中一朵奇葩。朝鲜烧酒就是由朝鲜米酒蒸馏而得，在香味口感上接近中国南方的米香型蒸馏酒。

第七章

回味无穷的果露酒、药酒

中国果露酒

以水果或果汁为主要原料而酿造出来的原汁发酵酒统称为果酒。那些用酒和花木香草浸泡或共同发酵而得的酿造酒称之为露酒。葡萄酒是大家熟知的果酒，因其在果酒中的重要地位，在下一节有详细论述。在古代中国，除了葡萄酒外，苏轼介绍过的黄柑酒，李纲品饮过的椰子酒，还有百姓家偶尔制得的梨酒、枣酒等都属于果酒。由于本草学的发展，人们试图通过某些药材香料来改善谷物酒的风味，甚至达到健身强体的效用，从而配制生产了许多露酒。

许多水果都可以酿制酒，古人早有认识。根据古籍记载，我国先民曾酿制过枣酒、甘蔗酒、荔枝酒、黄柑酒、椰子酒、梨酒、石榴酒等。例如苏轼在其好友赵德麟家曾品尝过安定郡王（赵德麟的伯父）家酿的黄柑酒，赞不绝口，为此曾赋诗一首。诗之引言写道："安定郡王以黄柑酿酒，谓之洞庭春色，色香味三绝。"诗文赞美黄柑酒，认为它赛过了当时的葡萄酒。可惜苏轼仅仅只是品尝，并未亲自酿制，所以他不知道这种酒的酿制方法，也就没有记录下来。

南宋初年抗金名将李纲曾被诬流放海南，他饮了当地的椰子酒后，赞美道："酿阴阳之氤氲，蓄雨露之清泚。不假曲蘖，作成芳美。流糟粕之精英，杂羔豚之乳髓。何烦九酝，宛同五齐。资达人之嗽吮，有君子之多旨。穆生对而欣然，杜康尝而愕尔，谢凉州之葡萄，笑渊明之秫米，气盎盎而春和，色温温而玉粹。"由这段介绍，可知当时酿造椰子酒不需曲蘖，当是采用自然发酵。

南宋人周密在其《癸辛杂识》中曾记载了自然发酵而成的梨酒，其内容如下：

"仲宾云：向其家有梨园，其树之大者，每株收梨二车。忽一岁盛生，触处皆然，数倍常年，以此不可售，甚至用以饲猪，其贱可知。有谓山梨者，味极佳，意颇惜之，漫用大瓮，储数百枚，以缶盖而泥其口，意欲久藏，旋取食之，久则忘之。及半岁后，因至园中，忽闻酒气熏人，疑守舍者酿熟，因索之，则无有也。因启观所藏梨，则化之为水，清冷可爱，湛然甘美，真佳酿也。饮之辄醉。回回国葡萄酒，止用葡萄酿之，初不杂以他物。始知梨可酿，前所未闻也。”可见梨酒的酿制是自然发酵。只能是偶尔为之，因为香甜的梨鲜吃尚不够。

明人谢肇淛在《五杂俎·论酒》中说：“北方有葡萄酒、梨酒、枣酒、马奶酒，南方有蜜酒、树汁酒、椰浆酒。《酉阳杂俎》载有青田酒，此皆不用曲糵，自然而成者，亦能醉人，良可怪也。”这段记载大概也只是当时果酒生产的部分情况。可见明代各地生产的果酒，已呈百果齐酿的局面。但由于黄酒的盛产和受欢迎，可用于酿酒的水果品种少、产量低，果酒在市场上总体仍显得比较罕见。

先秦时期的鬯就是最早的露酒。汉代张华《博物志》（公元290年）里讲了一个故事：在一个霜寒雾起的早晨，有三个长途跋涉之人。第一个人因食品和饮料都没有了，最先被饿死；第二个人只剩一点食物，因变幻莫测的天气而得病，也死了；第三个人因带有充足的酒，路上平安无事。这个故事情节凸显的是酒比食物要重要，酒既是粮又是药。这也是班固在《前汉书》中说“酒是百药之长”的根据之一。在古代，许多露酒都被看作是药酒，而按现在的药酒定义，露酒与药酒还是有着严格的界限。只有明确的医疗效果的配制露酒（经严格的临床检验）才算作药酒，而那些只是一般滋补营养或改善体力的露酒只能称作滋补健身酒。在中国历史上名气较大的露酒有桂花酒、菊花酒、竹叶酒等。

香甜的桂花酒

在医食同源的思想影响下，我国古代的先民不仅采用部分果品酿酒，还常采撷某些植物的花、叶甚至根茎配入粮食中同酿，制成各有独特风味的露酒。先秦时期的鬯就是用黑黍为原料添加了郁金香草共同酿成的，这酒带有明显的药香味。此后人们正是因为欣赏某种花叶的香味或某种药物的口味而配制了众多的露酒。

桂花酒

在古代，被人们称之为桂酒的，至少有两种。一种是由桂花浸制或熏制而成的桂花酒。我国是桂花树的原产地，栽培历史已有2500余年。馥郁香甜的桂花深受人们喜爱，约在春秋战国时期，人们已将它浸泡于酒中以成桂酒。屈原的《楚辞·九歌·东皇太上》中就有"蕙肴蒸兮兰藉，奠桂酒兮椒浆"的歌词。《汉书·礼乐志·郊祀歌》中有"牲茧栗，粢盛香，尊桂酒，宾八乡"的歌句。可见桂酒已是当时奠祀上天，款待宾客的美酒。至明代时仍普遍采用熏浸法。明初刘基的《多能鄙事》讲解甚明："花香酒法：凡有香之花，木香、荼蘼、桂、菊之类皆可摘下晒干，每清酒一斗，用花头二两，生绢袋盛，悬于酒面，离约一指许，密封瓶口，经宿去花，其酒即作花香，甚美。"

另一种桂酒是采用木桂、菌桂、牡桂等泡浸或将谷类与诸桂合曲发酵而成。宋代苏轼对这种桂酒颇有研究。不仅喝过，还亲自酿制过。在《桂酒颂》并叙中写道：

> 《礼》曰："丧有疾，饮酒食肉，必有草木之滋焉。姜桂之谓也。"古者非丧食，不彻姜桂。《楚辞》曰："奠桂酒兮椒浆。"是桂可以为酒也。《本草》："桂有小毒，而菌桂、牡桂皆无毒，大略皆主温中，利肝腑气，杀三虫，轻身坚骨，养神发色，使常如童子，疗心腹冷疾，为百药先，无所畏。陶隐居云，《仙经》，服三桂，以葱涕合云母，蒸为水。而孙思邈亦云：久服，可行水上。此轻身之效也。吾谪居海上，法当数饮酒以御瘴，而岭南无酒禁。有隐者，以桂酒方授吾，酿成而玉色，香味超然，非人间物也。"

据此可以判定苏轼所酿的桂酒，采用的是木桂、菌桂、牡桂、肉桂等药材。自言方法来自当时南方的一种酿酒秘方。这种酒不仅香美醇厚，还有一定的滋补御瘴的药用功能。但很遗憾，他没有记述下这种桂酒的制法，既言"酿成"，可能是通过了曲的发酵。宋人叶梦得在其《避暑录话》中写道：

> "（苏轼）在惠州作桂酒，尝谓其二子迈、过云，亦一试而止，大抵气味似屠苏酒……刘禹锡'传信方'有桂浆法。善造者，暑月极快美。凡酒用药，未有不夺其味，况桂之烈。楚

人所谓桂酒椒浆者，安知其为美酒，但土俗所尚。今欲因其名以求美，迹过矣。”

由此可知，苏轼在惠州酿制的桂酒，口味与当时的屠苏酒相似。屠苏酒是汉代以后一种较流行的低酒度药用酒，传说它是东汉后期名医华佗发明的，由多种草药浸泡在酒中制成的。正如窦苹所云：“今人元日饮屠苏酒，云可以辟瘟气。”其准确的配方随着时代的变迁而有所改变，甚至各地的配方都不同。李时珍在《本草纲目》中的配方是由以下几味药组成：大黄、桂枝、桔梗、防风、蜀椒、菝葜、乌头、红小豆。桂酒必定像屠苏酒一样，具有浓烈的药味。苏轼后来酿制桂酒时，又写了一首诗《新酿桂酒》：“捣香筛辣并入盆，盎盎春溪带雨浑。收拾小山藏社瓮，招呼明月到芳樽。酒材已遣门生致，菜把仍叨地主恩。烂煮葵羹斟桂醑，风流可惜在蛮村。”这种桂醑大约是将木桂等药材合米、酒曲一起入瓮共同发酵酿造的。

清醇的竹叶酒

竹叶酒又叫作竹酒、竹叶青酒。早在西晋时，张华在其《轻薄篇》中就写道：“苍梧竹叶青，宜城九酝酒。”晋人张协在其《七命》中写道：“乃有荆南乌程，豫北竹叶。浮蚁星沸，飞华萍接。元石尝其味，仪氏进其法。倾罍一朝，可以沉湎千日。单醪投川，可使三军告捷。”这里的竹叶青、九酝酒、乌程、竹叶均指当时的名酒。此后众多文人笔

竹叶酒

下不断提到竹酒、竹叶酒，例如萧纲云："兰羞荐俎，竹酒澄芳。"庾信云："三春竹叶酒，一曲鹍鸡弦。"杜甫诗云："崖密松花熟，山杯竹叶青。"特别是在宋代，许多地方都酿制竹叶酒，其中产于杭州、成都、泉州的竹叶青都很有名。古时，各地的竹叶酒不仅酒基不同，而且酿制方法也各有特色。最初的方法可能只是在酒液中浸泡嫩竹叶以取其淡绿清香的色味。后来在中国传统医药的影响下，人们又添加了其他一些药材。当蒸馏酒大量生产后，人们又改用白酒代替黄酒为酒基来生产竹叶青。近代绍兴生产的竹叶青就是继承了前一种传统，山西汾阳杏花村汾酒厂生产的竹叶青则是发扬后一种传统。《本草纲目》所载的竹叶酒制法是："淡竹叶煎汁，如常酿酒饮。"即将淡竹叶水煎取汁，加入适量米、曲同酿而成。李时珍记载的这种竹叶酒据说有"治诸风热病，清心畅意"之功效。

敬老的菊花酒

古代饮用菊花酒有悠久的历史，更不乏赞颂、歌咏菊花酒的诗文。晋代陶潜云："往燕无遗影，来雁有余声。酒能祛百虑，菊解制颓龄。"唐代郭元震诗云："辟恶茱萸囊，延寿菊花酒。"唐代孟浩然诗云："开轩面场圃，把酒话桑麻。待到重阳日，还来就菊花。"唐代白居易诗云：

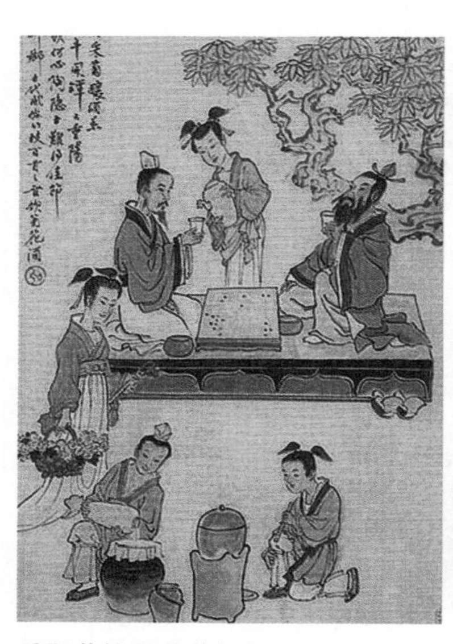

重阳节饮用菊花酒图

明清宫廷传承下来的御酒：菊花白

“待到菊黄家酿熟，与君一醉一陶然。”宋代陆游诗云：“采菊泛觞终觉懒，不妨闲卧下疏帘。”可见菊花酒是人们喜爱的一种美酒。最早记载菊花酒的是6世纪中叶的《西京杂记》：“（汉高祖时）九月九日佩茱萸、食蓬饵、饮菊花酒，令人长寿。”又说：“菊花舒时并采茎叶杂黍米酿之，来年九月九日始熟，就饮焉，故谓之菊花酒。”南宋人吴自牧《梦粱录》也记载说：“今世人以菊花、茱萸浮于酒饮之，盖茱萸名‘辟邪瓮’，菊花为‘延寿客’，故假此两物服之，以消阳九之厄。”《本草纲目》记载：“菊花酒，治头风，明耳目，去痿痹，消百病。用甘菊花煎汁，用曲、米酿酒。”由以上记载可知菊花酒是人们常饮的一种有一定药效的露酒。其具体制法与竹叶酒相同。明清两朝，菊花酒被选为宫廷御用酒，特别是在清朝，“定制供奉内造上用”的，以多次蒸馏净化的白酒为酒基的菊花酒（通常称其为菊花白），深受皇帝及嫔妃的喜爱。这种御用酒不仅有一个由太医院御医们精心琢磨出来的配方，以几十味上品养命之药组成，药材来源极为讲究，例如，必需选用浙江桐乡产的优质杭白菊、宁夏宁安产的上等枸杞、吉林抚松产的人参及沙捞越的沉香……其酿造工艺也特别精致，例如其基酒就是将清香型高粱白酒反复蒸馏三次而十分纯净。蒸酒、蒸菊、蒸药材，取其净露，聚菊香、酒香、药香溶融而成。

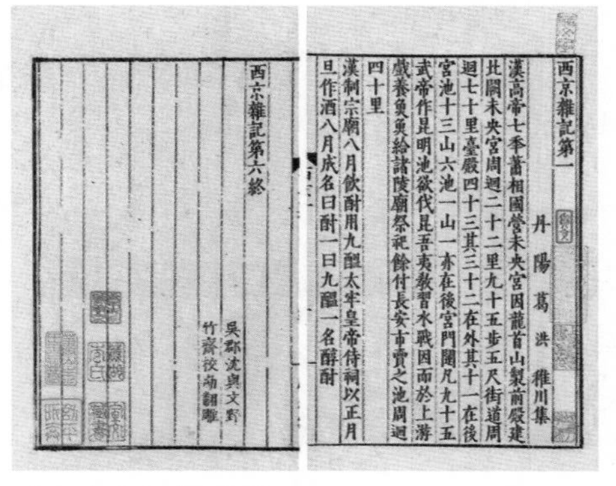
西京雜記第一　丹陽葛洪稚川集
漢高帝七季蕭相國營未央宮因龍首山製前殿建北闕未央宮周迴二十二里九十五步五尺街道周迴七十里臺殿四十三其三十二在外其十一在後宮池十三山六池一山一亦在後宮門闥凡九十五
武帝作昆明池欲伐昆吾夷教習水戰因而於上游戲養魚魚給諸陵廟祭祀餘付長安市賣之池周迴四十里
漢制宗廟八月飲酎用九醖太牢皇帝侍祠以正月旦作酒八月成名曰酎一曰九醖一名醇酎

西京雜記第六終
吳郡沈與文野竹齋校勘雕

《西京杂记》书影

明代冯梦祯的《快雪堂漫录》中记有茉莉酒，其制法是采摘茉莉花数十朵，用线系住花蒂，悬在酒瓶中，距酒一指许处，封固瓶口，“旬日香透矣”。这种熏制法与窨制茉莉花茶的方法十分相近。

古籍中还记载了椰花酒、菖蒲酒、蔷薇酒等众多以花、叶、根为香料的露酒，其制法也大致相同，这里就不一一赘述。这类露酒不仅风味各异，而且大多有滋补强身的功效，所以人们常把它们划入滋补酒或药酒之列。

滋补的蜂蜜酒

蜂蜜酒

蜂蜜酒又称为蜜酒，是以蜂蜜为原料经发酵酿制的酒。因蜜蜂口中含有转化酶可以水解蔗糖，转化它为葡萄糖和果糖的混合物，所以蜂蜜可作为酿酒的原料。古往今来，蜜酒的酿制在欧洲、非洲许多国家十分流行，方法很多，品种丰富。蜜酒的酿制在中国也有悠久的历史。传说中，蜜酒最早见于周幽王的宫宴上。古籍中有不少关于用蜂蜜来腌制果品、加工药品的记载，甚至有用蜂蜜来制醋的记载。例如《齐民要术》（卷八）“作酢法”中有“蜜苦酒法：水一石、蜜一斗，搅使调和。密盖瓮口，着日中，二十日可熟也”。酢和苦酒都是指醋。由蜂蜜酿成了醋，很可能是因为原先用蜂蜜自然发酵制酒，但未能有效地避免醋酸菌，未能严格控温，结果酿出的蜜酒味道不佳，或竟酿成了醋，所以蜜酒的酿造有一定难度，未能推广普及，因此有关的史料比较少见。早到唐代才有蜂蜜酒的记载，例如《新修本草》（659 年）讲述蜂蜜可不用曲发酵成酒。又例《食疗本草》（670 年）讲蜜酒对治疗皮肤溃烂有益。唯有苏轼记载最详，因为他亲自酿制过蜜酒。元丰三年（1080 年）苏轼因乌台诗案（“乌台诗案”是北宋一场有名的文字狱，苏轼因写诗讥讽时政和新法而被下狱，几乎被杀）被贬官黄州（今湖北黄冈）。在黄州他不仅躬亲农事，还亲自酿酒。一位来自四川绵竹武都的道士杨世昌路过黄州，苏轼从他那里得到蜜酒的酿造法，并做了酿造蜜酒的试验。对此苏轼作了题为“蜜酒歌”的诗。

“西蜀道士杨世昌，善作蜜酒，绝醇酽。余既得其方，作此歌以遗之：

真珠为浆玉为醴，六月田夫汗流泚。不如春瓮自生香，蜂为耕耘花作米。一日小沸鱼吐沫，二日眩转清光活，三日开瓮香满城，快泻银瓶不须拔。百钱一斗浓无声，甘露微浊醍醐清，

君不见南园采花蜂似雨。天教酿酒醉先生。先生年来穷到骨，

问人乞米何曾得，世间万事真悠悠，蜜蜂大胜监河侯。”

这首诗既描述了蜜酒的酿造过程，又抒发了作者虽穷困但有骨气的生活情操；不仅赞颂了蜜蜂的辛勤劳动，也赞美了蜜酒的香醇。诗中所描述的“一日小沸鱼吐沫，二日眩转清光活，三日开瓮香满城”，实际上就是他酿制密酒的观察记录。

关于当时蜜酒的酿制法，曾有流传。南宋人张邦基在其《墨庄漫录》中写道：

“东坡性喜饮，而饮亦不多。在黄州，尝以蜜为酿，又作蜜酒歌，人罕传其法。每蜜用四斤，炼熟，入熟汤相搅，成一斗，入好面曲二两、南方白酒饼子米曲一两半，捣细，生绢袋盛，都置一器中，密封之。大暑中冷下；稍凉温下，天冷即热下。一二即沸，又数日沸定，酒即清可饮。初全带蜜味，澄之半月，浑是佳酎。方沸时，又炼蜜半斤，冷投之，尤妙。予尝试为之，味甜如醇醪，善饮之人，恐非其好也。”

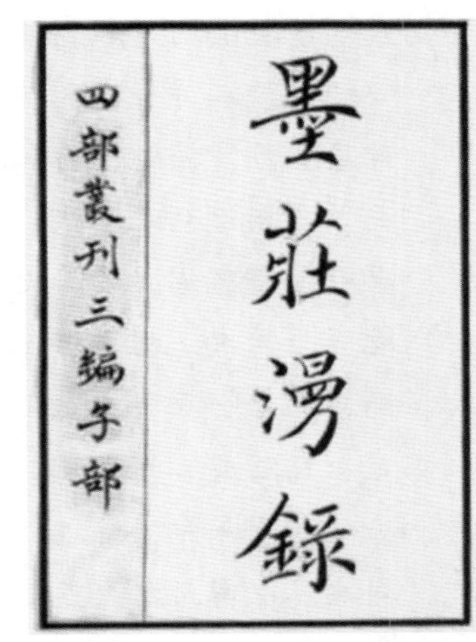

《墨庄漫录》书影

据此介绍，这种蜜酒的酿造法是可行的，张邦基也成功地酿制了蜜酒。其酿制法虽然并不复杂，但是工艺中对温度控制的要求却不能疏忽。据今科学研究，温度若超过30℃，蜜水极易酸败变味；若发酵不完全，又往往会有令人不快的口感。因此苏轼在黄州酿制蜜酒并不顺利。宋代叶梦得的《避暑录话》记载了一则后人的评论谓：“苏子瞻在黄州作蜜酒，不甚佳，饮者辄暴下，蜜水腐败者尔。尝一试之，后不复作。”在当时人们不可能了解微生物在酿造中的作用，虽然凭经验知道，在酿制中容器要洁净，水要熟冷，但对温度稍高易引起蜜水腐败就缺乏了解，重视不够，结果酿出的酒往往变质变酸。苏轼遇到的挫折是可以理解的。

由于苏轼的介绍，“蜜酒方”引起人们注目。苏轼之后的李保在其

《续北山酒经》中，就把“蜜酒方”列为酿法之一。元代宋伯仁也把“杨世昌蜜酒”列入名酒之列。明代卢和在《食物本草》中说：“蜜酒，孙真人（指唐代药王孙思邈）曰治风疹风癣。用沙蜜一斤，糯饭一升，面曲五两，熟水五升，同入瓶内，封七日成酒，寻常以蜜入酒代之亦良。”这段记载申明，传说唐代孙思邈时已采用蜜酒治病，可见蜜酒在唐代早已有之。据推测，蜜酒方当时大概主要在炼丹家或医药家中间流传，直到经苏轼宣扬，才在民间传播开来。而且到了明代，蜜酒的酿造，也和其他果酒一样，在酿造中常加入糯饭，而且也常添加酒曲。例如据传为明初人刘基所撰的《多能鄙事》中就记录了三种蜜酒方。

“蜜二斤，以水一斗慢火熬百沸，鸡羽掠去沫，再熬再掠，沫尽为度。桂心、胡椒、良姜、红豆、缩砂仁各等分，为细末。先于器内下药末八钱，次下干面末四两，后下蜜水，用油纸封，箬叶七重密固，冬二七日，春秋十日，夏七日熟。蜜四斤，水九升，同煮。掠去浮沫，夏候冷，冬微温，入曲末四两，酵一两，脑子一豆大，纸七重掩之，以大针刺十孔，则去纸一重，至七日酒成。用木搁起，勿令近地气。冬日以微火温之，勿冷冻。沙蜜一斤，炼过；糯米一升蒸饭，以水五升、白曲四两，同入器中密封之。五七日可漉，极醇美。”

后来的《饮撰服食笺》（1591年）也记叙了蜜酒方：“用蜜三斤、水一斗，同煎，入瓶内候温，入曲末二两，湿纸封口放净处。春秋五日、夏三日、冬七日，自然成酒，且佳。”这些酿造蜜酒的方法，不仅加了曲末，有的还加了辛辣料，肯定会影响蜜酒的口味。特别是用沙蜜和糯米饭共酿，在这里蜂蜜成了辅料，得到的蜜酒实则是黄酒。

波兰生产的蜂蜜酒

总之，在中国古代蜜酒从来没有获得充分的发展。直到近代，人们在认识到发酵的机理后，才掌握好蜂蜜酒的制造。酿制蜜酒的工序大致成熟：将1公斤的蜂蜜放入清洁的坛中，冲入2 ~ 2.5公斤的开水，搅拌至蜂蜜完全溶解。待蜜水温度降至 24℃ ~ 26℃时，将麦曲和白酒药各 50 ~ 100 克研成细粉，在不断搅拌下加入，然后用木板或厚纸盖好坛口，使发酵醪温度保持 27℃ ~ 30℃。夏季经一周，春秋 2 ~ 3 周，冬季一个多月，即可完成发酵。再将坛口封好，放在 15℃ ~ 20℃的室内，经过 2 ~ 3 个月的后发酵，酒即成。清液可直接饮用，混酒需过滤，贮藏或瓶装均须加热灭菌处理并密封。由此可见这种方法与苏轼当年的方法仍很接近，但务必要注意封闭、灭菌、控温等工艺要求。

蜂蜜酒在欧洲是最古老的饮品酒，由于蜂蜜来之不易，故此蜂蜜酒比葡萄酒、啤酒珍贵。酿制工艺传承千年至今，已成为许多民族的精品，由于采用了微生物发酵技术，既保留着蜂蜜的营养成分，又大幅度地增加氨基酸、维生素等养生元素的含量，从而具有独特的保健功效。色泽清澈，口味醇香，营养丰富的蜂蜜酒被人们誉为“上帝的饮料”。

葡萄美酒夜光杯

葡萄酒是以葡萄为原料，通过酵母菌的作用使其果汁内所含的葡萄糖、果糖转化为乙醇而酿成的酒。葡萄酒在许多人的印象中，似乎在近代才从国外引进。其实不然，我国先民很早就掌握了葡萄的栽培和葡萄酒的酿造。世界上抗病的原生葡萄有 27 种，我国就有 6 种，葡萄属的野生葡萄分布在大江南北，古书曾称之为“葛藟”“蘡薁”。《诗经 · 豳风七月》中就有“六月食郁及薁”的歌词。郁即山楂，薁即山葡萄。野

葡萄园

生葡萄与栽培葡萄在植株形态上无明显差异。明代朱橚的《救荒本草》说："野葡萄，俗名烟黑，生荒野中，今处处有之，茎叶及实俱似家葡萄，但皆细小，实亦稀疏味酸，救荒采葡萄颗紫熟者食之，亦中酿酒饮。"李时珍的《本草纲目》也说："蘡薁野生林墅间，亦可插植。蔓、叶、花、实与葡萄无异，其实小而圆，色不甚紫也，诗云'六月食蘡'即此。"可见人们在闹饥荒的时节，曾时常到灌木丛林中去采集它，用以充饥。由于葡萄能自然发酵成酒，所以人们采集它并酿成酒并不是件复杂的事，只是这种野生葡萄酿制成的酒，口味究竟怎样，就不得而知了。《神农本草经》记载说："葡萄味甘平，主筋骨湿痹，益气，倍力强志，令人肥健耐饥，忍风寒，久食轻身不老延年。可作酒，生山谷。"陶弘景辑录的《名医别录》说它"生陇西、五原、敦煌"，这就进一步证实先民很早就知道葡萄可以酿酒了。但是，由于葡萄品种等因素，当时酿出的酒似乎口味不太好，未受到欢迎和重视。

汉代张骞的第一次引进

葡萄的栽培和利用在地中海沿岸和里海地区至少已有四五千年的历史。根据考古学家的研究，葡萄在2000多年前已广泛地分布在中东、中亚、南高加索和北非广大地区。据新疆地区的民间传说，早在2000年以前，当时吐鲁番三堡的底开以努斯国的国王曾派使臣到大食国（今阿拉伯国家）以重金购买优质的葡萄种，在今吐鲁番地区种植，所以《史记·大宛列传》记载："宛左右以蒲萄为酒，富人藏酒万余石，久者数十岁不败。"又说，"汉使取其实来，于是天子始种苜宿、蒲萄（于）肥浇地。"这些汉使即是以公元前138年出使西域的张骞为始。《史记》成书于公元前91年的西汉中期，作者司马迁亲身经历了张骞及其以后的使者们出使西域的这段历史，并在朝廷中为太史令，所

张骞

以《史记》的这项记载是可信的。它至少说明两点：①中亚古国大宛（今塔什干一带）等国及新疆地区早在公元前 2 世纪已广种葡萄，并有酿造葡萄酒的丰富经验。②由于张骞等的努力，使良种葡萄和优质葡萄酒的酿造技术在汉代时传播到了我国中原地区。在汉武帝的上林苑就把葡萄列为奇卉异果，收获的葡萄作为珍品供皇家享用。

三国时期，魏文帝曹丕对葡萄和葡萄酒倍加赞赏，他在《诏群臣》中说："蒲桃当夏末涉秋，尚有余暑，醉酒宿醒，掩露而食，甘而不饴，酸而不酢，冷而不寒，味长汁多，除烦解渴。又酿为酒，甘于曲糵，善醉而易醒。道之固以流涎咽唾，况亲食之耶，他方之果，宁有匹之者乎？"掩露即带有露珠之意，能"掩露而食"的葡萄，应当是很新鲜的葡萄。依当时的交通条件，不太可能从西域、乌孙运来，当是中原地区自产的。据传，当时洛阳城外许多地方都种植了葡萄，尤以白马寺佛塔前的葡萄长得格外繁盛，"枝叶繁衍，子实甚大，李林实重七斤，葡萄实伟于枣，味并殊美，冠于中京"。据曹丕的话，当时曾采集这类葡萄用来酿酒已是事实。问题是当时葡萄的产地、产量都有限，美味的葡萄鲜吃尚嫌不足，更难以大量用于酿酒。当时皇家贵族饮用的葡萄酒很可能主要是依靠从西域运进，昂贵的运费是可以想象的，所以葡萄酒当是很珍贵的。难怪东汉时，扶风孟池送张让葡萄一斛，便得到凉州刺史的职位。据《北齐书》记载：李元忠"曾贡世宗蒲桃一盘，世宗报以百练缣"。

唐代的葡萄美酒

唐代是中国葡萄、葡萄酒发展的一个重要时期。公元 640 年，唐太宗命侯君集率兵平定了高昌（今吐鲁番）。高昌以盛产葡萄而著称。《册府元龟》、《唐书》和《太平御览》都记载："及破高昌，收马乳蒲桃实于苑中种之，并得其酒法。帝自损益，造酒成，凡有八色，芳辛酷烈，味兼醍盎。既颁赐群臣，京师始识其味。"这段记载清楚地叙述了侯君集把马奶葡萄种带回长安，唐太宗把它种植在御苑里；同时学习到其先进的酿葡萄酒法，试酿成功，并曾用这种自酿的上品葡萄酒赏赐群臣。这项记载还表明，当时即使在京师，饮用优等葡萄酒仍是难得。唐初勋臣魏征也曾酿出很好的葡萄酒，特取名为"醽醁"和"翠涛"。唐太宗李世民亲自写诗赞美说："醽醁胜兰生，翠涛过

马奶葡萄

玉薤；千日醉不醒，十年味不败。”传说兰生为汉武帝的旨酒，翠涛为隋炀帝时酿造的美酒。魏征家酿成的葡萄酒赛过了历史名酒。

高昌马奶葡萄（一种优质葡萄品种）引入中原，增加了内地栽培葡萄的品种，葡萄的栽培地域有了新的发展。对此，唐代的文献和唐人的诗歌都有很多记载。例如刘禹锡（772 ~ 842 年）写道：“自言我晋人，种此如种玉。酿之成美酒，令人饮不足。”唐人李肇所撰《国史补》还把葡萄列为四川第五大水果。葡萄种植地区已从西北、华北向南移植，甚至扩大到岭南地区。岑参（716 ~ 770 年）的诗就写道：“桂林蒲桃新吐蔓，武城刺蜜未可餐。”桂林都种植有葡萄。葡萄的大量种植，自然促进葡萄酒的酿造。当时山西、河北生产的葡萄干和葡萄酒也成为太原府的土贡之一。诗人李白在《襄阳歌》中就写道：“葡萄酒，金匹罗，吴姬十五细马驮。”王翰在《凉州词》中写的“葡萄美酒夜光杯，欲饮琵琶马上催”。这些诗句都反映了当时的葡萄酒饮用已较前普及。关于这一时期葡萄酒的酿造方法，史料不多。根据《新修本草》的记载：“酒，有蒲桃、秫、黍、粳、粟、曲、蜜等。作酒醴以曲为；而蒲桃、蜜等独不用曲。”表明此时葡萄酒的主要酿制法是依据从高昌传进来的自然发酵法。唐诗中描写的葡萄酒一般都是红色，也证明了这一点。

由于原料的珍贵和匮缺，或由于传统酿酒工艺对曲的倚重所造成的影响，导致葡萄酒的酿制方法在中原地区传播的过程中逐步发生了歧变。宋代酿酒专家朱肱所介绍的葡萄酒法已是利用曲的酿造法：“酸米入甑蒸，气上。用杏仁五两（去皮尖），蒲桃二斤半（浴过，干去子、皮）与杏仁同于砂盆内一处用熟浆三斗，逐旋研尽为度。以生绢滤过。其三斗熟浆泼饭软盖良久，出饭摊于案上，依常法候温，入曲搜（溲）拌。”

明代人高濂介绍的葡萄酒法则是“用葡萄子，取汁一斗，用曲四两，搅匀，入瓮中，封口，自然成酒，更有异香”。由此可见，葡萄酒的酿制方法在宋代已有三种。

一是苏敬记载的自然发酵法，这种方法可能由于天然酵母菌未经驯化，或常有杂菌引入，发酵过程难以掌握，酿成的酒质量不稳定，未必醇美。

二是朱肱记载的葡萄与粮食的混酿法，这种方法所酿成的葡萄酒，已完全改变了葡萄酒所具有的独特风味，口感也未必好，喝这样的葡萄酒未必比喝纯正的黄酒更好。金人元好问就曾提到：

> “刘邓州光甫为予言：吾安邑多蒲桃，而人不知有酿酒法。少日，尝与故人许仲祥，摘其实并米饮之。酿虽成，而古人所谓甘而不饴，冷而不寒者，固已失之矣。贞祐中，邻里一民家，避寇自山中归，见竹器所贮蒲桃，在空盎上者，枝蒂已干，而汁流盎中，熏然有酒气。饮之，良酒也。盖久而腐败，自然成酒耳。”“世无此酒久矣。予亦尝见还自西域者云，大食人绞蒲桃浆，封而埋之，未几成酒，愈久者愈佳，有藏至千斛者。其说正与此合。物无大小，显晦自有时，决非偶然者。夫得之数百年之后，而证之数万里之远。”

元好问的叙述，了解到当时人们若采用葡萄与米共酿，所得之酒不伦不类，口感欠佳，反而那种自然发酵而成的葡萄酒，其味接近于西域传进的，口味较好。这表明葡萄酒技术的发展在中原个别地区曾走过一段弯路。

元好问

三是高濂所记录的葡萄酒汁加曲发酵法，虽然与上述两种方法不同，它以曲代替了天然酵母，却是一个败局。因葡萄酒的发酵仅需优质、纯净的酵母菌，由曲中引进霉菌，正如画蛇添足一样，完全改变了发酵酒化的菌系，得到的产品还能算葡萄酒吗？近代的葡萄酒酿制法就是采用在葡萄汁或破碎葡萄中加入经长期筛选和人工培养的酵母来发酵酿成。很可惜，中国古代上述酿葡萄酒法都没有讲到对温度的控制，实际上在葡萄酒的酿造过程中控制温度十分关键。

元朝奉为“法酒”的葡萄烧酒

元代是中原地区葡萄酒酿造技艺发展的又一个重要时期。蒙古人曾长期在北方寒冷地域中过着游牧生活，出于生活需要和习俗使然，喝酒成为蒙古族的风尚。入主中原前他们主要喝马奶酒，那是一种将马奶装入皮囊中，待其自然发酵而生成的酒。西征和入主中原后，他们常喝的酒又增加了葡萄酒、米酒、蜜酒。当时蒙古权贵的生活中有三件大事：狩猎、饮宴和征战。重大决策都是在宴会中议定，宴会当然离不开喝酒，因此酒的地位被提得很高。其时，他们最推崇的酒是马奶酒和葡萄酒。据《元史》记载：“至元十三年（1276）九月己亥，享于太庙，常馔外，益野豕、鹿、羊、蒲萄酒。”又记载，“十五年冬十日己未，享于太庙，常设牢礼外，益以羊、鹿、豕、蒲萄酒。”在祭祖时增加葡萄酒，反映了他们对葡萄酒的器重。元代在粮食不足时，曾发布过禁酒令，禁用粮食酿酒，但是葡萄酒则不在禁酿之列。因此，葡萄的栽培和葡萄酒的酿制都有了较大发展。这种发展必然会促进酿酒技艺的进步。最重要的成就要算葡萄烧酒（即今所谓白兰地酒）的制法被引进中原地区，从而也促进了蒸馏酒在中国的迅速推广。元人忽思慧在其《饮膳正要》中就说：“葡萄酒……酒有数等，有西番者，有哈剌火者，有平阳太原者，其味都不及哈剌火者，田地酒最佳。”李时珍在介绍葡萄酒时说：“葡萄酒有两样。酿成者味佳；有如烧酒法者有大毒。酿者，取汁同曲，如常酿糯米饭法。无汁，用于葡萄末

《饮膳正要》书影

亦可。魏文帝所谓葡萄酒，甘于曲米，醉而易醒者也。烧者，取葡萄数十斤，用大曲酿酢，取入甑蒸之，以器承其滴露，红色可爱。”这一介绍十分清楚，当时以葡萄为原料可以制取葡萄酒和葡萄烧酒。前者既可用葡萄汁，又可以葡萄末代替葡萄汁与曲混合如常酿糯米饭法酿制；后者则是将葡萄酿后入甑蒸馏，以器承其滴露，当是酒度较高的葡萄烧酒无疑。

百年张裕的一组历史画片

元明清时期，葡萄酒的酿制虽然有了一定的发展，但由于受到葡萄生长条件的限制，葡萄酒的发展不可能像谷物酿酒那样普遍。再者，人们采用上述果粮混酿法而生产的葡萄酒在口味上也难与传统的黄酒在市场上竞争，这就限制了葡萄酒的发展。当时，葡萄酒只有少部分人能享用，真正让较多的民众领略到葡萄酒的美味，应该说是到近代时才开始。1892 年，印度尼西亚华侨张弼士在山东烟台创办了中国第一座近代葡萄酒厂——张裕葡萄酿酒公司，结束了我国葡萄酒的手工作坊生产状况。他聘请了外国技师，引进世界上著名的酿酒葡萄的种苗，购置了当时先进的酿酒设备，终于在中国酿造出可跻身于世界一流的多种葡萄酒。1915 年张裕葡萄酿酒公司生产的干白葡萄酒“雷司令”、干红葡萄酒“解百纳”、甜型玫瑰香葡萄酒、“白兰地”、“味美思”等都获得了巴拿马国际博览会的金奖。张裕葡萄酿酒公司生产的葡萄酒不仅为国争了光，同时也为中国葡萄酒、果酒的生产发展做出了表率并积累了新的经验。从此中国葡萄酒、果酒的生产历史揭开了新的一页。

张裕公司的白兰地蒸馏车间

中国药酒

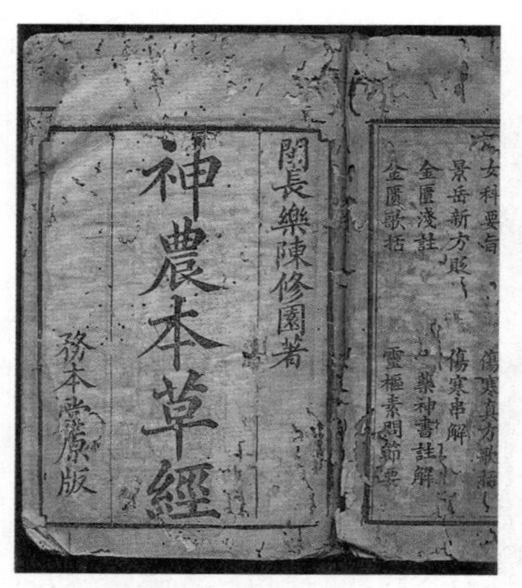

《神农本草经》书影

中医认为适量饮酒能通血脉、行药势，暖胃辟寒，因而用酒配制了一些能治疗某些病症的药酒或能滋补健身的露酒。我国第一部中药学专著《神农本草经》就指出：酒不仅可作药引，而且用它可以制备许多药酒。1973 年湖南长沙马王堆汉墓出土的《五十二病方》《养生方》《杂疗方》就记载了多种药酒的配方及其酿制方法。其中《养生方》中列举了六个药酒处方，《杂疗方》列举了一个处方如下。

“为醪：细斩漆、节各一斗，以水五口 ×××，浚；以汁煮紫威，××××××，又浚；入蘜、麦曲各一斗，×××，卒其时，即浚。××× 黍、稻 ××，水各一斗；并，沃以曲汁，滫之如恒饭。取乌喙三颗，干姜五，焦牡 ×，凡三物，甫 ×× 投之。先置 × 罂中，即酿黍其上，×× 汁均沃之，又以美酒十斗沃之，如此三。而 ××，以餔食饮一杯。已饮，身体痒者，摩之。服之百日，令目明，耳聪，末皆谣，×× 病及偏枯。”

因为帛书残损严重，许多文字无法辨认，故此以“×”替之。其大致的意思是：醪酒的制法是分别取一斗泽漆和地节，切碎，浸泡在五斗水中，过滤取汁，再用它来煮紫葳，得到的滤液中加入蘜和麦曲各一斗。浸泡过夜后再过滤后备用。再各取一斗黍和稻及水，合煮成熟饭，与上备用的醪液合并，像在饭上加汤一样发酵。取乌喙三颗、干姜五片、几片焦牡捣碎混合，放到陶罂底部，将酿醅放在其上，再将醪汁倒入罂中，再以酿好的美酒十斗倒入。重复三次，药酒成。患者每天下午饮一杯药酒，如果有瘙痒的感觉，是好转的征兆。服药百日，病人就会目明耳聪，四肢强壮灵活，病就治好了。

在汉代，炼丹术的兴起，许多炼丹家兼作配药，又研究出许多药酒和滋补养生酒的配方。例如著名的炼丹家兼名医，晋代的葛洪就很重视药酒的开发，在他《肘后备急方》中就收载不少药酒方。贾思勰的《齐民要术》中也收录了三种药酒的制备方法，其中一种就是流传至今的五加皮酒。唐代药王孙思邈在《备急千金要方》中就列举了石斛酒、乌麻酒、枸杞菖蒲酒、虎骨酒、小黄耆酒、茵芋酒、大金牙酒、钟乳酒、术膏酒、松叶酒、附子酒等60多种药酒。在《千金翼方》中也列举了二十几种药酒方。可见，药酒已在中药典中占据重要地位。伴随药酒配方的研发，制备技术也由单纯的酒浸、酒醅，增加了酒蒸、酒煮、酒炒等加工方法。到了宋元时期，许多医书中，使用酒的加工技术比比皆是。宋代王怀隐等人编著的《太平圣惠方》中“药酒序”里写道：“夫酒者谷蘖之精，和养神气，性唯剽悍，功甚变通，能宣利胃肠，善引导药势，今则兼之名草，成彼香醪，莫不采自仙方，备乎药品，疴恙必涤，效验可凭，故存于编简方。”该书收载了药酒、滋补养身酒方有40多种。《圣济总录》《养老奉亲书》等医药专著都收录了当时不少的药

《备急千金要方》书影

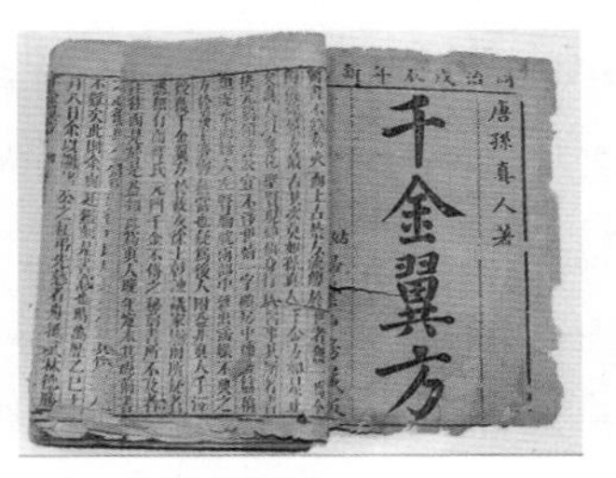

《千金翼方》书影

《太平圣惠方》书影

酒方。留传下来的元代医书虽然不多，但是，几乎每部都记载了药酒方。由于酒精是一种有机溶剂，酒精含量高的蒸馏酒（白酒）对中药材中有效成分的萃取能力显然强于黄酒，因此，在白酒大量生产后，很自然地被用作制备药酒的酒基，从而使药酒技艺发展进入新的平台。由于对众多中药材的功效和药方的配伍已积累了丰富的经验，因而在明清时期，药酒、滋补养身酒的品种有了显著增加。李时珍的《本草纲目》就开列了 79 种药酒，其中半数以上是滋补养身酒。

认真考查药酒和滋补养身酒，可以发现它们之间并没有严格的界限。这与中医学一贯强调扶正固本的法则，即强调医食同源的观念密切相关。增强人体体能和对疾病的抵抗力也是治疗患者的重要手段，滋补养身酒正是贯彻了以预防为主的医疗原则。

当今我国生产的药酒有 200 多种，其中治疗性的药酒约占 1/3，主要是用于风湿性关节炎和跌打损伤两类，例如虎骨酒、虎骨参茸酒、风湿木瓜酒、国公酒、白花蛇药酒、骨刺消痛酒、风湿骨痛酒、海蛇药酒、蕲蛇药酒、冯了性跌打酒等。在补益性的药酒中，主要分壮阳和一般温补两类，例如三鞭补酒、龟龄集酒、十全大补酒、人参酒、鹿茸酒、琼浆酒、十二红药酒、万年春酒、龙凤酒、海龙酒、参桂养荣酒、天麻酒等。上述药酒和滋补养身酒凝聚了中国中医中药的宝贵经验配方，在国际上，特别在东南亚和广大侨胞中颇有声誉。

西方果酒——葡萄酒

葡萄酒可能是世界上最早的果酒，西方的果酒尤以葡萄酒为典型代表，因人们早就发现利用葡萄汁能发酵成酒，所以那些有优质酿酒葡萄品种的地区率先建立起葡萄庄园和葡萄酒作坊。当葡萄酒被当作饮食中的重要饮品后，葡萄酒产业在许多地区迅速发展起来，葡萄酒也成为世界上产量最大的果酒。与在中国的曲折发展不同，西方一些地区的葡萄酒产业一直像粮食生产一样获得蓬勃的发展。例如欧洲的法国、德国、西班牙、意大利等都生产优质的葡萄酒，希腊、葡萄牙、匈牙利、瑞士的葡萄酒也广受好评，美国的加利福尼亚、纽约州也是葡萄酒的重要产地，南美的智利和非洲的南非以及澳大利亚葡萄酒工业同样很发达。

吕萨吕斯酒堡

葡萄酒的酿造是个较简单的过程。葡萄汁中含有可发酵的果糖、葡萄糖，葡萄皮上有着天然的微生物菌丛，主要的工作就是采集葡萄和破碎葡萄。葡萄酒酵母与啤酒酵母不同，它不能发酵蜜二糖。尽管使用天然酵母接种物非常方便，但是，为了保证酵母能迅速地进行旺盛的发酵以及风味的均一性，大多数酒坊还是选用那些经选择，由人工培养的纯种酵母来发酵。

种类繁多的葡萄酒根据色泽大致可分为两大类：白葡萄酒和红葡萄酒，此外还有玫瑰香葡萄酒、浓甜葡萄酒、香槟酒等。白葡萄酒与红葡萄酒的色泽不同，内涵也不一样，这是由其生产流程不同而造成的。

香槟酒

在生产中，首先要求被采摘的葡萄达到最佳的成熟度，这样才能保证最佳的色泽和适当的糖度、酸度。其次在破碎葡萄时要当心，以免压破含有苦味成分（单宁）的果核和果梗。然后添加约 100ppm 的二氧化硫，用于防腐。

红葡萄酒和白葡萄酒

往下白、红葡萄酒的生产工序就不同了。生产白葡萄酒直接采用压榨法，将榨得并经过滤的葡萄汁用纯种葡萄酒酵母发酵，再经后发酵、老熟即得产品，装瓶储存。生产红葡萄酒通常是将破碎葡萄连同果皮、果核、果梗一起发酵，发酵之后再进行压榨。另一种方法是在果皮存在下，将葡萄汁于43℃加热8～10小时，然后冷却、压榨、发酵。由于果皮、果核中含有较多的单宁，故红葡萄酒中的单宁含量比白葡萄酒要高得多。过去人们嫌单宁带入苦涩味，而喜爱白葡萄酒，现在人们获知适度单宁物质具有防阻血管硬化的功效后，红葡萄酒就比白葡萄酒受欢迎了。

发酵中，需要加入预先培养在灭菌的葡萄汁中的葡萄酵母原种，接种量为1%～3%。原种酵母加入后，发酵迅速开始，这时要注意温度的控制。白葡萄酒的起始发酵温度为12～15℃。发酵期间的温度不超过23℃。低温、缓慢的发酵，有利于酿制出芳香、优质的葡萄酒，故此在发酵中释放出的大量热量应通过设备或手段将其控制好。红葡萄酒的发酵温度比白葡萄酒稍高。当酵母消耗尽氧气时，适时加入同种葡萄酒，将发酵容器充满，排除多余的空气以维持厌氧的环境。因为空气中存在杂菌，特别是醋酸菌的生长，会引起脱色和褐变。发酵一般进行5～8天。发酵结束后，糖几乎耗尽，酵母、一些单宁物质、蛋白质、果胶物质、酒石酸盐逐渐沉降下来。

下一道工序是将葡萄酒与这些沉淀物质分开，将酒液贮存在地窖里以完成后发酵及澄清稳定。最后，将葡萄酒过滤，并进行巴氏灭菌或无菌过滤。这样的葡萄酒在贮藏老熟 8 ~ 10 月后才能饮用，其风味在长时间的贮藏中还会逐渐改善，特别是红葡萄酒。

葡萄酒的老熟不仅是一门科学，同时也是一种独特的艺术。葡萄酒很特殊，装瓶后仍能继续老熟，生化反应缓慢进行，通过老熟，使酒增香味美。红葡萄酒在刚完成发酵后，有涩味，饮用口感也不好；老熟中，酒的颜色由紫色变成鲜红色，继而变成茶褐色、琥珀色，这时的红葡萄酒开始成熟了，日臻完美。这就是为什么葡萄酒需要一个老熟的时段，特别强调年份酒的缘故。一般在条件（温度、湿度较适宜的地窖）较好的储存环境中，红葡萄酒可以存放近百年，质量依然优良。而白葡萄酒则不然，存放期很少超过 15 年，有些类型的白葡萄酒酿成老熟期只有 5 年左右。

在发酵中，葡萄汁中的糖分几乎被酵母菌耗尽，最终酿成的葡萄酒中含糖类少到仅有 0.03% ~ 0.5%，这种葡萄酒称之为干型葡萄酒。它没有甜味，而由于发酵中产生果酸和乳酸而略有酸味。在佐餐葡萄酒中，

葡萄酒的储藏

许多人喜爱甜型葡萄酒，于是人们生产了甜葡萄酒，主要用于餐后饮用。甜佐餐葡萄酒具有较高的糖度和酒精度，主要采用下列几种技术。①原料采用高糖度的葡萄汁，在酿成以前，通过冷却来终止发酵，从而保证了酒中残留的糖度。这就是一些甜型或半干型葡萄酒的生产方法。②将干型葡萄酒和甜葡萄汁混合调配而成。这也是一些甜型葡萄酒的生产方法。③在葡萄酒中添加白兰地和糖，且中止发酵。当然也可以加食用酒精和糖。西班牙和美国流行的雪利酒大多采用第三种方法。味美思酒是添加了药材浸出液的强化葡萄酒（用酒精或白兰地和糖来强化）。香槟酒即起泡的葡萄酒，是在盛有白葡萄酒的耐压玻璃瓶中加入糖和酵母进行第二次发酵（在8℃～10℃中持续几个月），发酵产生的二氧化碳气体留在瓶中并有较强的压力。当打开瓶盖时，压力减小气泡就会从瓶口冲出。

第八章

最带劲的烈酒

无论在东方，还是在西方，总有一些酒友爱喝酒劲大的，即酒度（酒液中的乙醇含量）较高的酒。因为当酒精度接近18度时，发酵醪液中的酵母菌就停止工作了，故古代的黄酒最高酒度不会超过18度，葡萄酒、啤酒的酒精度才有4 ~ 6度。想方设法提高酒液的酒度曾是酿酒师傅的努力目标。直到12世纪，人们终于发现了窍门，这就是将蒸馏技术应用于酿酒。

西方的“生命之水”

古希腊哲学家亚里士多德

在西方最先用蒸馏技术生产出蒸馏酒的是从事炼金术的医士。西方炼金术从古希腊到阿拉伯，再到西欧，都崇信古希腊哲学家亚里士多德提出构成万物的“四元素说”。大约在12世纪初，意大利的炼金术士，根据阿拉伯炼金术的经验，要把物质的某种性质提纯出来，就必须在蒸馏该物质的操作中加进一些能吸收另一种性质的物质。于是在蒸馏器中放入葡萄酒，再加进各种盐，如普通食盐或酒石（碳酸盐）等。用这些盐类吸附部分水分，并在馏出物中回收到一种可以燃烧的“水液”，从而可证明葡萄酒中具有“火”的性质。这“水液”其实就是酒度较高的蒸馏酒（酒精度高于40度即具有可燃性）。一位名叫萨勒诺斯（M. Salernus，？ ~ 1167年）的医生在一份制方中描写过这种水液。在一本12世纪的炼金术书籍《着色要领》的手稿中也记录有一个相似的实验配方：“取优质纯葡萄酒1份、食盐3份，在专用容器内加热，可制得一种水液。这种水液点火后能旺盛地燃烧，但不能引燃其他物质。”这显

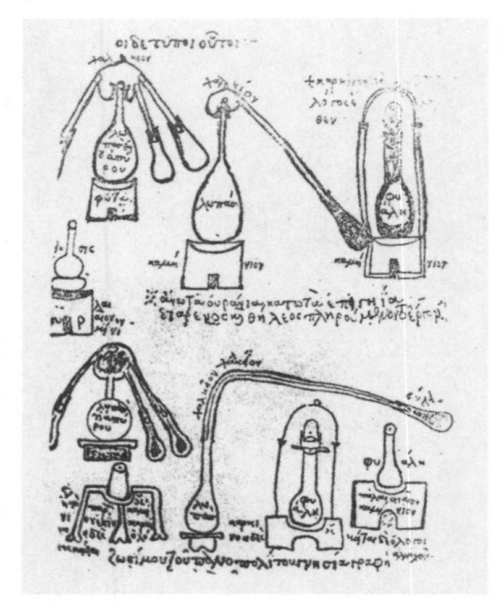

古希腊炼金术士所使用的蒸馏装置（公元100～300年）

然是一种酒精稀溶液，燃烧时温度很低，尚不能点燃置于其上的物质。这种溶液在当时被称作燃液。在四元素说中水是克火的，而这种“燃液”既是水又能燃烧，还像酒一样能喝，性质很特别，迅速引起许多人的关注。佛罗伦萨一位名叫泰都斯·阿尔得罗梯（T. Alderotti）的医生，设计出一套冷却法，不是像以前那样只冷却蒸馏头，而是冷却蒸馏器外的螺旋管和接收器。此后不久，终于可以制造出酒度更高的“燃液”了。这种设备和技术很快被推广，并得到医生们的广泛应用。有的医生用它做防腐特效药；自然哲学家称其为第五元素或第五原质；更多的人把它看作“生命之水”。“生命之水”不但可以饮用，而且还是保健品。人们争先恐后地饮用这种神秘的“生命之水”，促进了它的研制和生产。到了13世纪，制取这种“生命之水”的方法层出不穷。当时人们还没有称它为酒精，直到16世纪，瑞士医药学家帕拉塞尔苏斯（Paracelsus，原名P. T. B. von. Hohenheim，公元1493 ~ 1541年）根据它来自葡萄酒的精华而命名这种燃液为“酒精”。由于这种用蒸馏技术加工后的酒液，不仅醇厚，而且还有醉人的芳香，深受酒友的热捧，在西方迅速普及到原先已酿酒、饮酒的许多地区。

瑞士医药学家帕拉塞尔苏斯

中国也有与炼金术一样的炼丹术，为什么中国炼丹家就没有发明出蒸馏酒呢？原因很多，只要认真剖析和对比西方炼金术和中国炼丹术的差别，就能找到答案。中国炼丹术以炼制能长生不老的金液神丹为主要目标，其常用的材料主要有铅、汞、硫黄等矿物，认为草木药只能滋补养生而不堪为长生大药的原料。在中国炼丹活动中有重要影响的炼丹家葛洪（晋代人）在其名著《抱朴子·内篇》中就认为：“草木之药，埋之即腐，煮之即烂，烧之即焦，不能自生，何能生人乎？”因此在炼神丹妙药的原料中极少利用草木药。到了隋唐以后，草木药才被作为药引而进入炼丹的炉鼎之中。也正是草木药的引入，在试验中使其成炭，从

阿拉伯炼金术所使用的曲颈瓶（10～12世纪）

而使人们发现了黑火药的配方。根据“借外物以自坚固”的丹药观，炼丹家从来就没有想到把发酵原汁酒放在蒸馏设备中试一试，当然就与蒸馏酒无缘了。另一方面，中国炼丹家使用的所谓蒸馏器具，大多是陶制的，少数是铜铁之类金属制的，加热试验中只看到最后的结果，对过程中物料的化学变化基本是不知晓的。所以有的试验尽管是什么“九蒸九曝”，甚至于“百蒸百曝”，其目的仍然是为了软化药物而不是萃取其中某一化学成分。

西方的炼金术就不同。炼金术士主要是寻找能变贱金属为贵金属，变某些食料为药材的哲人石，哲人石既能治疗“患病的金属”，也能医治人的疾病。他们赞同亚里士多德的热、冷、湿、干的四要素学说，认为两种要素互相结合，形成世上各种金属，并使金属具有相应的特性，即所谓的“外质”，金属还含有另外两种本身所固有的性质，即“内质”。

阿拉伯炼金术士在实验

中国炼丹术（国画）

例如黄金的外质是热和湿，内质就是冷和干。他们寻找哲人石的常用方法是把某些物质分解，并提炼出其基质，再重新配制组合。他们的实验材料几乎遍及矿物和生物材料，有时也很荒谬。传说他们为了找到鸡蛋中的生命之源，甚至用上百枚鸡蛋捣了放在容器中，再加上某种盐和其他药材一起蒸煮，结果能得到什么东西是可以想象的。世上并没有他们赋予神奇功能的哲人石。但是，在他们的试验中，有一点很重要，那就是试验大多是在透明的玻璃器具中进行的，整个反应过程的表观变化是可见的，加上他们很注意馏出物的收集，故他们能在蒸馏葡萄酒的试验中发现了能燃烧的“水液”——酒精。

以上粗浅的对比至少可以解释，中国炼丹术为什么能发明黑火药却不能发现酒精，西方炼金术为什么发明了酒精却又在发明黑火药上落后于中国。

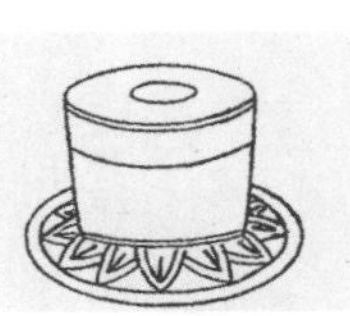

炼丹术的炉

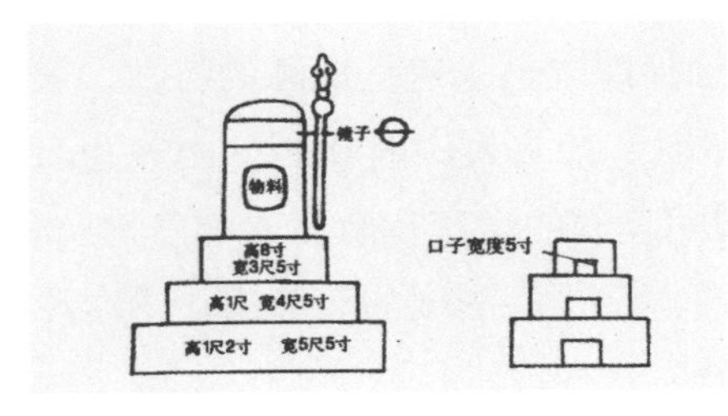

炼丹术的坛

炼丹术的鼎

中国蒸馏酒起源说

中国蒸馏酒的源起，由于对史料的不同理解，有几种观点：汉代说，唐代说，宋代说，元代说。目前论据最充分的是元代说。

文献的分析

许多人都认同明代医药学家李时珍的说法。李时珍在嘉靖年间撰著的《本草纲目》中写道：

> "烧酒，非古法也，自元时始创其法，用浓酒和糟入甑，蒸令气上，用器承取滴露。凡酸坏之酒，皆可蒸烧。近时惟以糯米或粳米或黍或秫或大麦蒸馏，和曲酿瓮中七日，以甑蒸取，其清如水，味极浓烈，盖酒露也。"

> "烧酒，纯阳毒物也。面有细花者为真。与火同性，得火即燃，同乎焰硝。北人四时饮之，南人止暑月饮之。其味辛甘，升扬发散；其气燥热，胜湿祛寒。……"

李时珍

李时珍讲述了烧酒的原料和制法、烧酒的性质和饮用的医用疗效及利弊，立论清楚。仅就上文所摘引的内容可以归纳为五点：①中国蒸馏酒自元始创。②其法为用浓酒和糟，或用酸坏之酒，或采用糯米、粳米、黍、秫及大麦蒸熟后和曲于瓮中酿7日成酒，分别以甑蒸取。即前者以发酵液蒸取，中者以液态的酸坏之酒蒸取，后者以固态的发酵醅蒸取。③原料的多样化也表明蒸馏酒的生产已有一段发展历史。④烧酒与火同性，触火即能燃，这是烧酒的特性，表明酒应在40度以上，否则难以得火即燃。⑤北人四时饮之，南人止暑月饮之，表明南北方都已饮用烧酒，说明烧酒的生产在南北方都已普及。从以上五点，可以确认李时珍讲的烧酒肯定是高酒度的蒸馏酒。李时珍是怎样得出"自元时始创其法"的结论？这种说法是否准确？

李时珍在烧酒的"释名"条下，举出了烧酒的两个异名。一是来自

《本草纲目》自引的“火酒”，其名主要根据是它得火即能燃烧的特性，既客观又形象；二是采自《饮膳正要》的“阿剌吉”。《饮膳正要》是元代蒙古族学者忽思慧为蒙古统治者提供的一份营养食品参考资料，于元天历三年（1330 年）刊印。书中关于“阿剌吉”是这样介绍的：“阿剌吉酒，味甘辣，大热，有大毒，主消冷坚积去寒气，用好酒蒸熬取露，成阿剌吉。”阿剌吉这一外来语词，从目前的资料来看，可能是元代人首先采用的。

元代至正四年（1344），朱德润所写的《轧赖机酒赋》的序中谓：“至正甲申冬，推官冯时可惠以轧赖机酒，命什赋之，盖译语谓重酿酒也。”在赋中写道：

“……法酒人之佳制，造重酿之良方，名曰轧赖机，而色如酎。贮以扎索麻，而气微香。卑洞庭之黄柑，陋列肆之瓜姜。笑灰滓之采石，薄泥封之东阳。观其酿器，扃钥之机。酒候温凉之殊甑，一器而两圈铛，外环而中洼，中实以酒，乃械合之无余。少焉，火炽既盛，鼎沸为汤。包混沌于郁蒸，鼓元气于中央。熏陶渐渍，凝结为炀。滃渤若云蒸而雨滴，霏微如雾融而露瀼。中涵既竭于连熝，顶溜咸濡于四旁。乃泻之以金盘，盛之以瑶樽。……”

赋中介绍的轧赖机应是烧酒。朱德润认为它属重酿酒，色如酎，即酒度较高。从赋中介绍的酿器和工艺看，可以确认轧赖机是一种蒸馏酒。由于这是作赋，故描述中带有浓烈的文学色彩，不可能描述得很具体。

在《饮膳正要》成书之前 30 年，即元大德五年（1301 年）编成的《居家必用事类全集》中有一段关于南蕃烧酒法的记载。南蕃烧酒法（番名阿里乞）。

居家必用事類全集甲集目録
居家必用事類全集
甲集
為學
朱文公童蒙須知
夫童蒙之學始於衣服冠履次及語言步
趨次及灑掃涓潔次及讀書寫文字及
有雜細事宜皆所當知今逐目條列名
曰童蒙須知若其修身治心事親接物
與夫窮理盡性之要自有聖賢典訓昭

《居家必用事类全集》书影

“右件不拘酸甜淡薄，一切味不正之酒，装八分一瓮，上斜放一空瓮，二口相对。先于空瓮边穴一窍，安以竹管作嘴，下再安一空瓮，其口盛（承）往上竹嘴子。向二瓮口边，以白瓷碗碟片遮掩，令密。或瓦片亦可。以纸筋捣石灰厚封四指。入新大缸内坐定，以纸灰实满，灰内埋烧熟硬木炭火二三斤许，下于瓮边。令瓮内酒沸，其汗腾上空瓮中，就空瓮中竹管内部却溜下所盛（承）空瓮内。其色甚白，与清水无异。酸者味辛，甜淡者味甘。可得三分之一的好酒。此法腊煮等酒皆可烧。”

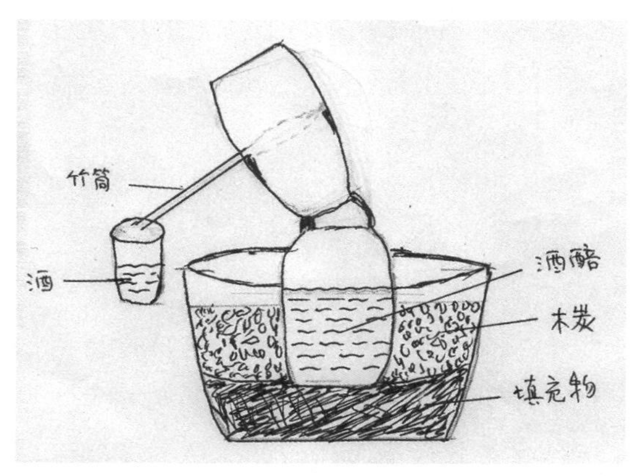

南蕃烧酒法所描述的蒸酒器

与朱德润同时代的文人许有壬（卒于1364年）在《咏酒露次解恕斋韵》序中写道：“世以水火鼎炼酒取露，气烈而清，秋空沆瀣不过也。虽败酒亦可为。其法出西域，由尚方达贵家，今汗漫天下矣。译曰阿剌吉云。”许有壬称蒸馏酒为酒露，也译曰阿剌吉。酿制方法是以水火鼎炼酒取露，败酒亦可做原料。他认为此法来自西域，首先在宫廷和达官贵族家由权贵所享受，后来流传到民间，于是“汗漫天下”。

元人熊梦祥在其著写的《析津志》中也说：“葡萄酒……复有取此酒烧作哈剌吉，尤毒人。”又谓，“枣酒，京南真定为之，仍用些少曲蘖，烧作哈剌吉，微烟气甚甘，能饱人。”

从上述史籍来看，我们可以得出以下结论。

1. 在元朝，阿剌吉、答剌吉、轧赖机、哈剌吉、哈剌基都是指蒸馏酒。尽管名称文字不同，但是读音相近，可见都是对阿

《析津志辑佚》书影

刺吉类型的蒸馏酒之不同译写。同时这些译写也表明蒸馏酒的烧制方法主要是由域外传入，人们对它较生疏，一时找不到适当的词，故采用音译。酒露、汗酒、烧酒也都是指蒸馏酒，它们是当时人们对蒸馏酒最初的意译。到了明代，烧酒一词才逐渐流行起来。

2. 在元代，蒸馏酒至少有两类。一类是从西域传入的，由葡萄酒烧制的蒸馏酒，即今日白兰地类型的蒸馏酒。另一类是由粮食发酵原汁酒或酸败之粮食发酵酒经烧取而得的蒸馏酒，即后来所称的烧酒。元代尊奉蒸馏酒为法酒，尤以葡萄酒烧制的阿剌吉最为名贵。

3. 制取蒸馏酒，有水火鼎、殊甑、联瓮等多种蒸馏装置。水火鼎无疑源于炼丹家的炼丹房，经改制而成。殊甑之殊表示特殊，这种甑有独特的设计，过去没有少过。联瓮是两个瓮的组合，这种装置虽较简陋粗放，但也较大众化。蒸馏装置的多样化，则表示蒸馏酒烧制已有一段发展，但还是初级阶段。仔细考查文献可以发现，元代蒸馏酒的制取基本上采用液态的酒醅，即由各种液态的成品酒来蒸馏，至今尚未发现那时的著作中有像李时珍所介绍的，采用固态或半固态酒醅的烧酒法，这表示蒸馏酒的烧制，元代仍处于初期发展的阶段。

4. 在元代，阿剌吉被奉为法酒。这种酒的烧制获得了官方的赞许，因此推广普及较快，很快就由达官贵人家推向民间，并且逐渐形成汗漫天下局面。假若仅用葡萄酒蒸制阿剌吉，由于受自然条件的局限，不可能发展这么快，所以，应当是普遍采用粮食发酵原汁酒来作为原料，烧酒才能迅速普及。

5. 谓“阿剌吉始于元朝”，这不是元朝人所讲的，而是明代人所说。清代人大都认为烧酒之法始创于元代，因此，这一观点是可信的。当时中国不仅已生产蒸馏酒，并在相当地域内得到推广和发展。以葡萄酒烧制的阿剌吉则是从西亚通过西域传进来，人们对这种蒸馏酒的认识的确始于元朝，它的传入在中国酿酒发展史上起了一个里程碑的作用，所以认为元代已生产烧酒的论断是充分的，无可争议的。

蒸酒技术的考察

探讨蒸馏酒的源起，除了对文献资料进行认真的研究考证外，还应对古代蒸馏技术和蒸酒器的发展进行必要的考察，这是蒸馏酒问世最有

夏商时期的陶甑

说服力的证据。

1.从炊蒸到蒸馏。陶器的发明和发展，使炊煮法逐步取代了烧烤法。而甑的出现意味着先秦时代的人们开始又掌握了一种新的烹饪方式——炊蒸法。甑的形状像一口敞开的陶罐，底部有许多小孔，将其置于放有水的鬲或釜上，一旦加热鬲和釜，其中产生的水蒸气通过小孔便可蒸熟甑中的食物，陶甑就是后世蒸笼的先声。它最早出现在仰韶文化时期。在龙山文化时期又出现一种叫甗的陶制炊器。它是一种有箄的炊器，分两层，上层相当于甑，可以蒸食。下层如鬲，可以煮食，一器可两用，它实际上是甑和鬲或釜的套合。后来又有新的发展，例如殷墟妇好墓出土的以青铜铸造的分体甗，可分可合，轻巧灵便。特别是三联甗，能同时蒸煮多种的食物。这些器物表明，先秦时代的蒸法已达到相当高的水平。

如果说煮食法是人类发明陶器后最普通的烹饪法，那么蒸食法就是东亚和东南亚地区出现的独特的烹饪法，这可能是因为这些地区都是以谷物为主食。当然，其后面食的加工也部分采用了蒸法，所以常见的面食制品中大量出现的是蒸成的“炊饼”、馒头、包子等。而在西方，面食的加工主要是烤制，例如面包、蛋糕。馒头与面包一样，都是通过酵面的产生，与酿酒有一定关联。最早的面团发酵技术就是酒酵发面法，据考证大约问世于2世纪前后。蒸食法的发展为蒸馏技术的出现奠定了技术前提。

秦汉之际，中国炼丹术兴起。方士们不可避免地会借鉴生产、生活中的实用技术，把它们适当地搬用到炼丹活动中，煮食法与蒸食法及其器具就逐渐演化为升炼和蒸馏技术，成为炼丹家的炼丹手段之一。最典型的例子就是从硫化汞中提取汞，就是采用升华技术。两汉以来，尽管炼丹家采用了蒸馏技术，但是他们并没有因此而有重要发现。

1955 年和 1979 年分别出土于彭县和新都的有关酿酒作坊的画像砖，现由四川博物馆收藏。仔细地审看此画像砖拓片，可以看到画中有灶有锅，有人在锅中搅拌，有人挑酒走，有人运酒醪。推测这幅画是描绘酿酒工艺中的最后一道工序：将成品酒加热灭菌装入贮酒的小口陶罐。当时尚没有蒸酒设备。

东汉有关酿酒的画像砖和它的拓片（四川新都出土）

上海博物馆所收藏，东汉时期的以青铜铸造的蒸馏器是国内目前已知的最早的蒸馏器实物，其基本形式与汉代的釜甑相似，但有一些特殊部件。其形制如图所示。

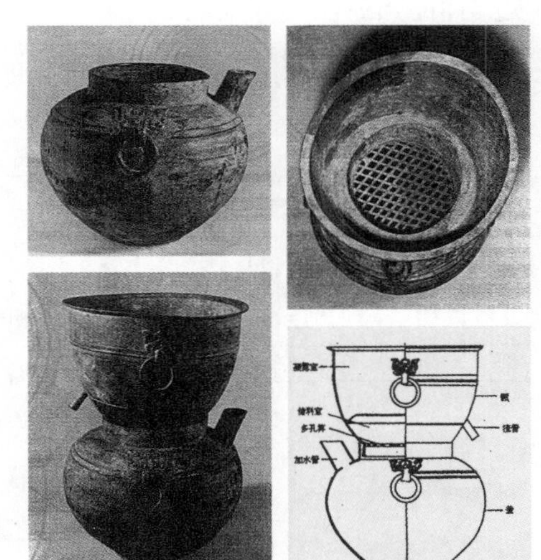
上海博物馆所收藏青铜铸造的蒸馏器和它的剖示图

马承源在《汉代青铜器的考察和实验》中认为该蒸馏装置是一具蒸煮器，加了一个盖子后，虽然也能生产蒸馏酒，但是其储料室容积很小，蒸出来的酒根本不敷需要，因此它不是用来生产蒸馏酒的。它原先就不用盖，正适宜熬药，因为有些草药需要长时间地蒸煮。

2. 花露水的蒸取。在唐宋时期的本草或医方中，固然有“九蒸九曝”或“百蒸百曝”的制药方法，但是，这种蒸往往只是用热气或水汽来加热软化药物或萃取药物中某种组分。其中最接近蒸馏酒工艺的算是花露水的制取。唐人冯贽的《云仙杂记·卷六》“大雅之文”引《好事集》所载：“柳宗元得韩愈所寄诗，先以蔷薇露灌手，薰玉蕤香后发读。”又据《册府元龟》记载，五代时后周显德五年（958）占城国王的贡物中有蔷薇水十五瓶。此后传入的蔷薇水就多起了，例如宋代赵汝适《诸蕃志》谓：“蔷薇水，大食国花露也。五代时番使蒲歌散以十五瓶效贡，厥后有至者。今多采花浸水，蒸取其液以代焉。”北宋人蔡絛在其《铁围山丛谈》中记述：“旧说蔷薇水乃外国采蔷薇花上露水，殆不然，实用白金为甑，采蔷薇花，蒸气成水，则屡采屡蒸，积而为香，此所以不败。”从上述文献可知，蔷薇水一类花露水是从唐代开始传入，唐代传入的花露水是浸取而成，还是蒸馏而成，尚待考证。但很可能是蒸馏液，因为在 8 ~ 9 世纪阿拉伯炼金术中已普遍采用了蒸馏术。宋代传入的花露水可以肯定是采用的蒸馏技术，一种是先将蔷薇花用水浸泡，再蒸馏而得；另一种是直接用水蒸气蒸馏蔷薇花而得。而中国古籍中用蒸馏法制配香水的记载，最翔实具体的当属明初问世之《墨娥小录》（卷十二）中的“取百花香水法”。兹照录如下：“采百花头，满甑装之，以上盆合盖，周回络以竹筒，半破，就取蒸下倒流香水贮用，为（谓）之花香，此乃广南真法，极妙。”这也就是张世南《游宦纪闻》（卷八）中所言“以甑釜蒸煮之”的方法。但它是直接以水蒸气蒸馏花头，而免去了先以水浸泡花头的工序，当是更进步的形式。上述蔷薇水的传入、认识和制造，表明人们对蒸馏技术的认识和掌握，可以说至迟在南宋时，少数人，特别是制药的炼丹家和药剂师已积累了关于蒸馏技术的经验。

青龙蒸馏器实测表（厘米）

金器高	甑锅								冷却器				
	高	颈高	径		聚液槽		环鋬宽	输液流长	高	穹窿顶高	径		排水流长
			口	最大腹	宽	深					口	底	
41.5	26	2.6	28	36	1.2	1	2	20	16	7	31	26	残2

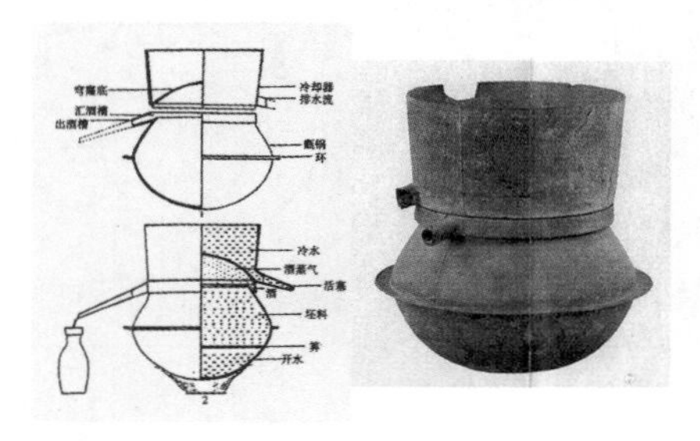

金代蒸馏器及其剖示图

1975 年在河北省青龙县西山嘴村金代遗址中出土了一具青铜蒸馏

器。由图可见，它是由上下两个分体叠合组成。其各部分的尺寸如附表所列。根据其构造，可以推测其使用时的操作方法可能有两种：一是直接蒸煮，二是加箅蒸烧，都可以收集到蒸馏液。

从该蒸馏器壁上遗留下的使用痕迹来看，推测它不仅曾用于直接蒸煮，同时也曾用于加箅蒸烧。考古工作者曾用该装置以加箅方式进行蒸酒试验，证明该套装置是一件实用有效的小型蒸馏器，它既可以蒸酒，又可以蒸制花露水。但是它器形尚小，不可能用于生产大量蒸馏酒，而且与元代所用的蒸酒器也有较大差距。这具蒸馏器出现在金代，有专家认为它应是元代遗物，可能是一些炼丹家和医药家用来生产花露水或药液。这种蒸馏器展现了当时的蒸馏技术水平。

3. 元明时期的蒸酒器及其发展。现存有关元代时期蒸馏酒烧制的最早、最详细的记载，当属上文已转录的《居家必用事类全集》中关于“南蕃烧酒”的记载。当中描述的两甏相对而成的蒸酒器可用于生产蒸馏酒，但是，使用的原料只能是液态的酒醅，表明当时蒸馏酒的生产还处于初始、试生产的阶段。器具的这种组合装配，表明当时的酿酒师已明白，蒸馏酒即是蒸馏过程中的馏出液，这种馏出液产生于酒醅，是酒醅中的精华部分。将这种蒸酒器与曾流行于希腊的蒸馏器作比较，原理虽然相同，样式形状还是有一定差异，主要表现在冷凝方式的不同。希腊和阿拉伯炼金术的蒸馏器具有一很长的导管来冷凝馏出物，而中国式的冷凝主要靠盛有冷水的天锅来完成。用水冷却显然比用空气冷却效果要好，这是蒸酒器的技术进步。

蒙古族马奶酒蒸酒器具（摄于内蒙古大学博物馆）

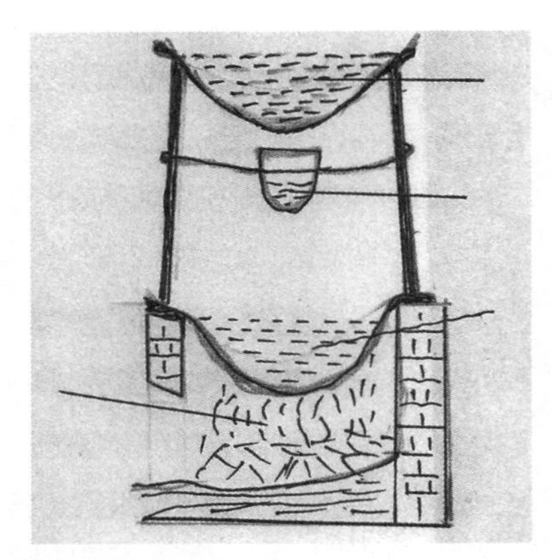
奶酒蒸馏示意图图

蒸取的奶酒

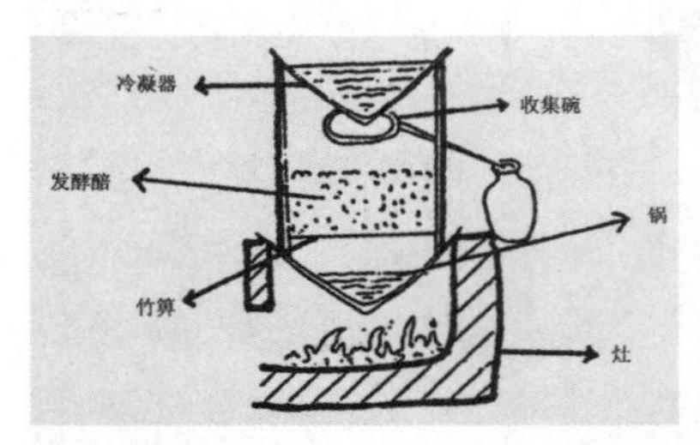

20 世纪 40 年代四川农村的蒸酒器示意图

借鉴于西亚传进来的葡萄烧酒制法，蒙古牧民常饮的奶酒也有了变化。牧民应用简单的蒸馏设备将奶酒蒸馏加工成高酒度的奶酒，在今蒙古游牧地区仍可以看到这种较原始的蒸酒设备。

这种蒸酒器与上述南蕃烧酒的蒸酒设备原理上是一致的，都是以液态原汁酒为原料，再通过简陋的设备而生产蒸馏酒。当时的其他蒸酒设备大致相近，都较原始。但是随着蒸馏酒的普及和生产，蒸馏酒和蒸馏技术都得到较快的发展和完善。那种简陋的只适用于以液态酒为原料的蒸酒器被淘汰，首先发展起能蒸酒醅的蒸酒器。直接蒸馏固态的酒醅，就可以省掉许多麻烦，而且保证了酒度，因为乙醇的沸点只有 78.5℃，比水的沸点低许多。20 世纪 40 年代尚可以在四川农村看到这种蒸酒器，它与奶酒蒸酒器很相似，只是多了一个中间盛酒醅的木甑。据诸多学者研究，到了明清时期，我国传统的蒸酒器已发展出两种基本类型：一为锅式，二为壶式。天锅式蒸酒器，属于顶上水冷式，蒸酒器主要由天锅、地锅组成。天锅内装冷却水；地锅下釜装水，烧沸后，水蒸气通过地锅箅上装满着固态酒醅的甑桶，将酒醅中的酒精蒸出成乙醇气体上升，在顶部被天锅球形底面所冷却，凝成

天锅式蒸酒器（左）、壶式蒸酒器（右）示意图

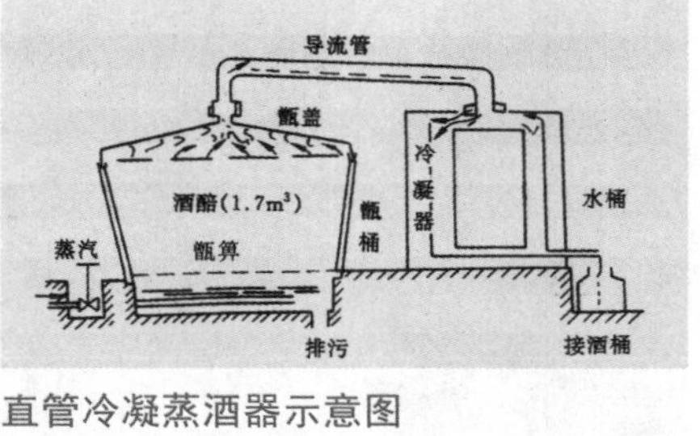

直管冷凝蒸酒器示意图

液体沿锅形底向中央汇集，由一漏斗形导管引出，从而收集到酒液；倘若不用箅子，也可将低酒的酒液加入地锅，加热蒸馏，也同样可以获得浓度较高的酒液。这种天锅式的蒸酒器是中国特有的，与上述奶酒蒸酒器一脉相承。它主要在中国西南地区较盛行，与泰国、菲律宾、印度尼西亚传统的蒸馏酒生产装置也较接近。第二种壶式蒸酒器，也属顶上水冷式，但是，它顶部的冷凝器底部呈拱形，拱形周围有一凹槽，冷凝成的酒液汇集于槽，再导引到锅外。这种壶式蒸酒器在结构上似与金代蒸酒器有相承的联系，它主要在中国东北和华北部分地区较多地被使用。日本元禄时代（1685年，相当于清康熙时代）的《本朝食鉴》中介绍的“兰引”蒸馏器，从结构上看与金代的蒸馏器十分相近，所以有人认为日本的兰引蒸馏器可能又是从中国传过去的。

这两种蒸酒器在传统的酿酒作坊中沿用了几百年之后，面对较大规模的工业化生产显然有点不适应。它冷却面积小，耗水量大，流酒温度高及产量低、劳动强度高等缺陷暴露无遗。从20世纪50年代起，酒厂陆续改用甑桶分体的直管冷凝器。这种冷凝器显然是参照化工的冷凝装置，比较科学。

考古新发现的印证

20世纪80年代以来中国考古取得了许多重大成果。由于对工业遗产的重视，发掘发现了一些有关酿酒作坊的遗址。其中荣获1999年度中国十大考古新发现的四川成都水井街酒坊遗址，荣获2002年度中国十大考古新发现的江西南昌进贤县李渡烧酒作坊遗址，荣获2004年中国十大考古新发现的四川绵竹剑南春“天益老号”酒坊遗址都是展示中国白酒历史的最好实证。

水井坊酿酒遗迹一角

1998 年 8 月，四川成都全兴酒厂在其位于成都东门水井街的曲酒生产车间进行改建中，发现地下埋有古代的酿酒遗迹。后在省市文物考古研究所主持下，进行了发掘研究。发掘面积仅 280 平方米，揭露出晾堂三座、酒窖八口、灰坑四个、灰沟一条、蒸酒器基座一个及路面、木柱、墙基等酿酒作坊的相应设施，同时还出土了众多碗、盘、杯、碟、壶等酒具残片。经专家学者研究分析，认为这座酿酒作坊使用时间不晚于明代，历经清代，沿用几百年。可惜的是没有发掘到当时的蒸酒器。

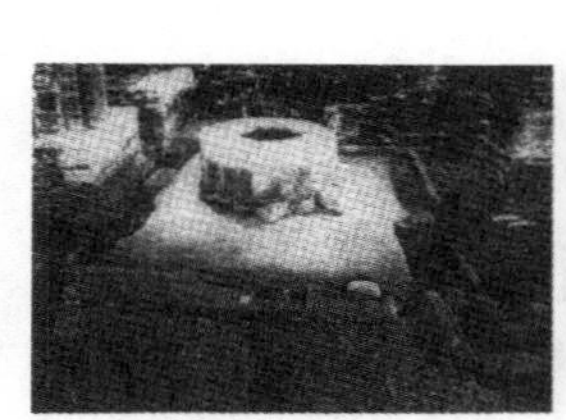

（1）明代水井 J1（南→北）

（2）明代炉灶 Z1 和蒸馏设施 R2（东北→西南）

（3）元代酒窖 C10 ～ C19（东北→西南）

（4）明代酒窖 C1 ～ C7（东南→西北）

江西进贤县李渡烧酒作坊遗址（《考古》2003 年 7 期）

2002 年 6 月，江西李渡酒业有限公司在改建老厂无形堂车间时，发现地下埋有古代酿酒遗存。经江西省文物考古所发掘研究，确认这是一处由水井、发酵陶制地缸、炉灶、晾堂、酒窖、蒸馏设备、水沟、墙基构成的比较齐全、完备的酿酒作坊。其布局合理，砌筑精细，具有鲜明的地方特色。尽管其使用延续时间特长，但仍能清晰看到元代的地缸发酵池和酒窖。

2004年被发掘研究的“天益老号”酒坊是剑南春酒厂保存较完整的清代酿酒作坊遗址，是从清代到民国时期当地20余个曲酒作坊之一。它清楚地展示了当时的曲酒酿制技术和规模、水平。

“天益老号”——酒坊窖池

考古新发现为我们认识蒸馏酒早期生产状况提供了实证。李渡酒坊遗迹是我国迄今为止发现的第一家小曲工艺白酒作坊遗址。它开始生产蒸馏酒年代可以上溯到元代，作坊的生产设备大多可以确定为明代，而且都是前店后厂的布局。成都水井坊酿酒遗址和绵竹剑南春“天益老号”酿酒作坊遗址分别展示了大曲酒的工艺技术。尽管许多问题尚待继续深入研究，但是我国元代已有蒸馏酒生产是明确的。

酒技更上一层楼

白酒酿造技术是在传承黄酒酿造技术的基础上，引进蒸馏技术而发展起来的，因此它的内涵中处处呈现出中国酿造技术的特色。这首先反映在制曲工艺中。

制曲技术的继承和发展

酒曲是指含有大量微生物或酶类的糖化发酵剂。大曲因其大而得名。其实，块大也是相对小曲而言。由于大曲身存菌系（微生物）、酶系（生物酶）、物系（化学成分），在发酵中起着关键作用，可谓“曲定酒型”，即白酒的香型取决于大曲。各地制曲又因为原料配比、工艺条件、发酵特点的不同而各具特点，使用的大曲也是五花八门。若按品温来分，可分为高温大曲、中温大曲。若按生产的产品特性来分，可分为酱香型大曲、浓香型大曲、清香型大曲、兼香型大曲等。若按工艺来分，可分传统大曲、纯种大曲、强化大曲。大曲一般呈长方形，像块大方砖，体积大小因厂而异。外形、尺寸和重量都不重要，重要的是制曲原料、方法、质量和内部所含的微生物种群及其糖化、酒化的能力。

虽然大曲具有易培养、原料易得、工艺简单、功能多等特点，但是其复杂多变的内涵不容小视。所谓内涵复杂是指大曲体内滋养了大量微生物，主要有霉菌、细菌、酵母菌、放线菌等四类。通俗地说，大曲在发酵中，霉菌是糖化作用的主力，酵母菌是酒化的动力，细菌则是在生香上呈显能力，而放线菌为数不多，在发酵中能起什么作用不明显。

一般情况下，大曲霉菌中最多的是曲霉属，它时常可呈现出黑、褐、黄、绿、白五种颜色，在发酵中能形成糖化力、液化力、分解蛋白质和形成多种有机酸。大曲霉菌中，根霉属也是主要的，它包括黑根霉、米根霉、中华根霉、无根根霉等几种。大曲中第三类霉菌是毛霉属。它的生长发酵温度虽然与根霉相近，但主要生长于制曲中的“低温培菌期”。此外，大曲霉菌中还有耐酸、酒化力较高的红曲霉属，有害的青霉属和糖化力不强的梨头霉属也是大曲霉菌家庭的成员。大曲中的细菌主要有球菌和杆菌两种类型，最多的是乳酸菌。它有三个显著特点：一是既有纯型，又有异型；二是球菌居多；三是所需温度偏低（28℃ ~ 32℃），并具有厌气和好气双重性。大曲中的酵母菌主要有酒精酵母、产酯酵母及假丝酵母属。

大曲发酵中的培菌过程实际上就是微生物的生长过程。制曲就是要综合性取得微生物菌群数量及相应的代谢产物。在过去很长的时间里，人们只是在实践中摸索制曲技术，到了近代才有一些微生物的知识来指导，通过操作使酒曲中有益酿酒的微生物存活多些。

在制曲中，温度的高低能使菌群的组成发生变化。因此大曲分成高温曲、中温曲就有一个温度标准。高温曲是指制曲温度曾达到60℃ ~ 65℃；中温曲则在45℃ ~ 59℃之间。

高温曲基本上用于酱香型白酒工艺，其生产的工艺流程如下图。

曲母和水 ↓（→拌曲）　稻草和谷壳 ↓（→踩曲）

小麦→润料→磨碎→粗麦粉→拌曲→踩曲→曲坯→堆积培养→出房贮存（成品曲）

高温曲生产工艺流程

在制曲中，曲母必须选用已贮存半年以上的陈曲，用量为小麦量的3%～5%，用水量为40%左右，这个配比要适当。堆积培养的操作是关键，应根据曲坯的温度、湿度变化，适时地进行通风翻曲。

用于浓香型白酒酿造的中温曲的生产工艺流程大致上如下图所示。

水

↓

小麦→润料→翻造→堆积→磨碎→拌料→踩曲→曲坯晾干→堆放→保温培养→打拢→出曲贮存（成品曲）

中温曲（浓香型）生产工艺流程

用于清香型白酒的中温曲的生产工艺流程大致如下图所示。

水

大麦↘ ↓

豌豆→混合→粉碎→拌匀→踩曲→曲坯入曲房→长霉→晾霉→起潮火→大火阶段→养曲→出房贮存（成品曲）

中温曲（清香型）生产工艺流程

从工艺流程来看，中温曲的制备也与高温曲的差不多。小的差异是原料不一样，例如茅台的高温曲，泸州老窖、五粮液、剑南春、水井坊等中温曲都是以单一小麦为原料；而同属浓香型的古井贡酒、洋河大曲等的中温曲则是以小麦为主，加入适量的大麦和豌豆为原料；像清香型的汾酒的中温曲是用小麦、豌豆配合为原料。关键的差别是整个制曲过程的温度、湿度调控。与高温曲不一样的是，中温曲要求在整个曲坯保温培养菌系中，品温可以上升到45℃～55℃，但是不能高于60℃。从上述的大曲中各种菌系的生长习性来看，温度、湿度的控制就是让酿酒有益菌等微生物得以在曲坯中能更好地繁殖。由于各地的自然环境、天然菌系不一样，制曲的工艺过程远比上述的流程图要复杂些。

小曲又名药曲或酒药、酒饼，以米粉或米糠为主要原料，接入一定量的母曲，加适量的水制成坯，在控制温度、湿度下培养而成。中国古

泸州老窖酒厂的制曲工艺流程图

代，从《齐民要术》到《天工开物》的记载中可以看到酒曲制造中都或多或少地添加了药材，这些药材在制曲中到底起什么作用？近代研究表明，有些药材能为微生物的繁殖提供某些养分而有助于发酵，并在尔后的酒曲—酒品中形成自有的风味。小曲在各地的制造不仅所用原料不一样，工艺也有差异，形状有的是正方形，有的是圆形或圆饼形。大小也不一样，一般重量都在 160 克上下，比大曲小多了。其大致的生产工艺流程如下。

水	药料	曲种和水	生皮阶段	干皮阶段	过心阶段
↓	↓	↓			

大米→浸泡→碾碎→拌料→制坯→入箱→晾头烧→晾毛烧→晾正烧→出曲→烘曲→成品曲

小曲生产工艺流程

曲箱管理是制小曲的关键工序。菌株在曲坯中发育生长，大致要经过生皮、干皮、过心三个阶段。三个不同阶段对温度、湿度的要求都不一样。所谓生皮阶段，即是真菌在曲坯表面发育生长，并布满了曲坯表面形成了菌膜的阶段，需要 17 ~ 23 小时。所谓干皮阶段，即曲坯水分大量挥发，曲皮表面有小皱，曲心酸度略有上升，此时酵母稍有增长，所需时间为 12 ~ 13 小时。过心阶段，曲坯中的菌系慢慢由表向曲心发展，曲心的颜色也渐转白，逐渐老熟，酸味也慢慢消失，约需 40 个小时。

传统工艺生产的小曲

中国数千年的酒曲制造，实际上是在与微生物打交道，是探索微生物世界，利用微生物为人类做工的过程，是最早的微生物工程。其中获得的经验和成就，怎么评价都不为过。

酿造技术上的创新和发展

在元朝，蒸馏酒生产技术逐被推广。起初仍模仿中亚地区将葡萄酒蒸馏而得葡萄烧酒的方法，以液态的黄酒，甚至包括酸败黄酒为原料，经蒸馏而收集馏出液得到烧酒。后来，人们发现液态的黄酒是从半固态的酒醅中压榨出来，再加热蒸馏制烧酒，还不如将半固态的酒醅直接加热加算蒸馏来得简便，这样就能省去压榨过滤这一工序。蒸馏酒生产技术就向前迈出了一步。过去人们为了获得较高酒度，发酵醪几乎已接近于固态，这种固态酒醅的含水量较低，榨出酒的酒度虽高了，但数量却少了，有些酒精还残留于酒糟中。因此在蒸馏发酵醪制烧酒中，固态的酒醅较液态酒醪或半液态酒醪更适合于蒸馏技术。就这样烧酒的生产技术逐由蒸馏液态酒液过渡到固态酒醅。当然伴随这一变化，首先是蒸酒器中必须加一个有一定容积的有箅木甑，其次发酵的设备也有了很大变化。半固态的发酵大多在陶制的地缸中进行，这样可以防止酒液因渗透而损失。而固态的发酵既可以在陶缸中进行，也可以在能防止渗漏的泥窖或砖石窖中进行。也就是说发酵的设备由原先的陶缸扩展到泥窖、石板窖、砖石窖等多种形式。在陶缸中酒醅发酵主要依靠酒曲引进的菌系，而在泥窖等其他窖池中，菌系因从泥土，特别是经过培育的老窖泥中增加了新的菌种而改组，这样就可能改变或改善原有的菌系而产出新的香型的白酒。为了与新的发酵容器及其间制造的新酒醅相适应，发酵的生态条件、发酵的技术操作、发酵的工序过程都可能作某些改进或发展。各地的白酒生产工艺都是因地制宜地创造了自己的一套特有的工艺流程。例如山西汾酒坚持固态地缸分离发酵，形成了“清蒸两次清”的清香型工艺特点。四川泸州老窖酒采用泥窖发酵，创造了原窖法工艺，又称原窖分层堆糟法。四川五粮液酒厂也是采用泥窖发酵，创造了跑窖法工艺，又称跑窖分层蒸馏法。贵州茅台酒采用石板窖，创造了“八次

贵州茅台酒厂制酒车间

发酵，七次摘酒”为工艺特点的酱香型酿造工艺。安徽古井贡酒厂也采用泥窖发酵，酿造发展了混烧老五瓶工艺。以上这些酿造白酒的工艺创新和发展大多是在明、清两朝完成的。

各有所长的中西方酿酒技艺

中国地域辽阔，各地的自然环境千差万别。发酵酿酒对自然环境的依存更是其他一些手工行业所无法比拟的。尽管人们可以顺从自然规律创造一个人造的酿造环境，以利于有益微生物群体体系的建立和繁衍，但是酿造过程毕竟很大程度上有赖于微生物群体的劳作，复杂而又特殊的微生物生态平衡体系的建立对于它的生存环境要求十分苛刻。环境的差异很自然地造成微生物群体的差别，从而造就了不同的酒品风味。实践经验告诉人们，就是采用完全相同的原料和曲种，运用相同的生产工艺，不同地方酿出的酒仍会有所差别。这其中的奥秘就只能从微生物世界的变化中去寻找，但正是这种差别才形成了名酒的地方特色。

中西酿酒技术内涵的比较

中国的酒好，不是自己吹的，这从它的酿造技术就可略知一二。后面将通过对中国具有代表性的历史文化名酒的生产技艺的陈述来说明中国传统酿酒技术的精粹。下面还是先将中国的原汁发酵酒、蒸馏酒与西方原汁发酵酒、蒸馏酒作一大致比较。

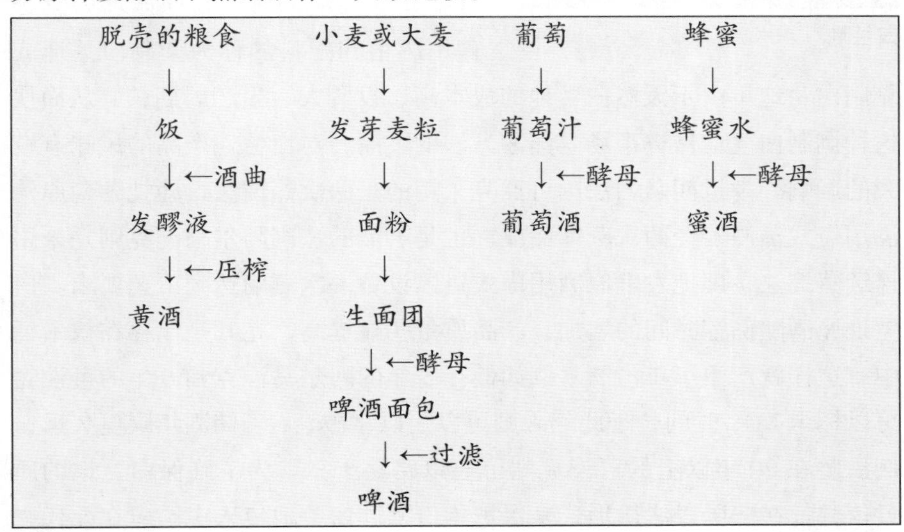

中西发酵原汁酒工艺比较

	中国白酒	白兰地	威士忌	伏特加	兰姆酒	金酒
原料	以高粱、大米为主的谷物	葡萄或其他水果	谷物和大麦芽	食用酒精	甘蔗糖蜜或蔗汁	食用酒精串香杜松子等
发酵方式	固态发酵	液态发酵	液态发酵		液态发酵	
糖化剂	霉菌为主		淀粉酶			
发酵剂	酵母菌	酵母菌	酵母菌	酵母菌	酵母菌	
微生物	混合菌种	单菌种	单菌种	单菌种	单菌种	单菌种
蒸馏方式	固态蒸馏	液态蒸馏	液态蒸馏	液态蒸馏	液态蒸馏	液态蒸馏

中西蒸馏酒工艺对比

白兰地

白兰地因为是将葡萄酒蒸馏而成，传统上被视为一种高贵而有档次的烈性酒，主要的产地在法国。后来用其他水果为原料，只要采用白兰地生产工艺制成的酒也称作白兰地，只是冠名时要在前面加上该水果的名称，例如苹果白兰地、樱桃白兰地、草莓白兰地等。只有葡萄白兰地才被简称为白兰地。完全用一种水果酿制的白兰地称为天然白兰地或纯粹白兰地，若不完全用水果为原料而添加或兑进食用酒精和配料的称为调制白兰地或兑制白兰地。由于天然白兰地的成本高、投资大、生产周期长，从而使这种调制白兰地挤进市场。蒸馏方法的不同，对白兰地产品的风味有较大的影响。举世闻名的法国可涅克采用的是两次蒸馏法，即把葡萄原汁酒用壶式蒸酒器经两次蒸馏而成。也是名酒的法国阿尔马涅克则是采用连续蒸馏法，即把发酵原酒用塔式蒸馏设备一次蒸馏达到工艺要求。白兰地原酒随储存时间的增加，产品质量明显提高，尤其是储存在橡木桶中。这样就产生了年份酒。例如储存5年的阿尔马涅克和6年的可涅克可以标识XO，时间长于此年限则可以冠以拿破仑，若储酒年限更久远，例酒龄在20年以上的可涅克则可冠以路易十三。为了确保白兰地的质量信誉，在法国以法律形式来保护年份酒。白兰地传入中国应在元代，当时被元蒙贵族视为珍品，立为“法酒”之首。因而它的蒸馏技术对当时中国蒸馏酒的发展产生了重要影响。

威士忌

威士忌是利用发芽谷物（主要是大、小麦）酿制的一种蒸馏酒，主要产地在英国、爱尔兰等国家。威士忌的拉丁文意思是长寿水，可见它与西方炼金术的关系。爱尔兰人可能在 12 世纪开始生产这种蒸馏酒。1494 年的苏格兰文献“财政簿册”记载说，是天主教神父从国外引入这种蒸馏酒生产技术。由于原料的差别，威士忌有许多品种，例如苏格兰威士忌：大麦芽；黑麦威士忌：麦芽和黑麦；爱尔兰威士忌：大麦芽和小麦、黑麦；波旁威士忌：麦芽和玉米、黑麦。苏格兰威士忌以大麦芽为原料酿制成，经过几百年的演变，工艺和酒质略有变化。当今的技术是大麦经过发芽后，放在泥炭火烘房内烤干、磨碎，制成发酵醪，因而带有泥炭烟香口味，构成苏格兰威士忌的特殊香型。完成酒化的发酵醪经过两次间歇蒸馏，就得到单体麦芽威士忌。将多种单体麦芽威士忌混合在一起就能得到“纯麦芽威士忌”或“兑和威士忌”。在苏格兰，纯麦威士忌在橡木桶中至少要贮存 3 年，才能变成真正的苏格兰威士忌。实际上，大多数苏格兰威士忌陈酿都在 5 ~ 6 年及以上，充裕的老熟过程才能保证酒有较高的质量。爱尔兰威士忌以大麦芽加小麦、黑麦为原料，大麦芽不经过泥炭烟火炉的烘烤处理，故成品酒就没有烟熏香味。波旁威士忌、黑麦威士忌由于原料和加工过程的差异也不同于苏格兰威士忌，都有自己独特的口味。

伏特加又名俄得克，其俄语 Vodka 的意思是“可爱之水”，原产于俄罗斯、波兰、立陶宛及某些北欧国家，是这些国家的国酒。它以小麦、大麦、马铃薯、糖蜜（甜菜废糖蜜）及其他含淀物的根茎果为原料，经发酵（在 19 世纪前以麦芽为糖化剂，20 世纪逐渐改为人工培育的淀粉酶为糖化剂，发酵剂则是酵母菌）蒸馏制得食用酒精，再以它为酒基，经桦木炭脱臭除杂，除去酒精中所含的甲醇、醛类、杂醇油和高级脂肪

伏特加

酸等成分，从而使酒的风味清爽、醇和。伏特加应该说是一种典型的酒精饮料。在20世纪，特别在第二次世界大战以后，伏特加进入西欧、北美洲地区，逐渐有了自己的酒客群体，许多国家也开始生产伏特加，酿制原料也扩充到玉米、黑麦、燕麦、荞麦等。蒸馏技术形成两道工序，先蒸馏后精馏，要蒸馏到没有任何杂醇油和任何香味。人们认为这才是真正的伏特加。真正的伏特加口味纯正，无味、无嗅，完全是中性，只有纯酒精的香和味。俄国人、波兰人饮用伏特加不讲究香味而是喜爱它的刺激性能。在西欧、美国，有些人虽然也以饮伏特加为时尚，但是他们有的在伏特加中注入矿泉水或汽水或鲜果汁和冰块，以改善口味。慢慢地开始出现加香或串香的伏特加，例如茴香伏特加、丁香伏特加、柠檬伏特加、玫瑰伏特加等。伏特加还成为配制马蒂尼酒及鸡尾酒的基础酒。

兰姆酒主要是以甘蔗糖蜜或蔗汁为原料，经发酵、蒸馏、贮存、勾兑而制成的蒸馏酒。通常酒精含量在40%～43%。兰姆酒的主要产地是盛产甘蔗的牙买加、古巴、海地、多米尼加等加勒比海国家。其生产方法主要是在甘蔗糖蜜或蔗汁中加入特选的生香酵母（产酯酵母）共同发酵，再采用间歇或连续式蒸馏，获得酒精含量高达75%的酒液。这些酒液应在橡木桶中陈酿数年后，再被勾兑成酒精含量在40%～43%的酒液。兰姆酒呈琥珀色，蔗香浓郁、醇和圆润、回味甘美。具有独特风味的兰姆酒又由于勾兑内容不同而分为传统兰姆酒、芳香型兰姆酒和清淡型兰姆酒。

兰姆酒

金酒起源于荷兰，发展在英国，以食用酒精为酒基，加入杜松子及其他香料（芳香植物）共同蒸馏而成。由于杜松子不仅具有幽雅芳香，还有利尿作用，故金酒实际上是一种露酒。

此外，还有墨西哥的龙舌兰酒，北欧一些国家以小麦和马铃薯为原料酿制的白兰地烈酒、波兰的直布罗加酒（放入牛爱吃的直布拉草共同发酵）及利口酒（加入某些果实、香料、药材共同发酵的芳香烈酒）等。

由中西蒸馏酒工艺对比表可以清楚看到古代东、西方各类酒的发酵工艺是有明显差别的。由于自然环境和文化传统的不同，酿造技术及其产品各有其典型的特征。所谓的自然环境的不同，主要有两点。①原料不同。西方酿酒的主要原料是小麦和大麦，这两种作物都有坚硬的外皮，较难直接蒸煮加工，大多数情况下是将其先研磨成面粉后再加工成面食。坚硬的外皮还直接阻止霉菌之类的真菌在其表面生长繁衍，只有加工粉碎后才能接受在空气中游荡的真菌孢子。东方酿酒的主要原料是稻米、粟米，去掉软壳后能够直接蒸煮，逢遇夏季气候炎热潮湿的环境，加工中的谷物，特别是熟制的谷物很自然地成为真菌落脚繁殖的阵地，发酵酿酒是顺水推舟的事情。②气候不同。与中国有炎热潮湿的夏季不同，在古代的苏美尔和埃及，尽管天气炎热，但空气干燥，不利于真菌的繁殖。还可以推测，在当地的空气中真菌本来就很少，故由霉菌引发的谷物发酵现象就少见了。这可能就是西方能生产啤酒而没有出现黄酒的原因之一。

西方在中世纪以前，葡萄酒、啤酒一直是饮用酒的主流，而东方的中国则几乎是黄酒垄断了市场。啤酒是面包制作技术的延伸，而黄酒技术则是谷饭的自然发展结晶。同样是谷物酿酒，在西方，像生产啤酒那样，淀粉糖化和酒精发酵是分两个独立步骤按顺序完成，参与的微生物基本上是酵母菌。而在中国淀粉糖化、酒化开始后不久即在同时进行，在过程中既有霉菌又有酵母菌参与，是以曲的形式进行混合菌种的发酵。相形对比之下，中国的酿造技术虽然复杂些，但将两步走变成一步走毕竟有许多好处，其中最大的好处在于有众多微生物的参与，产品的内容就丰富多了，口感也更丰满。这个“丰富”和“丰满”可以理解为，通过引入“酒曲”，而引进混合菌种，它们在发酵中，各自为战，除生产出乙醇外，还产出一些其他醇、有机酸，酯等许多化合物，特别是呈香

白酒

的酯类化合物。这是中国白酒独具特色的原因之一。

中国白酒工艺的特色

虽然东西方蒸馏酒的发展源头都是本地的发酵原汁酒，都是在原汁酒的基础上加上蒸馏技术，但只要细细推敲，其方法和工艺还是有区别的。各类白兰地、威士忌、伏特加、兰姆酒、金酒等西方盛行的蒸馏酒都是稀醪发酵，蒸馏所用酒醅也是液态，故其蒸酒器中无须箅子。而中国的白酒大都采用浓醪糖化发酵、固态蒸馏，不仅在蒸酒过程中需要用箅子来承托固态酒醅，而且还要让箅子足够大，以疏松地装入加了辅料的酒醅（酒醅装填太紧了会影响蒸汽的通行），这里当然也就有一些从装填酒醅到掌握蒸汽的技术要领。由此可见，中国白酒从酒醅、蒸酒器到整个生产过程都与西方蒸馏酒很不同，可以说中国的白酒传统工艺在世界蒸馏酒的生产工艺中是独树一帜，颇具特色。

白酒的传统生产工艺和黄酒一样，首要的工序是制好曲。因为曲是制好酒的先导，随后的要素才是原料、水和窖。酒厂中流传的口诀：“粮乃酒之肉、水乃酒之血、窖乃酒之魂，曲乃酒之骨。”这是用人的构成形象地比喻酿酒技术中的要素。其实制曲是为谷物的发酵准备优质的微生物菌系，原料谷物是提供发酵所需的淀粉等材料，水是为淀粉糖化发酵创造必要的介质环境，窖则是发酵进行的人造环境。上述元素缺一不可，条件欠佳都会直接影响酿酒的成败或酒品的质量。酿酒过程的实质就是借助微生物的繁殖，将淀粉最终转化为乙醇等物质，故人们在该过程中就要创造一个好环境让微生物努力工作，然后再去摘成果之桃。中国酿酒大师可以称作微生物工程技术专家。

西方酿酒主要使用的微生物是酵母菌，而中国酿酒所使用的微生物除了酵母菌外，还有众多霉菌。因此西方酿酒能在液态中操作，而考虑到霉菌的繁殖，中国蒸馏酒的生产最适当的发酵方式应在浓醪甚至固态下进行。由于采用了浓醪发酵、固态蒸馏，从而引出了以下工艺特点。

1. 因为拌料、倒料、入窖等工序劳动强度大，逐渐推行半机械化技术改造，生产过程基本上是手工操作。生产工序一环扣一环，除了蒸煮工序起着灭菌作用外，其他所有的发酵过程都是开放式的操作。由于是开放式，当地的各种微生物菌系可以通过空气、水、工具、场地进入酒醅，与酒曲引入的微生物菌种共同参与发酵。这种多菌系的混合发酵，能产生复杂的、丰富的香味物质，从而造就出每窖、每锅的产品在内涵上都不尽相同。这就形成了酒的个性和质量的不稳定性，才引出了后来工序中的勾兑之举。

2. 一般采取低温蒸煮、低温发酵。前者避免了高温高压对糊化效率的影响；后者减轻了温度过高对糖化酶的破坏。由于窖池内酒醅升温缓慢，可以使酵母菌不易衰老，从而保证了酒醅中乙醇含量的提高。

3. 采用传统的甑桶蒸馏，既能完成浓缩和分离乙醇的过程，又能实现对香味物质的提取和重新组合。甑桶这种适宜于固态蒸馏的装置是保证酒质的重要因素。这种蒸馏装置是中国的独创，是中国先民在蒸馏酒生产技术的重要创新。

4. 在中国的酿酒生产中，还有一种操作很特别，那就是将已蒸馏过的酒醅当作配料，将它与原料混合，重新返回酒窖发酵。这不是简单的废物利用，而是通过它的配入可调节窖池内酒醅的酸度和淀粉浓度，有利于糖化发酵，还因为这种配料经反复发酵，积累了较多的香味物质的前体，能增加成品酒的香味。

以上四点工艺技巧是中国传统的白酒酿造技术所特有，它首先适用于浓醪或固态发酵、固态蒸馏，更适合于多菌多酶（来自酒曲的菌系加上当地的天然菌系）发酵。这样的工艺过程是中国独创的，由此生产的酒明显展示了中国的口味和特色。西方的大多数蒸馏酒由于液态发酵、液态蒸馏，完全在封闭状态下进行纯种发酵，其内涵主要是乙醇和水，呈香的酯类物质较少，像伏特加酒那样只有酒精本身的香与味，威士忌酒的香与味主要来自泥炭的烟熏和橡木桶的木香。这类酒在内涵上与中国白酒是无法相比的。

各有千秋的中国酒

由于生态环境的差异，文化积淀的不同，各地的酿酒技艺逐渐形成了自己的工艺流程，产出带有地方特色的酒品。以白酒为例，过去通常将白酒分为四大香型（香和味）：以汾酒为代表的清香型，以泸州老窖酒、五粮液酒为典型的浓香型，以茅台酒为榜样的酱香型，以桂林三花酒为范本的米香型。四大香型之外还有一个兼香型，即它不属于四大香型中任何一类，而兼有其中二或三种香味混合型。原先兼香型只是一个朦胧的界限，现在发现的至少有六种，它们是董酒——药香型、西凤酒——凤香型、广东九江双蒸酒——豉香型，山东景芝酒——芝麻香型、湖北白云边酒——兼香型（混合两种香型）、湖南酒鬼酒——混香型（混合三种香型）。其实只要是认真品尝，还会发现同属浓香型的五粮液酒与泸州老窖酒也不一样。

有的专家提出有12种香型，甚至说有20多种香型。香型的区划是个科学问题，自20世纪60年代起，中国酿酒专家为了便于从生产工艺上总结经验，发现规律，促进生产工序规范化，稳定产品质量，保持产品特色，从而依据酒品中化学成分的异同，将中国传统白酒分成若干种香型，用科学的手段来剖析白酒的内涵，这应是酿酒技术的进步。随着研究的深化，香型种类的增多很正常。然而，对中国白酒内涵的认识仍不充分，香型的划分只能是学术研究的阶段性成果。仅仅用主体香成分来判断某种酒的香型标准未必十分贴切，实际上每种品牌的风味多少是有差别的，即各个地方的酒都会有自己的特点。中国酒的丰富内涵和众多品牌恰好适应了各种群体的不同需求。可以说白酒也像工艺品，只有特色独到，才能博得消费者的认同。不同地区、不同民族、不同年龄、不同体质和习惯都会对酒的品味有不同的鉴赏。下面只介绍几种获得众多酒友认同的历史文化名酒。通过品评它们的风味，认识它们独特的酿造工艺，欣赏它们的文化积淀，可以进一步理解中国古代酿造技艺所取得的辉煌成就。

杏花村里酒如泉——汾酒

汾酒是我国最早生产的蒸馏酒品牌，它的生产工艺由晋商和山西酿酒技师传播到半个中国，传到武汉酿制的酒叫汉汾酒，传到湖南湘潭酿制的酒称湘汾酒，传到江西的有瑞康汾酒、回龙汾酒，此外还有“滨汾”“溪汾”“佳汾”“吉汾”“龙汾”“仿汾”等。由于酒坊的老板来自山西，许多地方的名酒虽然称谓中不带“汾”字，但其酿制工艺与汾酒工艺有着直接的渊源关系。在明清时期，喝白酒并不注重什么香型，因为那时绝大多数蒸馏酒都是清香型，故汾酒是名副其实的清香型代表。汾酒稳坐历史文化名酒宝座，有两个条件是无可置疑的。一是丰厚的文化积淀，二是精湛的传统技术。

汾酒

汾酒产于山西省汾阳市杏花村。据对杏花村及其周边地区的遗址考古发掘研究，表明在4000年前，居住在这里的先民已开始酿酒和饮酒。经历了殷商、西周、春秋战国、秦汉和魏晋时期的演进，在南北朝时，汾阳所产的汾

汾酒博物馆

最带劲的烈酒

清酒已迈入当时的宫廷御酒之列。在唐代，汾阳杏花村是南下盐湖和到古都长安要道上的重镇。据传古代的杏花村酒业兴隆，是一著名的酒村闹市。唐宋时期全村的酒坊多达 70 多家，美景好酒曾吸引众多文人墨客在此聚会畅饮。在有关汾酒的传说中，有几则“神井”的记载。其中最著名的是在杏花村古井亭旁一块题为“申明亭酒泉记”的石刻，它和大量赞美汾酒的诗文一样，足显汾酒的雄厚文化底蕴。当时的汾清酒亦被叫作“干和酒”“干酿酒”“干酢酒”。唐代诗人张籍说“酿酒爱干和”。宋代窦革在《酒谱》称：“今人不入水酒也，并、汾间以为贵品，名之曰干酢酒。”由此可见干和酒的称谓来自一项酿酒技术的进步，这一技术就是酿酒中对用水量的控制，用现代术语说即是掌握了浓醪发酵。当时汾清酒技术的另一个特色就是“清”，不仅酒色洁净透明，而且在整个酿造过程也突出洁净二字：从原料到器具，从操作到环境都讲究清洁。这两个技术要素一直得到传承。在元代，蒸馏酒技术得到迅速的传播，杏花村是率先运用这一技术生产白酒的地方之一，汾酒采用的地缸发酵就是最好的注释，因为蒸馏酒的生产是从蒸馏黄酒开始的，黄酒发酵大多在陶缸中进行。杏花村生产的白酒，色如冰清，香如幽兰，味赛甘露，是酒中极品。在 1915 年美国的巴拿马万国博览会上获得甲等金质大奖

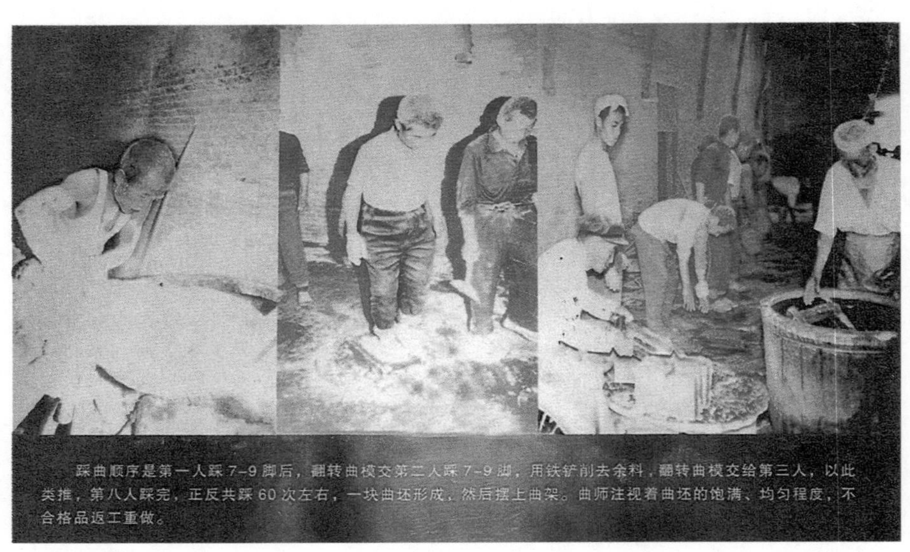
踩曲顺序是第一人踩 7-9 脚后，翻转曲模交第二人踩 7-9 脚，用铁铲削去余料，翻转曲模交给第三人，以此类推，第八人踩完，正反共踩 60 次左右，一块曲坯形成，然后摆上曲架。曲师注视着曲坯的饱满、均匀程度，不合格品返工重做。

人工制曲老照片

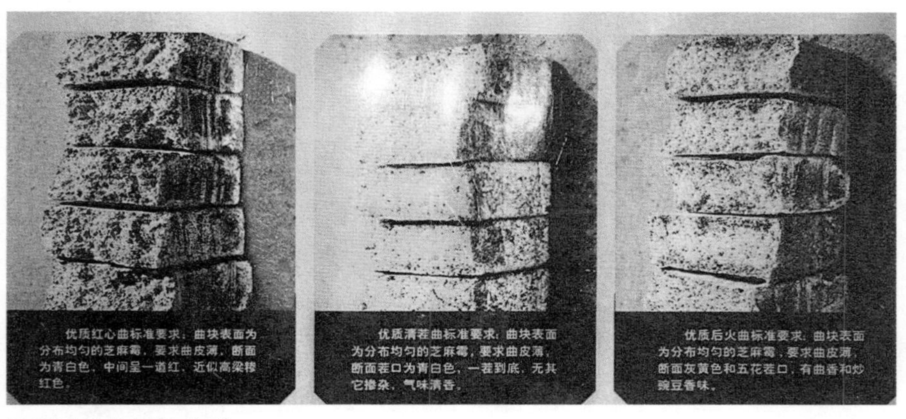

汾酒酿造的三种曲型

章。从此杏花村汾酒名扬天下，在中国历届的评酒会上都是金牌不倒。

为什么杏花村能一直生产美酒？除了上述深厚的文化积淀外，它还有一个适宜酿酒的生态环境，利于传承发展酿酒技艺。汾阳市杏花村位于山西省中部，吕梁山脉东麓，太原盆地西缘，安上河与小相河冲积平原的交接地带，四季分明，春季干燥多风，夏季炎热多雨，秋季凉爽湿润，冬季雨雪稀少。传统的汾酒酿制一直使用杏花村八槐街的古井亭井水和卢家街的申明亭井水。其水质清澈，甘馨爽净，无悬浮物，无邪味，洗涤时手感绵软，沸煮时锅内不结垢，煮饭不溢锅，不生水锈。经分析，这井水虽然碱度稍大，但不是强碱性，正是所谓的“甘井水”，是适宜酿酒的。晋中盆地汾河一带盛产优质高粱，俗称“一把抓”。原料主要来自本地，保障可靠，这是汾酒发展的物质基础。水质、原料、微生物菌种对于汾酒酿造都具有决定性意义，而这些因素又与自然环境密不可分，因此，汾酒酿造具有得天独厚的生态环境，形成人与自然“天人合一”的和谐关系。

汾酒精湛的工艺，其优势主要表现在制曲和酿造两个阶段中。行话说曲是酒骨头，没有好曲就生产不出好酒。汾酒大曲采用的原料是将大麦、豌豆按比例混合，在石磨上粉碎。然后将粉碎好的原料在铁锅里加水手工搅拌，搅拌均匀后的原料装入曲模里，人工踩制成曲坯。踩曲有这样一首工艺口诀：“踩曲工序是前提，环节重要须精细，豌豆大麦严配比，曲面粗细多留意。水分适中按比例，充分搅拌要牢记，生面疙瘩是大忌，影响培曲最不利。踩制过程要细腻，踩匀踩平不麻痹，四周光滑厚薄齐，重量匀称遵工艺。”踩制好的曲坯搬运到曲房去堆放，称为“卧曲”。曲坯再经过晾、潮火、大火、后火加热的“两晾两热”工艺，生产出清茬曲、后火曲、红心曲三种曲。清茬曲经历了小热大晾，后火曲经历了大热中晾，红心曲则是中热小晾。也就是说通过卧曲中的品温和湿度控制和调节，使曲坯中所繁衍的菌系有所差别。从曲坯入曲房到出曲房总培菌天数为 26 ~ 28 天。制曲温度没有超过 50℃，故酒曲属于中温曲。

汾酒生产有六个主要的工序，称为一磨、二润、三蒸、四酵、五馏、六陈。一磨主要指原料加工，二润即是润糁，三蒸是指蒸料，四酵是指红糁拌曲入缸发酵，五馏是指出缸蒸馏，六陈即是指贮存勾兑。

汾酒酿造技艺的最大特点是“固态地缸分离发酵，清蒸二次清”的发酵和蒸馏方法。即每投一批新料，这批新料就清蒸糊化一次，发酵二次，流酒二次。汾酒发酵的设备是一个个埋在地下，口与地面平齐的陶缸。使用陶缸发酵是汾酒工艺的特色，它继承了黄酒酿造使用陶缸的传统。由于陶缸发酵易于保温，曲中所含的微生物在 28 天的发酵期内作用旺盛，酒精发酵及其后的酯化过程顺利进行。因为在蒸酒中严格做好掐头去尾，成品酒的质量得到保证，才能达到酒质纯净、幽雅醇正、绵甜味长的汾酒三绝（据测试，汾酒主体香味主要由乙酸乙酯和乳酸乙酯按 55% 和 45% 构成）。1933 年中国微生物学家方心芳来到杏花村，与汾酒义泉泳作坊老掌柜杨德龄一起总结出汾酒酿造的七大工艺秘诀：“人必得其精，水必得其甘，

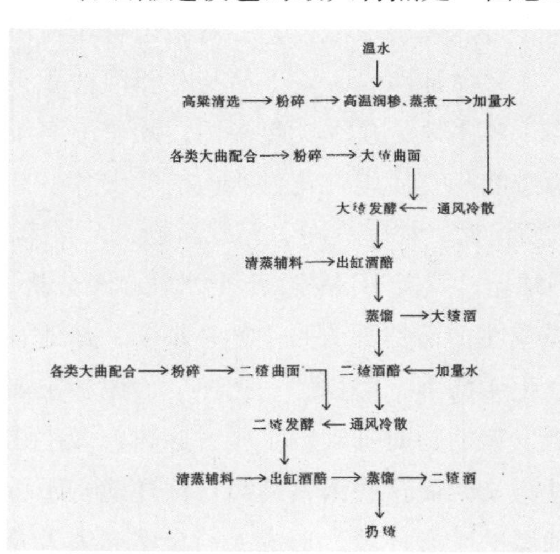

汾酒酿造工艺流程图

曲必得其时，粮必得其实，器必得其洁，缸必得其湿，火必得其缓”。这是杏花村近千年酿酒技艺的传承和结晶。

汾酒发展中做出重要贡献的杨德龄

在汾酒传统技艺的传承链上，杨德龄是一个杰出的人才。他是山西孝义下栅人，生于1859年，卒于1945年，享年86岁。他14岁只身到汾州府义泉涌酒坊学徒3年，深得师傅悉心传授。凭着勤奋、聪慧与悟性，18岁时已熟练掌握了汾酒酿造的操作技术，成为酒坊代师领班。21岁时擢升为三掌柜。1882年他与汾阳南垣寨首富王协卿合作，创立了“宝泉益”酒坊，由于工艺精湛，经营得法，生产的“老白汾”酒深受欢迎。民国初年，“宝泉益”先后兼并“崇盛永”、“德厚成”两家酒坊。1915年“宝泉益”改名为“义泉泳”，杨德龄任经理。同年“义泉泳”选送的“老白汾酒”在巴拿马万国博览会上获金质大奖章。自此老白汾酒驰誉中外。

1919年在山西督军阎锡山指定下，其副官张汝萍等五人，领认股金500元，共2500元，义泉泳以酒入股在太原市桥头街成立晋裕汾酒有限公司。由义泉泳供酒，晋裕公司经销，杨德龄任经理。晋裕公司的成立，成为中国近代白酒业第一家私营股份制企业。1923年，北洋政府颁布《商标法》，第二年杨德龄就率先注册了中国白酒第一枚商标：高粱穗汾酒商标。1932年义泉泳转卖资产给晋裕公司，义泉泳消失了。此后晋裕公司在总经理杨德龄的带领下不断创造佳绩，创立了以汾酒为主，竹叶青、白玉汾、玫瑰汾等配制酒为辅的品牌

高粱穗牌汾酒

系列。1949年在晋裕公司义泉泳酿造厂的基础上成立了国营汾酒厂。60多年来，汾酒人凭着“振兴国酒，为国争光”的坚定信念和拼搏精神，先后进行了九次改建扩建，规模和效益都取得辉煌成果。汾酒传统酿酒技艺经传承和创新，日益完善、科学，至今已成为汾酒集团的宝贵财富。经过千年洗礼，以“色、香、味”三绝著称的汾酒继续散发出愈久弥香的醉人气息。

“浓香飘万里”——泸州老窖酒

泸州老窖大曲酒，酒液透明晶莹，酒香芬芳馥郁，酒味绵柔宜人，酒体丰满醇厚，以“窖香浓郁，绵甜醇厚、香味谐调、尾净爽口”的完美风格而享誉古今。其主体香味成分是已酸乙酯，与适量的丁酸乙酯、乙酸乙酯、乳酸乙酯等构成复合香气，被定为浓香型白酒的典型代表，故称浓香型白酒为“泸型”酒。

泸州老窖

泸州素有“酒城”的美誉，因为在老城区四处散布许多酿酒作坊，特别是那些窖龄过百的、数以百计的大大小小老窖池，可见该城酿酒历史久远。泸州谷物酿酒的历史，可以用这样几句话来概括：始于秦汉、兴于唐宋、盛于明清、发展在当代。曾经卖过酒的汉代文人司马相如曾说：“蜀南有醪兮，香溢四宇。”隋唐五代时期，相对安定的环境为农业的发展提供了契机，泸州酒业相当兴盛。加上泸州地区聚居的少数民族，他们在酿酒技术上与汉族的交流进一步推动了泸州酿酒技术的发展。宋代，中国经济重心南移，长江流域的繁荣超过历史上的黄河流域。由于泸州发达的农业，加上舟车要冲的地理位置，使得泸州的政治、经济、军事、文化地位获得上升，泸州酒业有了更大的发展背景。北宋诗人黄庭坚曾因被贬，蜗居泸州半年，在他的《山谷全书》里，描绘了当时泸州酒业的兴盛：州境之内，作坊林立。官府士人，乃至村户百姓，都自备槽床，家家酿酒。这一点，从当时酒税征收的数额便可反映出来。《文献通考》记载，宋熙宁年间，泸州是全国年商税额达十万贯以上的 26 个州郡之一，其中，酒税占泸州商税的十分之一，仅熙宁十年（1077 年）泸州交纳的酒税就有 6432 贯。而且赵宋王朝对泸州实行了“弛其（酒）禁，以惠安边人”的政策，有助于泸州酒业的昌盛。宋代诗人唐庚用“万户赤酒流霞”的名句来描绘宋代泸州酿酒饮食的繁华景象。苏轼也曾称赞说：“佳酿飘香自蜀南”。当时泸州一带出现一种“腊酿蒸粥，候夏而出”的大酒，这种酒因酿造时间长，酒度较高，在原料选用和发酵工艺上为以后的泸州老窖酒的出现积累了经验。

技艺随着酒业的兴旺而进步。据《永乐大典·泸字韵》载：泸州南门（来远门）至史君岩之间的修德坊“酒务街”内，酒楼、酒肆遍布。传说明代泸州有一位姓舒的武举，此人嗜酒如命，对当地所产佳酿每餐必饮。他为了保证自己日日都能饮到美酒，便决定自己开糟坊，他选在泸州城南营沟头龙泉井旁开建了六口酒窖，并用龙泉井的清冽泉水为酿酒用水。这便是至今保存完好、连续使用时间最长的明代老窖池酿酒作坊——舒聚源糟房。1958 年国家轻工部组织来自全国的有关专家，对国家名酒泸州老窖大曲的酿造工艺和老窖窖龄进行考察，专家们一致认为，这些老窖的建成时间在明代万历年间（1573～1619 年）。舒聚源

舒聚源酒坊窖池

糟坊继承洪熙年间施敬章所传授的曲酒酿造技艺，生产出质量更高一档的大曲酒。此后酿酒技艺与酒窖一起代代相传，在传承中不断创新、不断发展，逐渐成熟定型。

大约到了清代乾隆、嘉庆时期，舒氏将已发展至十口窖池的糟坊转卖与饶天生。饶天生经营酒坊至同治八年（1881 年），又将窖池转卖给从广东来泸的温氏。据“温永盛”糟坊第 11 代传人温筱泉回忆，温家祖籍广东，清雍正七年迁到四川泸州，世代开设酿酒作坊。清代同治八年，温家九世祖温宣豫买下这十口窖池，并将酒坊改名为“豫记温永盛曲酒厂”，酿制“三百年老窖大曲酒”。《泸县志 · 食货志》记载了清末泸州酒业的概况：“以高粱酿制者曰白烧，以高粱、小麦合酿者曰大曲。清末白烧糟户六百余家，出品远销永宁及黔边各地……大曲糟户十余家，窖老者尤清冽，以温永盛、天成生为有名，远销川东北一带及省外。”民国元年（1912 年），温筱泉继承祖业，改“豫记”为“筱记”，酒厂更名为“筱记温永盛曲酒厂”。1915 年，该厂将陶瓦罐包装的泸州大曲酒送往旧金山，参加巴拿马万国博览会，夺得金质奖章。这是泸州老窖大曲酒获得的第一块国际金牌。当时老窖池遍布泸州市区，共有

泸州老窖酒厂的 400 多年窖龄的老窖

老牌酿酒糟房36家，窖池1000多口。这些酿酒糟房相互学习，你追我赶，推动了泸州酿酒技艺的发展。

从古至今，泸州一直产出美酒，既有社会经济背景和文化积淀的因素，还有赖于它有一个适于酿酒的自然地理环境。泸州处于四川盆地南缘与云贵高原的过渡地带，北部平坝连片，为鱼米之乡；南部河流深切，森林矿产水能资源丰富。长江与沱江交汇于泸州，凭两江舟楫之利，历史上的泸州很自然形成川、滇、黔三省结合部的物资集散地和川南经济文化中心，是川南的物资集散地。商贾云集，文人荟萃，经济繁华，酒业兴盛，使蕴藏丰富的地俗文化得到不断地张扬。历朝历代，都有文人骚客、风流名士在畅饮泸州好酒后留下赞美的诗篇。与酒相关的文化现象遍布四处。泸州好酒自元明以来的声名鹊起，与文人墨客的诗酒文化是密不可分的。

泸州的土地土层深厚、土壤肥力高、矿物质含量丰富、胶质好，特别适合于种植高粱、小麦等，为酿酒原料的生长提供了优异的条件。因为是泥窖发酵，那种循环使用的装窖黄泥成为建窖发酵的独特材料。泸州老窖所采用的黄泥主要来自五渡溪河畔，这种泥色泽金黄，绵软细腻，不含砂石杂土，黏性极好，不仅本身含微生物，而且适宜微生物的存活和繁殖，可以说是种稀罕之物。泸州的气候使“川南粮仓”确保酿酒对皮薄红润、颗粒饱满糯红高粱的需求。“软质小麦”也是泸州的特产，这种小麦面筋丰富、支链淀粉含量高，曲药中微生物容易形成繁殖生长优势，用它制作大曲从原料上保证了曲药的高品质。当年“舒聚源”挑选窖址时，首先考虑的条件就是龙泉井水。数百年来，它已成为泸州人酿酒和饮用的源泉，用其所酿之酒，清冽甘爽，远近闻名。经过专家分析，龙泉井水清澈透明、微甜、呈微酸性、硬度适中，能促进酵母繁殖，有利于糖化和发酵。具有春花秋实、夏甸冬庾的天府特色，促使名酒成为泸州的特产。这既是自然环境的天成，又是历史文

泸州“软质小麦”

化的沉淀。

在泸州的诸多名酒中，名气最大的要数在巴拿马万国博览会上摘取金牌的泸州老窖大曲酒。名酒的产出必须有一套与之相匹配的先进、独特的酿酒技艺。泸州老窖大曲的酿酒工艺在经历长期的经验积淀后，又有一个从发端、发展到成熟、完善的过程。下面作一简单的叙述。

从泸州酿酒人郭怀玉创制“甘醇曲”，到施敬章开创了“固态发酵，泥窖生香，甑桶蒸馏”的技艺新途径，从此有了泸型酒酿造工艺的雏形。据陈铸《泸县志》载：“初麦面一石，高粱面一斗浇水和匀，模制成砖，置于隙地上，以物覆之，数日发酵，再翻之覆如故，听其霉变，是为曲母。始用高粱四石磨面，每石和曲母一石，加枯糟六石，浇水和匀，收制地窖（窖在屋内，先以黏土泥和烧酒，筑成长方形，深六尺、宽六尺、长丈许），上覆以泥，俟一月后酝酿成熟，取出以小作法蒸馏之，三日能毕一窖，即市中所售大曲也。”这就是泸酒工艺的雏形。经过一代代的传承，泸州老窖大曲的生产已形成一套稳定的技术系统，酿酒技师们对酿酒中粮、糠、水、酒、曲、糟之间复杂的量比关系，对发酵中水分、

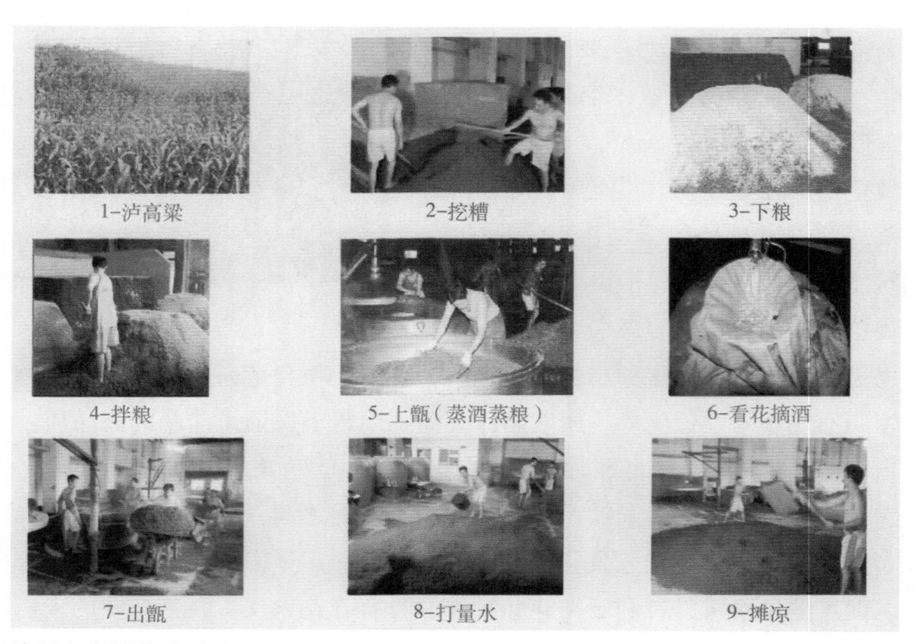

1-泸高粱　2-挖糟　3-下粮
4-拌粮　5-上甑（蒸酒蒸粮）　6-看花摘酒
7-出甑　8-打量水　9-摊凉

泸州老窖酒传统酿造工艺场景图（一）

温度、湿度等技术要素都有深切的感知。这些技术大多没有系统的文字记载，而是通过师傅带徒弟，言传身教的方式相传。1958 年成立“泸州老窖大曲酒操作法总结委员会”，负责整理历史经验，总结优良传统的老操作法，使之规范化、系统化，便于学习推广。被总结、完善的工艺包括有：窖泥的制作维护技艺、曲药的制作鉴评技艺、微生物传承的曲药制作技艺、原酒的酿造摘酒技艺等。

泸州老窖大曲酒技艺经历数百年的演进、积淀，形成了独特、高超的技艺水平，以下的典型特点可以用“无可比拟”来表述。

1. 泸州老窖大曲酒窖池群是泸州老窖最宝贵的财富。现存的泸州大曲老窖池百年以上的就有 300 余口，其中明万历年间的老窖池现有 4 口，1996 年被国务院定为全国重点文物保护单位，为中国至今保存完整而且仍在使用的最古老的窖池，其窖壁及底部泥土均为深褐色弹性黏土，微生物种类已有己酸菌、乙酸菌、霉菌、丁酸菌等 400 余种，且数量庞大。这些不间断地在使用的泥窖，其泥中所含的微生物菌种，虽然历经了生长繁殖、物质代谢、衰老死亡的往复过程，但是，它们始终不断地从粮

泸州老窖酒传统酿造工艺场景图（二）

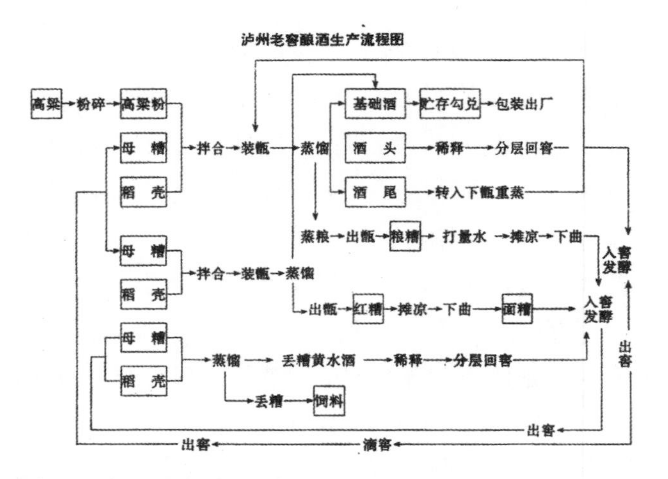

泸州老窖酒酿造工艺流程

糟中获得营养，菌群得到不停的驯化和富集，致使这些“千年老窖”性能越来越优良。

2. 与“千年老窖”相匹配的是“万年母糟”。在续糟配料中，每轮发酵完成后，80%左右的糟醅都作为母糟，投入新粮的拌和继续发酵，仅把增长出来的20%左右的糟醅在发酵后丢弃。犹如一杯水，每次倒掉1/5，再把这杯水盛满，如此循环，这杯水中永远有其最原始的母本水存在。通过原始母本成分的积淀，“万年母糟”使酒质的香味成分越来越丰富。

3. 每轮部分替换的“千年草”技艺，与“千年老窖”、“万年母糟”一样是酿造微生物菌群传承的重要途径。作为覆盖物的稻草，首先给新鲜曲坯接种当地所特有的微生物菌群，微生物在曲坯内生长繁殖后，又向稻草反馈微生物，周而复始的操作循环，制曲微生物菌系得到驯化和富集，这种“千年草”在提高曲药质量上就显得很重要了。

4. 在泸州古酒坊附近有醉翁洞和八仙洞两大自然山洞群，山洞内常年恒温恒湿，温度在20℃左右，湿度在80%左右，非常适宜放置陶缸贮酒。贮存中酒体内的化学变化可使某些优质的调味成分得以增加和积淀。因此山洞储酒也是提高和保证泸州老窖大曲酒的秘密之一。

与众不同韵味长——茅台酒

具有特殊的酱香口感的茅台酒，在清代已成为贵州的酒品状元，但由于地理和交通的劣势很难走向全国。茅台酒作为西南名酒被人们所赏识有一段机缘。1935年中国工农红军长征到达茅台镇，缺医少药的红军用茅台酒代替酒精救治了不少创伤化脓的伤员。在此，共产党人与茅台结下情结。“西安事变”时，张学良就是用茅台酒来宴请周恩来。抗日战争胜利后的重庆谈判，蒋介石也是用茅台酒招待毛泽东。这就逐渐有了“外交礼节无酒不茅台”之说。招待美国总统尼克松的国宴，饮茅台酒，送日本首相田中荣角的礼品酒是茅台。茅台酒就是这样荣升为“国酒”。当然，茅台酒被誉为“国酒”不仅是它有“革命”情结，更重要的是它的韵味与众不同，不愧为享誉世界的中国历史文化名酒。

贵州茅台酒

茅台酒产于贵州省仁怀县城西 13 公里处，赤水河东岸的茅台镇。古有“蜀盐走贵州，秦商聚茅台”之说，茅台镇在明清时已成为黔北重要的交通口岸。贵州省三分之二的食盐由茅台镇起程转销，随着食盐的运销，素有独特风味的茅台酒得到迅速发展，茅台镇也成为“家唯储酒卖，船只载盐多”的繁华名镇。《史记 · 西南夷列传》记载了这么一则故事：公元前 135 年，鄱阳令唐蒙出使南越（今广东番禺），吃到了产自古夜郎国习部地区的饮品“枸酱”，“啖之甘美如饴”，于是，便绕道取之献与汉武帝，“帝尝甘美之”。根据这一故事，清代仁怀直隶厅同知陈熙晋写下了“尤物移人付酒杯，荔枝滩上瘴烟开。汉家枸酱知何物，赚得唐蒙习部来”的诗句。西汉的枸酱究竟是何物，《遵义府志》称：“枸酱，酒之始也。”枸酱可能是一种添加水果的发酵原汁酒。

据茅台镇现存的《邬氏族谱》表明茅台镇早在 1599 年前就有一定规模的酿酒作坊。据不完全的统计，清道光年间，茅台镇的烧酒作坊已不下 20 余家。《遵义府志》（清道光年间）引《田居蚕室录》说：“茅台酒，仁怀城西茅台村制酒，黔省称第一。其料用纯高粱者上，用杂粮者次，制法，煮料和曲即纳地窖中。弥月出窖烤之，其曲用小麦，谓之白水曲，黔人称大曲酒，一曰茅台烧。仁怀地瘠民贫，茅台烧房不下二十家，所费山粮不下二万石。”清朝张国华在竹枝词《茅台村》中写道：

“一座茅台旧有村，糟丘无数结为邻；使君休怨曲生醉，利锁名缰更醉人，于今酒好在茅台，滇黔川湘客到来，贩去千里市上卖，谁不称奇亦罕哉！”同治元年（1862 年），原籍江西临川，康熙年间就来贵州经商，以盐务致富的华联辉在茅台开办“成裕酒房”，1872 年改为成义烧房，该酒坊的酒质地优良，供不应求，逐渐扩大了生产。原先只有两个窖坑，年产 1.75 吨，取名为回沙茅酒，人称华茅，仅在茅台和贵阳的盐号代销。1944 年窖坑增至 18 个，年产量最高达 21 吨。继成义烧房之后，还有荣和烧房（光绪五年，1879 年设立），恒兴烧房（由 1929 年开设的衡昌烧房更名）。荣和烧房年产仅 1 吨多，人称“王茅”，酒的最高产量也达到了近 4 吨。恒兴烧房所产酒，人称赖茅。发展到 1947 年，酒的年产量也提高到 3.25 吨左右。1915 年茅台酒在巴拿马万国博览会荣获了金奖，其荣誉就由成义和荣和两家烧房共享。

1951 年 11 月仁怀县政府购买了成义烧房，成立了贵州省专卖事业公司仁怀茅台酒厂。1952 年荣和烧房、恒兴烧房也先后合并到国营茅台酒厂。当年酒厂仅有职工 49 人，酒窖 41 个，甑子（即蒸锅）5 个，石磨 11 盘，年产酒 75 吨。从 1953 年起，国家开始投资扩建茅台酒厂，特别是 1964 年，在轻工部的主持下，成立了“茅台酒试点委员会”，用了两年的时间完成了茅台酒两个生产周期的科学试验，进一步总结了茅台酒传统的操作技术，进行了酒样的理化分析以及茅台酒主体香成分及其前驱物质和微生物的研究，揭开了茅台酒的一些质量秘密，初步认识了茅台酒的生产规律，基本上了解茅台酒酿造过程中微生物的活动规律，用科学的理论完善了传统的操作技术。通过试验，肯定了茅台酒师李兴发提出的茅台酒中存在“酱香、窖底香、醇甜”三种典型体香型的观点。1976 年以后，茅台酒的产量、质量及经济效益有了明显增长。1977 年生产量达到 763 吨，1978 年

原“成义烧房”全景图

达到1068吨，1980年产量为1152吨，到1985年增至1265吨。1986年，茅台酒厂提出了“我爱茅台，为国争光”的口号作为企业精神，激励了广大职工的生产热情。不仅用现代的科技手段研究并总结了茅台酒酿造的历史经验，阐明了茅台酒传统工艺中高温酿造这一工艺精髓的科学奥秘，解开了自然环境条件与茅台酒之间存在必然联系的科学症结。还收集整理了大量的与茅台酒相关的经济、政治、军事、文化及民俗的历史典故，其中不乏珍贵的历史文物，建成了“中国酒文化城”,使茅台酒的文化盛宴为国人共享。

20世纪40年代的“赖茅”酒瓶

自1915年茅台酒勇摘美国巴拿马万国博览会的金牌奖之后，在国内历次评酒会上，都被尊列在国家名酒（即最高奖）之列，在国际的众多食品和饮料的博览会上都能获得金尊而归。茅台酒为什么受推崇？首先，酱香突出，幽雅细腻，醇厚丰满、回味悠长的茅台酒不仅占据中国酱香型白酒的鳌头，同时，它的独特口味传承和发展了茅台地区古老、原始、传统的酿造技艺，也传承了茅台地区悠久的多民族融合的文化传统。

20世纪50年代“天锅”蒸酒器图

茅台镇大约在明代万历年间就有了蒸馏酒的生产，由于充分吸取了传统的酿酒经验，闯出了自己的独特风格。民国期间赵恺，杨思元编纂的《续

“天锅”的人工搅拌冷却

20 世纪 50 年代的人工踩曲图

酒曲房的一角

修遵义府志》写道：“茅台酒，前志：出仁怀县西茅台村，黔省称第一，《近泉居杂录》制法，纯用高粱作沙，蒸熟和小麦面三分纳酿地窖中，经月而出蒸烤之，即烤而复酿，必经数回然后成。初曰生沙，三四轮曰燧沙，六七轮曰大回沙，以次概曰小回沙，终乃得酒可饮，品之醇气之香，乃百经自俱，非假与香料而成，造法不易，他处难以仿制，故独以茅台称也，郑珍君诗‘酒冠黔人国’，乃于未大显张时，真赏也。往年携赴巴拿马赛会得金牌奖，固不特黔人之珍矣。”从这段文字来看，《近泉居杂录》中关于茅台酒的工艺是当时比较详细的记录，不难看出当时的茅台酒工艺已经定型。茅台酒酿造工艺的亮点可以概括为：“高温制曲，季节生产，高温堆积发酵，高温蒸馏接酒，长期陈酿，精心勾兑。”下面简单地作一阐释。

高温制曲是茅台酒酿造的基础环节，它鲜明地区别于其他香型白酒的制曲要求，形成茅台酒特有品质的要素。制曲工艺的核心技术主要是：“精心用料，端午踩曲，生料制作，开放制作，高温制作，自然培养”。

茅台高品质酒曲的制造尽管是个自然培育的过程，但是，人们在制曲温度的控制、麦粉精细的搭配，水分轻重的把握，曲母掺曲的比例、翻曲

20 世纪 70 年代后期建成的生产车间全景

时间的恰当、曲醅入仓发酵堆积的方式等操作单元的讲究，做到了环环相扣，独具匠心。

茅台酒酿酒工艺也是非常有特色的，概括起来有以下几点。①生产从 9 月重阳投料开始到丢糟结束，恰好需要一年时间，故生产周期为一年。②茅台酒全年的生产用料——高粱，要在两个月内分两次投完。第一次为下沙投料，第二次为造沙投料，两次投料量相同。③同一批原料要经过 8 次发酵，即 8 次摊凉，8 次加曲，8 次堆积，8 次入窖发酵。每次入窖前都要喷洒一次尾酒。这种回沙技术既独特又科学。④经窖池发酵的酒醅要经 7 次取酒。由于每一轮次的酒醅的基础不一样，发酵过程的环境因素不一样，造成发酵后的酒醅内涵也不尽相同，故每一轮次取得的酒都会各有特点。即便是同一窖的酒醅，也可以生产不同的酒。一般来说这些酒的香味香气是由酿造产生的酱香、醇香、窖底香三种典型香体为主融合而成的复合香。构成这些香味香气的物质成分非常丰富，据目前的科学分析，构成这些香味香气的微量成分多达 1200 种，其中能叫得出名称的就有 800 多种。正是这些复合香的酒体经多次勾兑，取长补短，最终构成酒体丰满醇厚的茅台酒。⑤茅台酒使用的酒曲是特有

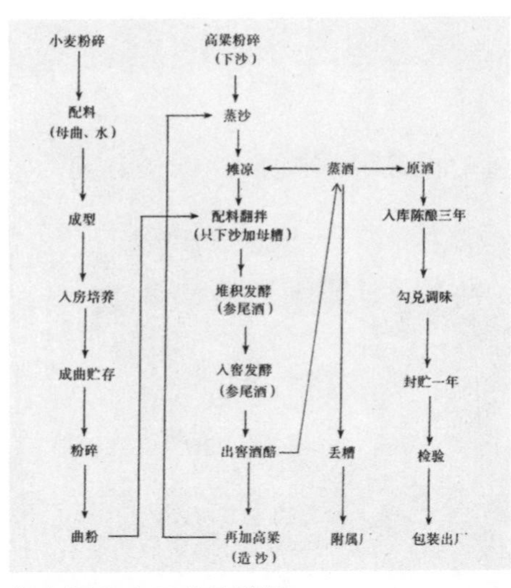

茅台酒生产工艺流程图

的高温大曲。酿酒中用曲量较大，这在白酒酿造中十分突出，从而形成了茅台酒酱香突出的特点。⑥茅台酒生产中还有高温堆积、高温润料、高温发酵、高温接酒等工艺特色。特别是其中的高温堆积，是茅台酒酱香突出的关键工序。因为在高温曲中，部分起糖化、酒化的霉菌、酵母菌在高温中失活，造成大曲中微生物的某些品种的不足，这一缺陷在高温堆积中得以补偿。在堆积中再次从空气中网罗、筛选了某些微生物。只要掌握好堆积发酵的条件和程度，就能决定入池发酵前酒醅的微生物品种、数量和其中的香味物质及香味的前驱物质，也决定了入窖发酵中产生代谢物质的品种、数量。酱香型物质成分的生成就取决于高温堆积的工序。⑦茅台酒所用的高温曲要经过 6 个月以上的贮存才能使用，而茅台酒原酒的陈酿时间，最短也要 4 年以上。在陈酿中有生化反应的变化，只有经过长时间陈酿，勾兑好的茅台酒才更显幽雅细腻、酒体协调。

茅台酒酿造工艺中的八次发酵，第一轮称下沙，第二轮称造沙，沙即原料高粱。第三轮至第八轮都是发酵蒸酒。第一轮实际是原材料的加工，从第二轮到第八轮才生产原酒，故为七次摘酒。以过了八次发酵，七次接取原酒后，其酒醅除少量用于下沙外，大部分将被弃作饲料或综合利用。这时的酒醅中含有淀粉类物质已较少。

在蒸馏接酒上茅台酒也有自己的独到之处。它要求接酒温度达到 40℃以上，比其他蒸馏酒的接酒温度高出 15° 左右；而接酒的浓度则为 52% ~ 56%（V/V），比其他蒸馏酒低 10% ~ 15%。这样不仅最大限度地排除了如醛类及硫化物等有害物质，而且使茅台酒的传统酒精浓度达到了科学、合理、和谐的境界。这正是茅台酒为何酒度高而不烈，饮时不刺喉，饮后不上头、不烧心的关键原因。

茅台酒的陈酿也是很特别的。一般情况下，新酒入库后，首先经检验品尝鉴定香型后，装入大酒坛内，贴上标签，注明该坛酒的生产日期，哪一班，哪一轮次酿制，属哪一类香型。存放一年后，将此酒“盘勾”。盘勾后再陈酿二年。共经过了三年的陈酿，可以认为酒已基本老熟，此时进入小型勾兑，再将勾兑后的样品摇匀，放置一个月，与标准酒样进行对照，如质量达到要求，即按小型勾兑的比例进行大型勾兑。然后再大型勾兑后的酒密封贮存，一年后，再检查一次，确认酒的质量符合或超过质量标准，即可送包装车间，装瓶出厂。在茅台酒厂酿造车间品尝刚烤出的原酒，会有一种爆辣、冲鼻、刺激性大的感觉。这些原酒经过陈酿后，新酒变成陈酒，新酒具有的缺点基本消失。因为在陈酿中，经过氧化还原等一系列化学变化，有效地排除了酒液中那些醛类和硫化物等低沸点的化学成分，从而清除了新酒中令人不愉快的气味。又通过乙醛的缩合，辛辣味的减少，增加了酒的芳香。还增加了水分子和酒精分子的缔合，酒体变得柔和、绵软、芳香。总之，长期的陈酿对于茅台酒质量保证是至关重要的。

茅台酒厂对勾兑工艺特别重视，它将本厂酿制的不同香型、不同轮次、不同酒度、不同年龄的茅台酒相互勾兑、取长补短，达到色香味俱佳的完美。从上述生产流程也可以看到勾兑不是一次，而是多次。茅台酒的勾兑，融合的是酒体，收获的是极品、奇香、美誉和钟情。

茅台酒曾进行过易地生产试验，结论是：“离开了茅台镇，就生产不出茅台酒。”对这一实践的科学分析，人们进而认识到茅台酒的品质与生产它的自然环境条件之间存在着难以割舍的联系。这种天合之作的结果是有其科学根据的。中国的白酒酿造大多采用传统的固态发酵，这是一个开放式与封闭式相结合的发酵过程，整个发酵过程不像西方酿造酒那样采用纯种微生物发酵，而是利用自然环境中的微生物群，故发酵依靠的是自然环境和当地的气候。茅台酒是茅台镇自然环境的“内在价值”的释放，也是茅台人继承中华酿造科技精髓的创新成果。正如贵州茅台酒股份有限公司一位领导所说的：“历史对茅台酒的选择，中华文化和酿造文明对茅台酒的熏陶、培育，成就了古老、传统的茅台酒。但是，我们不满足于挖掘历史，我们有必要，也完全有能力创新茅台酒文化。”茅台酒传承中华酿造文明的本质力量源泉，就是“在继承中创新、在创新中发展、在发展中完善、在完善中提高”。21世纪初，茅台酒厂提出了“绿色茅台、人文茅台、科技茅台”的发展战略，从而把握了新形势下的中国酒文化的深刻内涵，在市场经济的存优汰劣的竞争态势下，稳步前进。

太白应恨生太早——五粮液酒

“深恨生太早”这句对五粮液酒的褒语出自中国著名的数学家华罗庚之口，是许多人料想不到的。华先生不是酒鬼，甚至说不上是酒友，为什么对五粮液酒有这样的感慨呢？不妨先看他所作的诗的全文：“名酒五粮液，优选味更醇；省粮五百担，产量增五成。豪饮李太白，雅酌陶渊明；深恨生太早，只能享老春。”原来是华先生在1979年到五粮液酒厂推广他创立的优选法，不嗜酒的他喝到了真正优质的五粮液酒后赞不绝口，才写下了这首值得回味的五言律诗。

华罗庚

宜宾酿酒肇始于先秦时期，汉代已具备一定规模，唐宋两代的名酿层出不穷，明清之时，达到鼎盛。五粮液酒传统酿造技艺就是在宜宾这一有着悠久酿酒传统和技术优势的地区得以孕育，于明清两代产生、发展、不断完善，并最终成型的。宜宾市位于四川省南部，处于川、滇、黔三省结合部，自古处于巴、蜀、滇、夜郎等部族王国往还的冲要之地，被誉为“西南半壁古戎州”；当代又有“万里长江第一城”之称。就气候而言，宜宾属中亚热带湿润季风气候区，兼有四川盆地南气候类型，常年温差和昼夜温差小，湿度大，阳光、温度、湿度同步协调，非常有利于多种植物尤其是酿酒原料的生长，历来被列为全世界同纬度地带气候最佳地区之一。宜宾具有三江（金沙江、岷江、长江）分隔、三山（翠屏山、七星山、催科山）对峙、山环水绕、水贯山行、树木葱茏、依山傍水的生态型山水园林风貌。土壤肥沃，土质以黏土为主，兼有河流冲积而成的沙土，适于开挖酒窖。其弱酸性黄黏土，黏性强，富含磷、铁、镍、钴等多种矿物质，尤其是镍、钴这两种矿物质是本地酿酒业培养泥中所独有的。土温在秋冬两季随土层加深而升高，在春夏两季则随土层加深而降低，其地温适宜于酿酒菌群的培养与繁殖。在这个生态环境下，150 多种空气和土壤中的微生物可以参与发酵，再加上安乐泉的优质水源，为酿制高质量白酒提供了充分的物质条件。丰富的原粮、独特的窖泥、优质的水资源、便利的交通等得天独厚的条件及宜宾人民善饮好酒的风俗和丰厚的人文底蕴也为酒业的兴盛营造了独特的文化氛围，特别是明代始建的地穴式酒窖群，包括历史悠久的明代、清代老窖以及近代窖龄较老的窖池，它们是五粮液酒传统技艺得以传承的重要根基。

五粮液

宜宾的酿酒业有着两千多年的悠久历史。从秦汉之际的“蒟酱”，到唐宋时期的“重碧酒”“荔枝绿”，名酒辈出。这些名酒都是多民族酿酒技艺交融的结晶。以杂粮酿造为特色的五粮液，其前身可追溯到宋代的“姚子雪曲”。姚子雪曲是居于戎州岷江北岸索江亭附近的绅士姚君玉私家酿的酒。北宋著名词人黄庭坚在寓居戎州的三年中写下了 17 篇有关酒的诗文，这些诗作中，诗人尤其推崇“姚子雪曲”。明初，“温德丰”第一代老板陈氏在这里开设糟坊，亲任酿酒师傅，几经摸索创立了至今仍在使用的“陈氏秘方”。陈氏酿造的杂粮酒由此声名鹊起。几经传承，到民国初年，又多次对配方进行了调整，对高粱、大米、糯米、玉米、荞麦、小米、黄豆、绿豆、胡豆等 9 种粮食不断筛选，最后留下了今天这五种粮食和比较科学的配比，酿出了醇美的杂粮酒。晚清举人杨惠泉说：“如此佳酿，名为杂粮酒，似嫌凡俗。此酒集五粮之精华而成玉液，何不名为五粮液。”五粮液的美名由此流传。在 1915 年的巴拿马万国博览会上，五粮液获得了金质奖章。1932 年，五粮液正式注册了第一代商标。“陈氏秘方”的传人邓子均于 1952 年献出秘方，五粮液配方有史以来首次公布："荞子成半黍半成，大米糯米各两成，川南红粮用四成。"此后，经过长期的实践，五粮液的配方得到不断完善，推动了酿酒科学的发展。在1956年国家第二次评酒会中，五粮液以"香气悠久、味醇厚、入口甘美、入喉净爽、各味谐调、恰到好处、酒味全面"而荣登榜首。1960年以后，经无数次试验和验证，得出了沿用至今的优化配方，用小麦取代了荞麦，并对五种粮食的配比进行了精细的调整。五粮液配方的日臻完善是几百年来众多劳动者不断探索的结晶。

五粮液酒是以高粱、大米、糯米、小麦、玉米五种粮食为原料，以纯小麦生产包包曲为糖化发酵剂，采取泥窖固态发酵、续糟配料、甑桶蒸馏，再经陶坛陈酿、精心勾兑调味工艺而生产出来的。整个生产过程有100多道工序，三大工艺流程：制曲、酿酒、勾兑（组合调味）。

1. 包包曲生产工艺。以优质小麦制成中高温大曲——包包曲。①工艺流程：小麦出仓→热水润料→原料粉碎→加水拌料→装箱上料→踩制成型→入室安曲→培菌（接种适应增殖前缓期、生长繁殖代谢中挺堆烧生香期、后火收拢呈香期）→出室→入库储存→粉碎计量包装成袋。②制作技艺。润料"表面柔润"，破碎麦粉"烂心不烂皮呈栀子花瓣"，加水拌和"手捏成团而不黏手"，踩制成形"大小均匀、厚薄一致、紧度一致"，安放"不紧靠不倒伏"，培菌"前缓、中挺、后缓落"，纯粹自然接种、富集环境微生物、过程驯化淘汰、消涨和多菌群自然发酵等制作技艺。③技艺特色。形状独特：包包曲突出的包包使曲块比其他平板曲表面积更大，更有利于网罗富集环境中各种微生物参与繁殖和代谢，特别是包包曲由于密度、厚度差异，有利于定向培养驯化耐高温芽孢杆菌等微生物，在很大程度上决定着酒的风格，有利于酒的香味物质的形成。工艺独特：包包曲具有高温曲和中温曲的优良品质。④质量的鉴评。通过"眼观、

现代包包曲的生产车间

手摸、鼻闻”的方式对大曲质量进行感观鉴定，主要判定大曲断面结构、颜色、香味、泡气程度等状况。五粮液优质包包曲质量标准为：曲香纯正、气味浓郁、断面整齐、结构基本一致，皮薄心厚，一片猪油白色，间有浅黄色，兼有少量（≤ 8%）黑色、异色。

2. 五粮液原酒酿造工艺。采取泥窖固态发酵、跑窖循环、续糟配料、混蒸混烧、量质摘酒、按质并坛的原酒独特工艺。①工艺流程。原料（五种粮食）检验出仓→按配方配料→拌和粮食→混合粮粉碎→开窖→起糟→滴窖舀黄水→配料拌和→润料→蒸糠→熟糠出甑→添加熟（冷）糠拌和→上甑→蒸馏摘酒→按质并坛→出甑→打量水→摊晾→下曲拌和→收摊场→入窖踩窖→封窖→窖池管理。②制作技艺。按五种粮食配方碎粮“四、六、八瓣，粗细适中”，配料“稳定、准确”，上甑“轻撒匀铺，探汽上甑”，混蒸混烧“缓火流酒、大火蒸粮”，蒸馏摘酒“分甑分级、边摘边尝、量质摘酒、按质并坛”，入窖发酵“前缓、中挺、后缓落”，黄水“滴窖勤舀”，分层起糟、跑窖循环等原酒酿造技艺。③技艺特色。五种粮食配方，使五粮液产品体现出五谷杂粮的风味。苛刻的入窖工艺条件；感官经验识别处置；泥窖固态发酵、甑桶蒸馏。泥窖固态发酵是

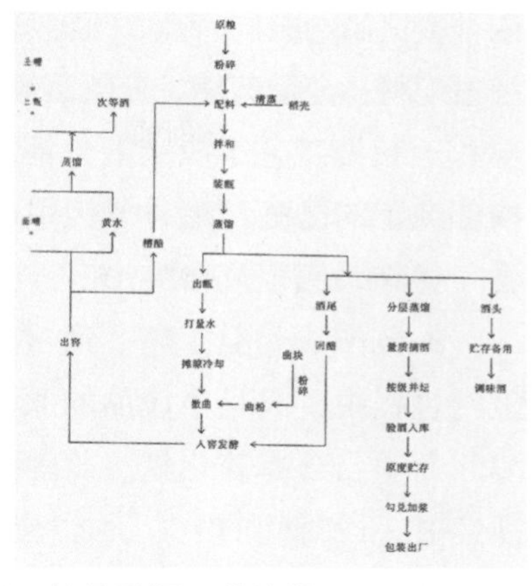

五粮液酿酒工艺流程

加粮混拌

出糟摊晾

酒醅上甑

浓香型白酒的共同特点，甑桶蒸馏是中国独有的传统蒸馏技术；跑窖循环、续糟配料；分层起糟、分甑蒸馏；分甑分级、量质摘酒、按质并坛。

五粮液工艺了决定五粮液酒酒味全面协调的独特风格和特点，具有浓郁纯正的己酸乙酯香气为主的复合香气。味香、浓、醇、甜、净、爽，香气优雅，底窖风格突出。

3. 陈酿、勾兑工艺。通过蒸馏出来的酒头酒、中间酒等在商品酒的生产过程中，只是半成品的原酒。原酒具有辛辣味和冲味，饮后感到不醇和而燥，含有硫化氢、硫醇、游离氢和丙烯醛等臭味物质。因此，必须经过一段时间的贮存，才能使酒的味道变得醇和、浓厚。这一过程即是原酒通过“老熟”而成为陈酿的过程。陈酿是白酒生产的重要组成部分，对稳定和保证原酒质量具有重要的作用。白酒的勾兑是酒与酒之间的相互掺兑（组合调味），使香味微量物质成分的含量与比例平衡，达到酒体香和味的谐调，是白酒生产工艺内在质量控制的最后一个环节，是酿酒业中一项十分重要而独特的技术。“陈酿勾兑”是按照一定原理（平衡协调）的配置，利用物理、化学、心理学原理，利用原酒的不同风格，有针对性地实施组合和调味。传统的人工尝评勾兑法，是完全按照眼观其色、鼻闻其香、口尝其味的方式逐坛验收合格酒，按照香、浓、醇、甜、净、爽的感观印象进行组合掺兑的勾兑方法。这种方法工艺独特（分级入库、分别陈酿、优选、组合、调味的精细化控制），提高了产品的一致性，降低了成本。

五粮液酒传统酿造技艺传承了传统的“五粮配方”、“脚踢手摸”、“泥窖固态发酵、跑窖循环、续糟配料、混蒸混烧、量质摘酒、按质并坛”等独特酿造工艺，特别是依托于其独有的老窖窖池，历代重要技艺传人以师徒相授或口口相传的形式，一方面将酿造用泥窖作为传承的重要设备保留并使用至今，另一方面，相关酿造技艺形成了独特的传承体系。五粮液明代老窖以及其他一些窖龄在百年以上的窖池中的各种微生物，经过长期的驯化、富集和作用，形成了一个庞大而神秘的微生物生态体系。五粮液酒的高贵品质正取决于这个微生物宝库。另外，以师徒相传方式传承的五粮液酒传统酿造技艺，自明代以来沿用至今，十分宝贵。

“浊酒一杯家万里”——古井贡酒

“一家饮酒千家醉，十家开坛百里香。”这是一位诗人赞美古井贡酒的诗句，诗句虽然出自文人的夸张，但是古井贡酒给人留下香醇美味确是事实。古井贡酒属于浓香型白酒，酒度高达 60 ~ 62 度，评酒家们认为它酒液清澈，幽香如兰，黏稠挂杯，味感醇和，浓郁甘润，回味悠长，作为历史名酒早已名扬四海了。虽与五粮液、泸州老窖同属浓香型大曲酒，但其在口感和理化指标等方面均有明显不同。例如所含醛类、酮类物质成分就有较大差异，特别是 5- 羟甲基糠醛，是古井贡酒所独有的物质成分，其适当含量与酒中的醇类、酯类、酸类、醛类、酚类、酮类成分共同形成古井贡酒幽香淡雅的独特风格。古井贡酒传统酿造技艺也有别于五粮液、泸州老窖所代表的川酒，它们有不同的地理位置和自然环境，还有不同的文化积淀。

古井贡酒产于安徽省亳州市。亳州是三朝古都，全国首批历史文化名城。曹操、华佗的故里，人文璀璨，物产丰饶，商贸繁荣，素有“小南京”之称。古井贡酒顾名思义就知道与古井有关。据说亳州地方多盐碱，水味苦涩，唯独减店集一带井水清澈甘美。这井水显然对于酿制好酒非常重要。在酒厂里就有一口古井，据《亳州志》记载，这眼古井在南北朝中大通四年（532 年）就有了，迄今已近 1500 年。这口井中的水属中性，矿物质含量极其丰富，是理想的酿酒用水。即使在干旱的春天，它仍然突突冒涌，终年不竭。古井贡酒因此得名。

古井贡酒所依存的“古井”

古井贡酒

亳州地处中纬度暖温带半湿润季风气候区，四季分明，光照充足，气候温和，雨量适中，兼具南北气候之长，光、热、水组合条件较好。土壤富含有机物，利于微生物繁殖，既宜粮食作物生长，也适酿酒制窖、养窖。历史上，亳州农业有增、间、套、混种栽培习惯，造就农民有丰富的种植经验。今天的亳州不仅主产小麦、大豆、玉米、高粱、红芋，而且也是中药材、棉花及烤烟的重要产地。小麦中的靠山红、红芒糙，高粱中的朝阳红、黑柳子、黄罗伞、铁杆燥、骡子尾等产量较高的品种非常适宜在亳州栽种，这也为亳州酿制好酒提供了可靠的物质保障。亳州位居中原战略要地，素有“南北通衢，中州锁钥”之称。历史上它就是群雄逐鹿的重要所在。这里水陆交通较为发达，有着著名的水旱码头，成为黄淮之间商品集散地。陆路四通八达，水路辅以涡河。亳州城内会馆云集、商店星罗棋布，手工业和商业十分繁荣。唐宋以来，手工业门类渐趋齐全，酿造、粮食加工、织染、木作等手工技巧全国闻名。明清时期，亳州已成为黄淮一带酒业生产中心，同时也是全国四大药市之一。上述的社会经济背景都为传统的酿造技艺在亳州的传承和发展创造了一个良好的环境。亳州，上古时属豫州，道教之祖老子、庄子及神医华佗，皆生于此。城内书馆林立，名重一时。名流辈出，人文荟萃。丰富的文化遗存，表明亳州在黄淮一带的政治、经济、文化发展中占据一个重要

亳州古城

地位。

亳州减店集出好酒，历史可追溯到东汉三国时期。出生在亳州的曹操特别欣赏家乡的美酒，在东汉建安年间（公元 196 ~ 220 年），他专门写了一个奏折给汉献帝刘协，推荐家乡美酒九酝春酒，并介绍了该酒的酿制方法。表明当年亳州产出好酒，而且技艺还处于上乘。这就是古井贡酒的历史文化积淀。唐宋时期，亳州减店集一带酿酒业依然兴盛。以色、香、味俱佳的减店集美酒远近闻名。当时民间流传“涡河鳜鱼黄河鲤，减酒胡芹宴佳宾”的民谚。据《宋史·食货志》记载，亳州当时的酒课（税）在 10 万贯以上，居全国第四，反映了该地酿酒业的规模和兴盛状况。据《亳州志》记载，明代万历年间（1573 ~ 1620 年）减店集有酒坊 40 余家。家住减店集百里之远的当朝阁老沈鲤，把减酒进贡皇宫，万历皇帝饮罢称好，钦定此酒为贡酒。此为“减酒”作为贡品的又一历史记载。当年生产“减酒”的最著名的酒坊当数怀氏的“公兴糟坊”。怀氏为当地望族，其先祖曾是三国时吴国尚书怀叙，其后代怀忠义经商过亳州，发现此地环境甚好，于是在明初举家由金陵迁往亳州，在减店集南建成了“怀家楼”。减店集即是古井镇的前身，该地因古井和用它酿制的美酒而名声远扬。怀氏看好酒业的前景，在此兴办了“公兴糟坊”，酿酒卖酒。他们为所卖的酒取名“怀花”，生产工艺采用当时在黄淮一带流行的“老五甑”（雏形）酿酒法。这是古井贡酒传统酿酒技艺（指蒸馏酒）的开端。据《怀氏家谱》载，“公兴糟坊”经怀厚祖（明正德年间）、怀传民（明嘉靖年间）、怀家仁（明万历年间）的相继经营，生产规模有了扩大，形成了“前店后坊”的格局，酿酒技艺在传承中也在进步，遂使“怀花酒”声名远播。“公兴糟坊”占地 48 顷，有酒池数十条，工人数百，所产减酒行销全国，成为减店集乃至亳州最大的酿酒作坊。1959 年，在“公兴糟坊”基础上，建立国营安徽亳县古井酒厂（即今安徽古井贡酒股份有限公司前身），酿出浓香型独特风格的“古井贡酒”。这酒以其“色清如水晶，香纯如幽兰，入口甘美醇和，回味经久不息”的崭新风格，从 1963 年始，连获四届全国评酒会金奖，跻身全国名酒之列。

古井贡酒一直采用流行于苏、皖、鲁、豫等省生产浓香型大曲酒的混烧老五甑法工艺。这种工艺有别四川浓香型大曲酒的生产工艺，采用原窖分层堆糟法和跑窖分层蒸馏法。正是工艺的差异，所产的浓香型大曲酒形成两种流派，川酒是纯浓香型的流派；古井贡酒与洋河、双沟、宋河粮液等大曲酒属浓中带陈味型的流派。所谓的“老五甑法”即是将窖中发酵完毕的酒醅分成五次蒸酒和配醅的传统操作法。但在发展中，古井贡酒在具体操作上有自己的特点。古井贡酒传统酿造技艺包括制窖、制曲、酿酒、摘酒、尝评、勾兑、陈酿。

1. 制窖工艺。古井酒工曾对这两条百年发酵池进行钻探，直到深六米时才见到黄土，可见窖泥之厚实，由上而下窖泥由深青变成灰色，泥体呈蜂窝状，且酒香扑鼻，酒工们谓之“香泥”。科学的测试表明，发酵池泥中栖息以乙酸菌、丁酸菌、甲烷杆菌为主的多种微生物，它们以泥为载体，以酒醅为营养源，以泥池与酒醅的接触面为活动场所，进行着永不停息的生化过程，产生了以己酸乙酯为主体的几十种香气物质。这就是古井贡酒香醇浓厚独特的原因。

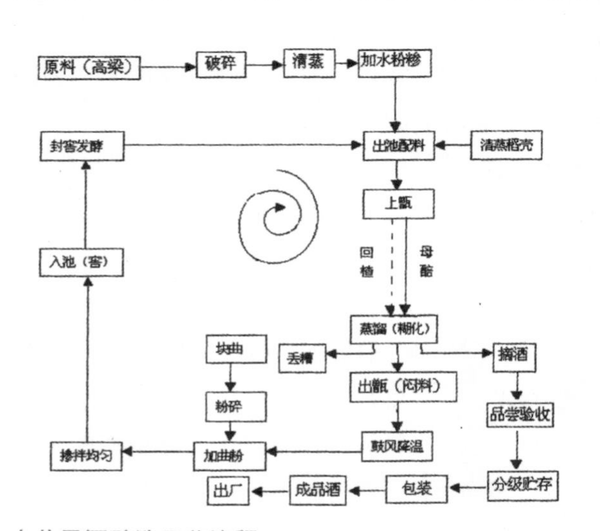

古井贡酒酿造工艺流程

2. 制曲工艺。主要的工艺流程如下：小麦→润料→粉碎→加水拌料→踩坯→晾干→安坯→培菌→翻坯打拢→出曲→入库贮存。

其间的技术要求为：润麦“外软内硬”，粉碎“烂心不烂皮”，拌料“成团而不散”，踩坯“光滑而不致密”，安坯“宽窄适宜”，培菌“前缓、中挺、后缓落”，翻坯“时机适度”，自然积温，自然风干等曲药制作技艺。

3. 酿酒工艺。配料要严格按粮醅比、粮辅料比进行，装甑要做到“轻、松、匀、薄、准、平”，见潮撒料，不跑气，不压气，使甑内蒸汽均匀上升。用行话说：用汽“两小一大”、醅料要求“两干一湿”、醅在甑内保持“边高中低”。装甑完毕，立即盖严甑盖进行蒸馏。流酒前必须放尽冷凝器中的尾酒或水酒，然后缓火蒸馏，接取酒头 0.5 ~ 2.0 公斤，再行量质摘酒。待酒将淌完时，即开大气门，进行蒸煮糊化和排酸。要掌握好糊化时间，要求蒸熟蒸透，达到熟而不腻，内无生心。糊化好的醅子出甑后，要注意控制温度，以免影响发酵。待醅温达到工艺要求时，即可加入曲粉和水。然后收堆，圆堆后再入窖。入窖醅应新鲜，疏松、柔而不黏，水曲均匀，温度适宜。醅子入池的四大生化条件（水分、酸度、淀粉、温度）根据季节不同按工艺要求掌握在最佳状态进行操作。封窖泥要求和细和匀，无结块，泥厚应保持在 7 ~ 10 厘米，四周边口要封严，冬季要加强保温。封窖后，应有专人管理窖池，注意窖池内温度变化，以检查池内发酵是否正常。在发酵前期，每天踩窖并封上沙土可保证封窖严密，为发酵创造一个厌氧的环境。

过去用的蒸酒器

4. 摘酒工艺。在蒸馏取酒过程中，由于乙醇与水表面张力不同，不同酒精浓度呈现出不同液珠样态，俗称酒花。技术熟练工人根据酒花大小、停留时间长短判断酒精度数，以掌握取酒时间。而摘酒采取掐头去尾作法。

5. 尝评工艺。尝评即是通过感官方式，从色泽、香气、味道和风格四方面判断酒质的方法。酒体中“酸、甜、苦、辣、涩、咸、鲜”等物质，因为含量高低不同，会呈现不同特征。

6. 勾兑工艺。白酒酿造在一定程度上依靠自然界的环境和酿造中的操作经验，不同季节、不同轮次、新窖与老窖、新酒与老酒会呈现出不同风味。勾兑是通过对不同酒质白酒调配，以保证产品风味质量基本一致。这需靠技师对白酒微量成分作综合品评后，进行细致、复杂勾兑、调配。

7. 陈酿工艺。新蒸馏出来的原酒，酒体呈刺激、燥辣等味道，传统酿造技艺往往将新酒装入陶制酒坛，贮存于山洞和地窖中，至少五年，通过漫长陈酿过程，在相对恒温状态下，进一步削弱新酒燥辣之气，使酒体趋平和、细腻、柔顺和协调，醇香与陈香渐渐显露。

古井贡酒的酿造是采用独特的传统生产工艺，即“泥窖发酵、混蒸续渣、老五甑法操作”，并以小麦、大麦、豌豆为原料制成中高温曲做糖化发酵剂；以纯小麦为原料制成高温曲作发酵增香增味增绵剂，其中中高温曲和高温曲按 9 ∶ 1 比例使用。工艺特点做到“三高一低”，即入池水分高、酸度高、淀粉高和温度低，且要求以部分下层醅作留醅发酵，通过留醅发酵，可生产“幽雅型酒”。再以部分中下层醅作回醅发酵，通过回醅发酵生产出“醇香型”酒。通过正常发酵醅，生产出“醇甜净爽型”酒。在传统生产工艺中，一个“续”字，使糟醅体系中，存在大量香味物质前体，确保母糟独特的“质”，经传统生产工艺与现代微生物技术和所处的特殊地理环境，酝酿出基础酒。再经分层出池、小火馏酒，量质摘酒，分级贮存，从而摘出三种典型酒，即窖香郁雅型、醇香型及醇甜净爽型。基础酒与调味酒的生产是根据发酵周期不同及特定工艺而生产。基础酒发酵期为 60 ~ 120 天，调味酒发酵期为 120 ~ 180 天。经特殊甑桶蒸馏、量质摘酒，掐头去尾，分级分典型体入陶坛贮存。基础酒经贮存 5 年以上，调味酒贮存 10 年以上，再经反复勾兑、品评、调味，最后定型。

第九章

千载文明醋飘香

醋坛子

醋

有许多食品放置一段时间后会变酸，但变酸了的食品不一定就是腐坏了。在食品十分宝贵的原始社会，由于储存方式的落后，食品变酸时有发生，变酸了的食品仍要吃掉也是常见的事。在品尝中，我们的先民发现有些变酸的食品别有风味。不仅自然界本来就存在的酸味果品颇受欢迎，一些通过加工有意让其变酸的食品同样受到青睐。某些民族或某些地区的人们遂养成爱吃酸味食品的习惯。例如，有人爱吃腌渍酸黄瓜，有人爱吃酸菜。又如，今山西的许多人就有食醋的嗜好。在中华民族的饮食中，的确有不少酸味的好食品。酸味美食的制作，除了通过发酵、腌制的方法外，更常用的方法是加点醋之类的调味品。各种调味品的出现就是人类对食材口味认识深化后的结果。在传统的中国饮食观念中，食材有五味：酸甜苦辣咸，只要在烹饪中掌握好五味的协调，就能做出美味菜肴。由此，食醋遂成为中国烹饪不可或缺的重要佐料。

制醋工艺的起源可以说几乎与酿酒工艺同步。人们在日常生活中发现，有些酒在存放一段时间后变酸了，甚至有些刚酿出的酒也会变酸，变酸了的酒就成了醋。酒与醋的主要区别在于，前者含有一定量的酒精，后者含有一定量的醋酸。在化学上酒精叫乙醇（C_2H_5OH），是一种常见的简单有机化合物。醋酸即乙酸，化学式为 CH_3COOH，也是常见的有机化合物。乙醇浓度低的酒（不超过 7%）长时间暴露在空气中（最宜的温度在 25℃ ~ 35℃），在浮游于大气中的醋酸菌作用下，其中的乙醇会被氧化成乙酸，其化学反应式为：

$$\underset{\text{乙醇}\quad\text{氧}}{C_2H_5OH+O_2} \xrightarrow[\text{醋酸菌}]{25℃\sim35℃} \underset{\text{乙酸}\quad\text{水}}{CH_3COOH+H_2O}$$

这就是为什么酒会变成醋的机理。人们正是模仿这一存在于自然界的化学变化而掌握了酿醋的技术。

醋的起源

含有较强酸味汁液的梅子类水果，可以认为是中国先民最早的酸味调料之一。《尚书·说命下》就说："若作和羹，尔惟盐梅。" 汉代孔安国注释说："盐咸梅醋，羹须咸醋以和之。" 意思是若制作口味和美的羹汤，就必须使用咸盐和梅醋。这句话的上一句是"若作酒醴，尔惟曲蘖"，这两句话在当时都是最普通的常识，一个讲酿制酒醴少不了曲蘖，另一个则讲做好羹汤必须要有盐梅。由此推测在远古时期，梅一类的酸味水果曾被加工成梅汁或梅酱，用作食物或烹饪的调味品。事实上，在自然界，梅子一类的水果，种植有一定的时限和区域，产量也很有限，难以满足人们的生活需求。因此，人们还开辟了另一个获得酸味调料的渠道，这就是利用自然发酵技术，像酿酒一样利用谷物制作食醋。这一办法较之梅子原料广，产量大，生产季节长，于是很快成为提供食醋的主要途径。能酿制出谷物酒，就能继续酿造出谷物醋。

《尚书》书影

在商周时期，包括食醋在内的酸味食物统称为醯，以后才有酢、醋、苦酒等专有名词出现。对这些相关名词的考察可以帮助后人了解"醋"

字的演进和制醋技术的发展。在古代的文献中，至少有以下名词：醯、酢、醋、苦酒及截等被认为是醋或与醋相关。它们之间有何关系，有何差别，在研读相关文献时应该搞清楚，否则就会出现理解的偏差。

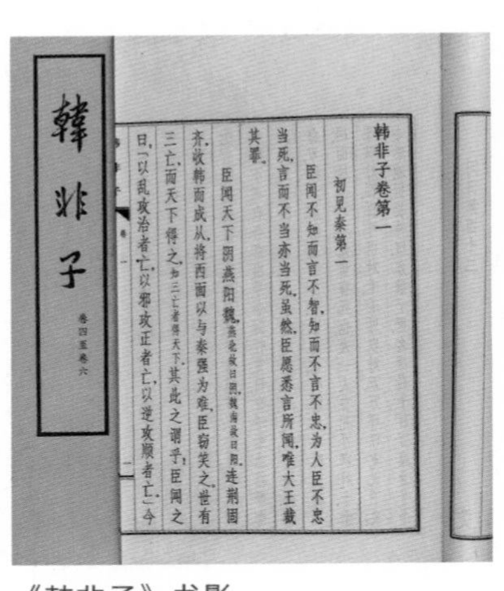

《韩非子》书影

以上几个与醋相关的字都是“酉”字旁。酉是“酒”最早出现的甲骨文字。醋字带有酉旁表明古人在造字时，已考虑到醋与酒的关系，即醋可以由酒变来。《韩非子》中曾讲过两则因酒卖不出去而变酸的故事：“宋人有酤酒者，升概甚平，遇客甚谨，为酒甚美，悬帜甚高，著然不售。酒酸，怪其故，问其所知，问长者杨倩，倩曰：‘汝狗猛耶’。曰：‘狗猛则酒何故而不售？’曰：‘人畏焉。或令孺子怀钱挈壶瓮而往酤而狗迓而龁之，此酒所以酸而不售也。’”另一相似的故事：“宋之酤酒者有庄氏者，其酒常美，或使仆往酤庄氏之酒，其狗龁人，使者不敢往，乃酤佗家之酒，问曰：‘何为不酤庄氏之酒？’对曰：‘今日庄氏之酒酸。’故曰：‘不杀其狗则酒酸。’”这两则故事都指出；酒好，待客也好，酒旗高悬，却因为酒店有一只咬人的狗，客人怕狗咬都不敢去酒店。酒卖不出去，放置久了就变酸了。汉代扬雄在《法言》中也讲过一个故事：“礼多仪，或曰‘日昃不食肉，肉必干；日昃不饮酒，酒必酸。’”昃是太阳偏西的意思，即仪式过长，一直等到太阳偏西的下午，做好的肉食都放干了，准备好的酒也变酸了。可见在古代，酒会变酸是一个路人皆知的常识。

醋与酒尽管有着这样密切的关系，古代人还是明确地将它们区分为两类性质和用途都不相同的东西。在周朝，掌管酒类生产和供给的官员有酒正、酒人及酋等，而掌管醋类生产调配的也有醯人一职。官职的设置表明当时制醯和酿酒一样已成为社会，特别是王室的生产部门。据《周礼》记载：“醯人，奄二人。女醯，二十人。奚，四十人。”“醯人，掌共五齑七菹。凡醯物，以共祭祀之齑菹。凡醯酱之物，宾客亦如之。

王举，则共齑菹醯物六十瓮，共后及世之子之酱齑菹，宾客之礼，共醯五十瓮，凡事共醯。”从后人的注释来看，七菹是指七种蔬菜，而五齑中则有两种蔬菜和三种肉。醯物，也就是醯酱，人们用醯来调拌各种蔬菜或肉成为酱状食品。君主祭祀祖先时供给醯酱食物六十瓮，招待宾客时，供给醯酱食物五十瓮，大凡掌管醯酱的生产和供应的官吏就是醯人，制醯已成为当时宫廷中的一个专业部门，由此推测醯的出现大概在周代以前。到了春秋时期，醯更加普及。《论语·公冶长》中就记载了某人向邻居讨醯的事情：“孰谓微生高直，或乞醯焉，乞诸其邻而与之。”意思是谁说微生性情耿直，他想要醯，也向四周邻居讨醯，直至有人给他醯。

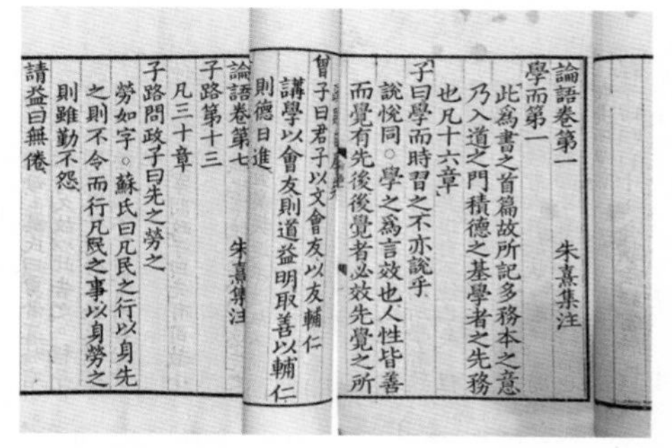
論語卷第一　朱熹集注
學而第一
此爲書之首篇故所記多務本之意
乃入道之門積德之基學者之先務
也凡十六章
子曰學而時習之不亦說乎
說悅同。學之爲言效也人性皆善
而覺有先後後覺者必效先覺之所

曾子曰君子以文會友以友輔仁
講學以會友則道益明取善以輔仁
則德日進

論語卷第七　朱熹集注
子路第十三
凡三十章
子路問政子曰先之勞之
勞如字。蘇氏曰凡民之行以身先
之則不令而行凡民之事以身勞之
則雖勤不怨
請益曰無倦

《论语》书影

那么，醯为何物呢？《论语·公冶长》中“或乞醯焉”，宋代邢昺注释说：“醯，醋也。”《左传·昭公二十年》：“水、火、醯、醢、盐、梅以烹鱼肉。”唐代孔颖达注释：“醯，酢也；醢，肉酱也。”唐代贾公彦解释《仪礼·聘礼》中“醯醢百瓮”时说：“醯是酿谷为之，酒之类……醢是酿肉为之。”也就是说醯是谷物酿制的，与酒属于同类；醢是由肉类酿制的。由以上资料可以推测，醯在秦汉以前代表着一类酸味的汁，包括酸的酱汁和由酒、酒糟加工而成的酸汁。“醯酸也”这句话，是否可以这样认为：谷类食物经过霉菌的作用由酶分解成酸味的汁，由于谷物分解的最终产物中含有大量的有机酸，如各种氨基酸、乳酸、醋酸等，因此醯的味道是酸的，同时也说明当时制醯已用谷物为原料。

《左传》书影

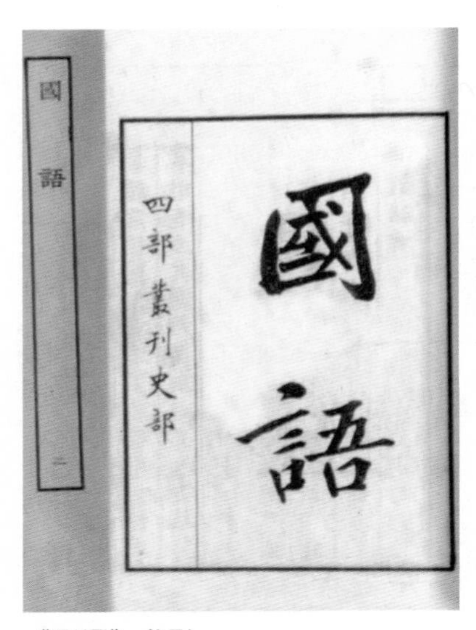

《国语》书影

从先秦到汉代，“醯”与“酢”字出现了混称现象。西汉史游的《急就篇》中有“芜荑盐豉醯酢浆”一句，唐人颜师古注：“醯、酢亦一物二名也。”可见，“醯”“酢”字都曾代表着酸味汁。“酢”字是什么时候出现的呢？春秋时期的著作《国语》中记载：“四曰蕤宾，所以安靖神人，献酬交酢也。”从以上资料可推测“酢”字的出现最晚在春秋时期，最早可追溯至殷商时期。“酢”字的含义有一段演变过程。上文引用《国语》一段，清代韦昭注：“酢，报也，”文中大意是乐律的第四律叫蕤宾，它可以使供奉的神人安宁，主客之间便可借此行斟酒、敬酒的礼节。《毛诗·大雅》中说：“或献或酢。”汉代郑玄注：“饮酒于客曰献，客答之曰酢。”即主人敬客人叫献，客人回敬主人叫酢。到了西汉，史游的《急就篇》中有：“酸咸酢淡辨浊清。”唐人颜师古注：“大酸谓之酢。”这里的酢是指酸醋。清代段玉裁在《说文解字注》中解释酢时说：“凡味酸者皆谓之酢。”从以上分析可以看出，在先秦时期“酢”字曾是表示酬谢、报答之义，后来“酢”的含义有了演变，变成表示酸醋的意思，即代表着一类酸性调味料。

关于“醋”字的出现，宋代的史绳祖认为“九经中无醋字，止有醯及和用酸而已，至汉方有此字”（九经即四书五经）。史绳祖所指的“醋”字是酸醋的醋，从这个角度来认识，他的观点是可以接受的。醋字在汉代之前出现，最初的含义是回敬、报答之意。如《仪礼·特牲饮食礼》中有：“尸以醋主人”“酢如主人仪”的句子，汉代郑玄注释：“醋，相报之义。古文醋作酢。”尸代表死者受祭的人。这两句话的意思是代表死者受祭的人回敬主人的酒，回敬的礼节就如主人（拜祭）的礼节一样。很明显，这里的醋和酢的含义是相同的，是酬谢、报答之意。到了汉代以后，醋字的含义由回敬、报答之意逐渐转向代表了食醋，如葛洪

《抱朴子》中“酒酱醋臛（臛，肉羹）犹不成”“内醇大醋中”等句，其中的醋字是指食醋。

通过上述分析，是否可以这样认为：两汉以前，醯代表着一种酸味食品，酢和醋都表示酬谢、报答之意。到了汉代，酢又用来代表酸醋，在表示酬答之意上酢和醋互用。汉魏以后，醯渐少用，醋专指食醋，而酢的含义也渐渐明确，指相报之义，由于转义有个过程，所以在很长一段时间里，醯、酢、醋也常混用。例如在《齐民要术》中，就将醋称作酢，并在“作酢法第七十一”中解释说：“酢，今醋也。”但有一点不能混淆，无论是醋或酢，当用作酸醋之意时，都读作“cù”；而当作“客酌主人”意思时，都读作“zuò”，醋字发展到唐末已专指食醋，并且出现了多种醋。

对于同一类事物，不同的地方有不同的称谓，这一现象并不少见。所以某一地区曾将酸醋称之为苦酒就不足为怪了。汉代刘熙《释名·释饮食》中：“苦酒，淳毒甚者，酢苦也。”意思是苦酒是非常厉害的，又酸又苦。这可能是比较早的记载着“苦酒”与醋有密切关系的文字了。在陶弘景著的《名医别录》中，就指出醋：“以有苦味，俗呼为苦酒”。《唐·新修本草》中说：“醋酒为用，无所不入，逾久逾良，亦谓之醯，以有苦味，俗呼苦酒。”这是说醋的用途很广，什么（伤痛）都可用它治，而且存放时间越久越好，也曾叫作醯，因为有苦味，俗称其为苦酒。以上两段文献都指出，苦酒即是醋（酢或醯），来自酒，略有苦味。

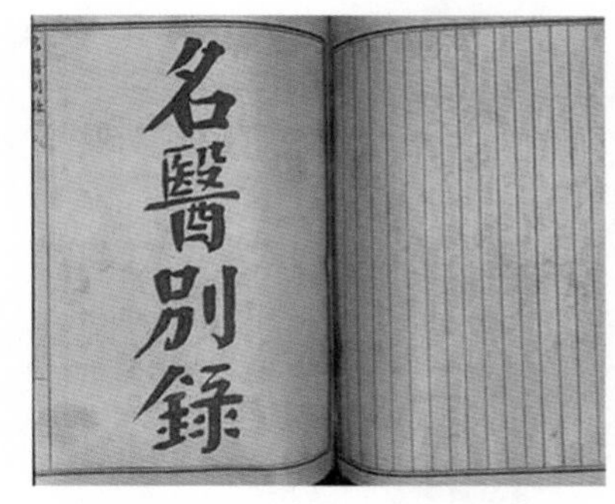

《名医别录》书影

葛洪《抱朴子》中也有“苦酒”的称谓：“如千岁苦酒之内水也。”苦酒在《齐民要术》中则有更多的记载。贾思勰介绍了当时他所知的23种制醋法，其中前15种他都称醋为酢；而后8种，他都称之为苦酒。他明确地指出苦酒制法的内容都是取自《食经》。仔细阅读《齐民要术》就会发现，苦酒和酢是属于同一类调味品，苦酒的酿造原料，除麦、秫外，还增加了大豆、小豆、黍米、蜜等。同时，苦酒在酿造过程中一般不用曲，而是利用在高温环境中，酵母菌、醋酸菌等在富含糖类物质或已经完成酒化阶段的酿造原料中自然发酵而获得醋。因为苦酒中尚含许多未转化为乙酸的乙醇，所以苦酒略有酒味。苦酒的酿造方法大都是液体发酵法，这是当时南方制醋工艺的特点。苦酒曾是南方人对酸醋的称谓。

在古代文献，截、醶、酸等字也曾是醋的名称，都因是一地一时的称法，所以，后人知道的不多。综上所述，早在商周时期，人们食用的酸味调料已从酸味的果汁扩展到由谷物发酵而酿制的醋。不同时期，醋的称谓不同，反映了人们对醋的认识在不断深化。

酿醋古技

醋称谓的演变，从一个侧面反映了酸性调料的物料多源性和它们表现形态和制造技术的多样性。从酸酱到酸汁醋这一发展过程是复杂和渐变的。假若以酒为原料，只需其在较高温度下，让醋酸菌催化就可获得液态醋。假若以单糖类物质发酵制醋，也需先制成酒，再氧化成醋。假若以谷物为原料，其酿造过程和工序就更为复杂。不管以什么为原料，采取什么技术，其方法的核心依然离不开上述的酿酒制醋的科学原理，即包括一个系统工程：多糖变单糖的糖化工序、单糖变酒的酒化工序、酒变醋的醋化工序。

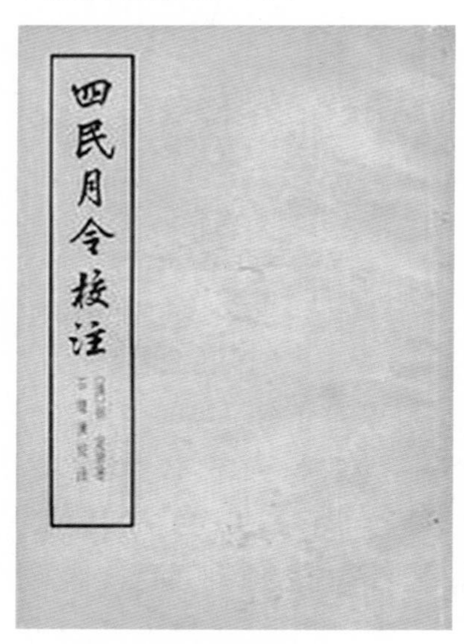

《四民月令校注》书影

从现存的史料来看，描述制醋工艺的文献极少。《九经》中，醯字虽然常见，却没有讲述醯的具体制法。东汉崔实所著的《四民月令》中倒是把制酢列入农事之一，但只有一句话："四月四日作酢，五月五日亦可作酢"。没有谈酢的制作技术。著于东汉年间的《神农本草经》把酸酱列入中品药之中，它说："酸酱，味酸平，主热烦满定志益气，利水道产难吞其实立产，一名醋酱，生川泽。吴普曰改浆一名酢浆。"可见此书讲的主要是醋果浆。在《史记·货殖列传》中，曾记述说：“通邑大都，酤一岁千酿，醯酱千瓨，酱千甔。……蘖曲盐豉千苔……此安比千乘之家，其大率也。”酤即卖，瓨为长颈大腹的陶瓶，甔为容量为一石的陶制大瓮，苔为瓿，是容量为六升陶制容器，这段记载表明在汉初，享用醯已推广到平民百姓，在通邑大都这个地方，已有专门生产和经营醯、酱及豆豉的商人，他们的财富不比当时的“千户”（官职）差。由此可见，汉代醯的生产已成为社会生产的一个组成部分，尽管规模和产量不如酒，但已成为生活的常用调味品。

在现存的古代文献中，比较集中地介绍早期制醋技术的资料算是《齐民要术》，它一共介绍了当时的23种制醋法。从这些制醋法所用的原料来看，有黍米、秫米、小麦、大麦、大米、粟米、面粉、大豆、小豆、酒醅、酒糟、败酒，粟糠、蜂蜜等，绝大多数谷物已包括在内，前15种制酢法大多是流行在北方地区的制醋法，收录自《食经》的8种制苦酒法是当时流行在南方地区的制醋法，可以认为《齐民要术》所反映的制醋技术在当时是较全面的。用谷物酿制食醋，糖化、酒化、醋化三个发酵过程在同一醪液中进行，主要依靠的是酒曲所携带的微生物，下面先探讨当时相关曲的制造。

考察15种制酢法可以发现，制酢的曲或其他配料不尽相同。其中有8种采用麦𪎊；有1种采用笨曲；有3种以酒糟为原料的；有1种采用黄蒸的；也有加入酸浆的；较特殊的是直接采用酸败变质的春酒。由此可见，制酢法中大多选麦𪎊，说明麦𪎊是较好的制醋曲种，那么麦𪎊（即黄衣曲）是如何被我国古代劳动人民认识并加以制备和使用的呢？

酿醋中的曲

从制醋的工艺流程来看，酿醋必须先酿酒，而酿酒必先制曲。酿酒主要采用酒曲，酿醋用的曲与酿酒之曲略有不同。酿酒偏爱块曲，而酿醋喜好散曲，常用的黄衣曲就是从散曲中分化和筛选出来的。块曲上所繁殖的主要霉菌以根霉、酵母菌等为主，而散曲上繁殖的微生物主要以米曲霉等霉菌为主。根霉的糖化能力比米曲霉强，而酵母菌又是酒化的主要菌种，所以酿酒通常选用以根霉为主的块曲。米曲霉中含有多种酶类，其中糖化型淀粉酶和蛋白酶较强，蛋白酶能将蛋白质分解为氨基酸，而氨基酸则是食醋中不可缺少的呈味成分，所以米曲霉是酿醋的主要菌

米曲霉

种。黄衣曲就是让蒸熟的整粒的麦繁殖大量的菌丝体及呈黄色孢子的米曲霉。所以，含根霉、毛霉、酵母菌较多的块曲适用于酿酒，而含米曲霉和多种蛋白酶较多的散曲则更适于制醋。

当时的“鞠”仍是以米曲霉为主的散曲，只有空气充分的散曲，米曲霉才能结得旺盛如尘的黄色孢子。“黄衣”可能是我国古代劳动人民对培养米曲霉的最早描述，因为限于当时的科技水平，人们不可能直接看到霉菌的分生孢子和菌丝，却可以看到大量孢子囊所呈现的黄色。

关于米曲霉的培养，即黄衣曲的制备，贾思勰《齐民要术》中是这样记述的：

> “作黄衣法：六月中，取小麦，净淘讫，于瓮中以水浸之，令醋。漉出，熟蒸之。槌箔上敷席，置麦于上，摊令厚二寸许，预前一日刈薍叶薄覆。无薍叶者，刈胡枲，择出杂草，无令有水露气；候麦冷，以胡枲覆之。七日，看黄衣色足，便出曝之，令干。去胡枲而已，慎勿扬簸。齐人喜当风扬去黄衣，此大谬：凡有所造作用麦䴷者，皆仰其衣为势，今反扬去之，作物必不善矣”。

从记述中可以看出，麦曲培养条件的控制在制曲过程中是很重要的。首先，文中强调了制曲的季节——“六月中”，又如其他曲的制作“作黄蒸法：六七月中”等。曲的培养主要是依靠自然界中的微生物通过天然接种于曲料上，进行培养取得大量酿造所需的有益微生物。而自然界中微生物的分布情况随季节的不同而变化，一般春秋季酵母多，夏季霉菌多。这使人们在长期实践中得知，春末夏初到仲秋季节是制曲的最佳时期，即“伏天踩曲”。在这段时间里，环境的温度和湿度比较高，有利于曲的培养和条件的控制。而米曲霉的生长繁殖需要比较高的温度和湿度，农历六七月气温较高，湿度也较大，空气中霉菌、酵母等的数量也较多，选择这个时期制曲是有科学道理的。

所制备的曲的质量优劣，主要是取决于曲入室后的培菌管理，曲室的温度、湿度和通风情况对于霉菌的生长繁殖是很关键的。《齐民要术》卷七中已介绍对曲室的要求“屋用草屋，勿使瓦屋”；“闭塞窗户，密泥缝隙，勿令通风”。在霉菌生长的初始阶段，曲要保温，密封曲室防止透气，就起了保温作用。草屋曲室较瓦屋好，不仅保温效果好，而且有自动调节湿度的作用，还可以避免产生冷凝水。制备黄衣曲的前一天要求在曲室的地上铺上一层薄薄的蓾叶，这样做也是起保温作用，便于霉菌孢子的繁殖。“候麦冷，以胡枲覆之”，指由于此时霉菌的孢子需要水分及温度以发芽，用胡枲盖在麦上，是为了保温，便于菌丝正常发育。七天后待霉菌生长遍结孢子，便可取出，在阳光下曝晒干燥，以便保存备用。

另外，酸度的控制也是黄衣曲制备过程中的重要环节。“于瓮中以水浸之，令醋”，是说将小麦或麦粉进行浸泡，让其进行乳酸发酵，使它们变酸。米曲霉的生长是耐酸性的，所以“令醋”的措施就可以促进米曲霉的繁殖，从而抑制一部分不耐酸性的微生物，尤其是细菌的生长。当时人们制备黄衣曲，实际上就是培养米曲霉及其他有益微生物的混合物。这里的“衣”其实是指霉菌的繁殖分布，“黄衣”的“衣”是曲霉繁殖后的菌体及所结的孢子。“皆仰其衣为势”中的“势”，是当时米曲霉等霉菌中的酶及其活力的称呼。文中还指出山东齐郡的人喜欢顶风把黄衣簸掉是错误做法，能指出这一错误，说明当时人们已意识到霉菌孢子在酿造工艺中的作用。

小麦→淘洗→浸渍→乳酸发酵→流出→蒸熟→入室→摊料→晾冷→覆盖→制曲→出曲→干燥→黄衣

原料处理（小麦→蒸熟）　制曲（入室→黄衣）

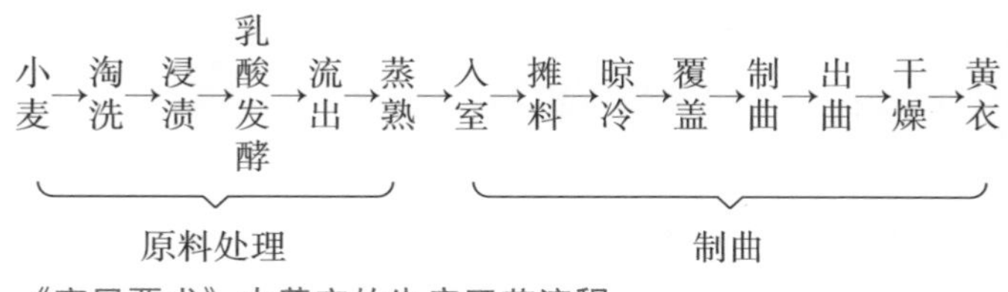

《齐民要术》中黄衣的生产工艺流程

《齐民要术》中记述的神酢法是采用黄蒸作为制醋的曲，黄蒸也属于米曲霉散曲，但它与黄衣不同，是用带麸皮的面粉做的曲。其工艺如下：“作黄蒸法：六七月中，𪎊生小麦，细磨之。以水溲而蒸之，气馏好熟，便下之，摊令冷。布置，复盖，成就，一如麦𪌉法，亦勿扬之，虑其所损。”

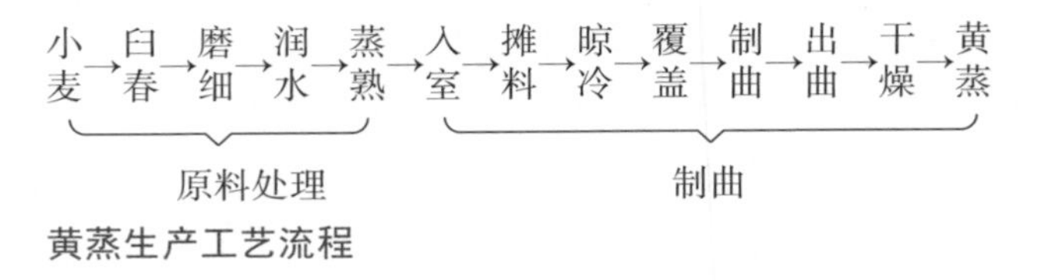

黄蒸生产工艺流程

用黄蒸制醋，除利用米曲霉的酶系进行糖化及蛋白质分解外，还利用生产黄蒸时所产生的乳酸菌分解生成多种有机酸来提高食醋的风味，同时还可以利用麸皮中的蛋白质转化为氨基酸来调整食醋的营养和风味。在制醋中较少采用笨曲，笨曲近似于现在的大曲。这种曲主要以根霉为主，酶系中蛋白酶较弱，因此成品中氨基酸的含量较低，醋的风味就逊色些。当人们遵从先酿成好酒，再酿制成醋的思路，故在分段发酵中依然使用笨曲。采用以米曲霉为主的散曲制醋的方法中，回酒做酢法是同时加入酒醅的制醋法。这种方法是将黄酒的发酵醪或将成熟并已酸败的醪改酿成醋的方法，这种方法要重新加入曲、米等配料，使醋酸菌进一步繁殖，促使酸化，将酸败的酒酿成醋。

制酢法

贾思勰在《齐民要术》中介绍的15种制酢法，大多是当时黄河中、下游地区的制醋方法。这些方法几乎全部都是液态发酵，即从原料糖化到醋酸发酵的全过程都是在液态下进行的。在这种糖化、酒化、醋化同时进行的复式发酵中，不存在糖度和酒精度过大的问题，而是醋酸发酵势头逐渐加大，直到食醋发酵的成熟和生产的结束。下面先讲述《齐民要术》中几种主要的制酢法的工艺要点。

《齐民要术》中以谷物为原料的制酢工艺有八项之多。其中以粟米为原料制酢的方法有三则。作大酢法之一：

> “七月七日取水作之。大率麦䴸一斗，勿扬簸；水三斗；粟米熟饭三斗，摊令冷。任瓮大小，依法加之，以满为限。先下麦䴸，次下水，次下饭，直置勿搅之。以绵幕瓮口，拔刀横瓮上。一七日，旦，著井花水一碗。三七日旦，又著一碗，便熟。常置一瓠瓢于瓮，以挹酢；若用湿器，咸器内瓮中，则坏酢味也。”

后两种方法大同小异，它们都是以粟米为原料，麦䴸为曲，其中麦䴸、粟米、水的比例分别是1∶3∶3，1∶3∶3，1∶9∶9。所酿

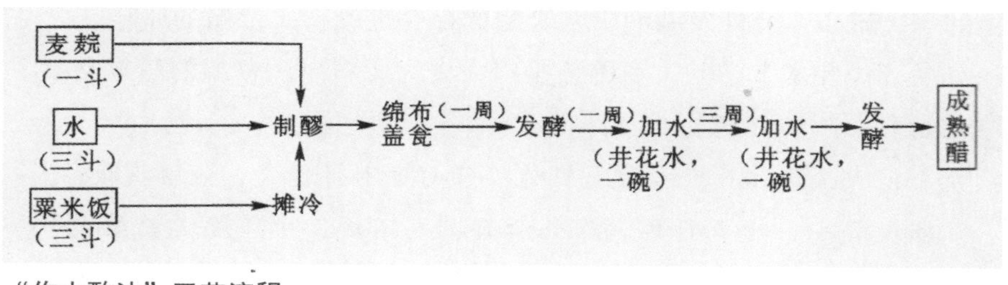

“作大酢法”工艺流程

成的醋都是“清少淀多”，也就是说出醋率不高。值得一提的是，在方法中明确麦麸勿扬簸，这可以减少米曲霉的损失。其他酿醋工艺中，麦麸大多也不扬簸。由于使用的是笨曲，用曲量相对减少。以秫米为原料的制酢法有二则。其一秫米神酢法如下：

> “七月七日作，置瓮于屋下。大率麦麸一斗，水一石，秫米三斗，无秫者，黏黍米亦中用。随瓮大小以向满为限。先量水，浸麦麸讫，然后净淘米，炊为再馏，摊令冷，细擘曲破，勿令有块子，一顿下酿，更不重投。又以水就瓮里搦破小块，痛搅令和，如粥乃止，以绵幕口。一七日一搅，二七日一搅，三七日亦一搅。一月日，极熟。十石瓮不过五斗淀。得数年停，久为验。”

秫米神酢法中，麦麸、秫米、水的比例为1 ∶ 3 ∶ 10，出醋率较高，醋糟较少。主要是因为秫米中的淀粉含支链淀粉较多，易于糖化。另外笨曲中含较多根霉菌，显得糖化能力较强，故在酿醋中若使用笨曲，用曲量可以少些，而使用麦麸，用曲量必须大些。

在其二的“秫米酢法”中，出醋率较高，除了原料品种和用曲性能的原因外，还有一个特点值得注意，那就是使用了粟米醋浆，所谓醋浆即是用粟米制作成的乳酸菌母液，这里的醋实际上是酸的意思。

关于醋浆，文中是这样写道：入五月则多收粟米饭醋浆，以拟和酿，不用水也。浆以极醋为佳。这种做法的实质是扩大培养乳酸菌。制醪不用水，而用此酸浆，既接种乳酸菌，又可调节发酵醪的pH，使之适合于酵母的繁殖，并利用乳酸菌的抑菌作用，保证酒精发酵的进行，这是“以酸抑酸”技术的应用。和酿酒技术中的酸浆应用一样，是酿造技术上的一大进步，此外发酵液中，乳酸的存在也改善了食醋的风味。

《齐民要术》中的大麦酢法是以大麦为原料生产食醋的最早文献，原文如下。

大麦酢法：“七月七日作。若七日不得作者，必须收藏；取七日水，十五日作。除此两日，则不成，于屋里近户里边置瓮。大率小麦麲一石，水三石，大麦细造一石，不用作米则科丽，是以用造。簸讫，净淘，炊作再馏饭，挥令小暖如人体，下酿，以杷搅之，绵幕瓮口。三日便发。发时数搅，不搅则生白醭，生白醭则不好。以棘子彻底搅之；恐有人发落中，则坏醋。凡醋悉尔，亦去发则还好。六七日净，淘粟五升，米亦不用过细，炊作再馏饭，亦挥如人体投之，杷搅，绵幕。三四日，看水清，搅而尝之，味甜美则罢；若苦者，更炊二三升粟米投之，以意斟量。二七日可食，三七日好熟。香美淳酽，一盏醋，和水一碗，乃可食之，八月中，接取清，别瓮贮之，盆合，泥头，得停数年，未熟时，二日三日，须以冷水浇瓮外，引去热气，勿令生水入瓮中。若用黍，秫米投弥佳，白苍粟米亦得。”

文中所说的“造”相当于“舂”字的含义，就是今日的精白，即将大麦的硬外皮，胚芽或麸层去掉，精白程度越好，淀粉含量就越高，而

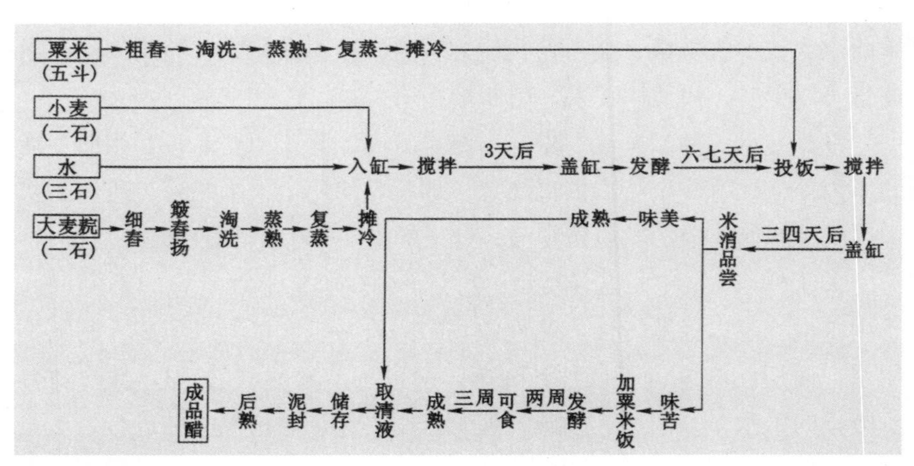

“大麦酢法”的工艺流程

蛋白质、脂肪、灰分则少。大麦只要适度精白，残留的胚芽及麸层，蛋白质、灰分、生长素等较多，有利于微生物发酵作用。

大麦酢法中还提到白醭这样一个技术问题。由于制醋大都在夏天进行，又多属稀醪发酵，成熟较快。在这过程中，气温高，杂菌极易侵入，稍不注意，即有白醭生成，白醭是一种产膜酵母，不同于酿醋中出现的“衣”。文中所说的衣是指醋酸发酵旺盛时所产生的菌膜。这种菌膜可任其自然生长，当它老熟而失去产酸能力后，会自然地从发酵醪表面下沉。菌膜下沉即标明酿醋已成熟了。白醭则不一样，它会消耗醪液中的醋酸和含氨成分，同时由于它的菌体自溶，会产生恶臭，从而影响了成品醋的质量。故贾思勰说“生白醭则不好”，怎样防范呢？“发时数搅，不搅则生白醭”，假若已有白醭生成，则可“以棘子彻底搅之”。这种防范和补救的方法都是很科学的，因为产膜酵母是好气性菌，无法接触空气则难以繁殖，故可以通过搅拌，特别是加棘子彻底搅拌，让已生成的白醭菌孢沉入醪液中，使其与空气隔绝，无气而繁殖被抑制。对“衣”和“白醭”这两种具有截然不同特性的两类微生物，先人已能采取不同的方法来处理，这是酿醋工艺中的重要成果，是通过长期实践和细心的科学观察而取得的。

烧饼作酢法，实际上是利用面粉为原料，其工艺如下。

“亦七月七日作。大率：麦䴷一斗，水三斗，亦随瓮大小，任人增加，水䴷亦当日顿下。初作日，软溲数升面，作烧饼，待冷下之。经宿看饼渐消尽，更作烧饼投。凡四五度投，当味美沸定，便止。有薄饼缘，诸面饼，但是烧煿者皆得投之。”

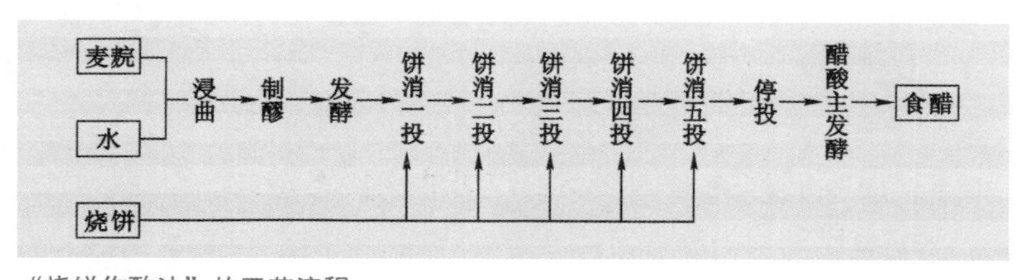

“烧饼作酢法”的工艺流程

这种利用烧饼的制酢法实际上是模仿酿酒中的“酘”法，即将原料烧饼分批投入已将麦䴸中的酶和酵母充分溶化的发酵醪中，边糖化边酒化，既保持了糖化的有序进行，从而保证酵母进行酒精发酵所需的糖化，又可以避免高糖对酵母的抑制作用，从而在发酵醪中具有一定数目的酵母和一定浓度的酒精，防止杂菌对醪液的污染。在分批投入面饼 4 ~ 5 次后，醪液已较浓，不再继续酒精发酵时，醪液“沸定”，就可以停止投放面饼，醪液将转入以醋酸发酵为主的发酵阶段。

回酒酢法、动酒酢法都是以酒为原料的制酢法，其工艺如下：

> “凡酿酒失所味醋者，或初好后动未压者，皆宜回作醋，大率五石米酒醅，更着曲末一斗，麦䴸一斗，井花水一石，粟米饭两石，摊令冷如人体，投之，杷搅，绵幕瓮口。每杷再度搅之。春夏七日熟，秋冬稍迟，皆美香。清澄后一月，接取，别器贮之。”

回酒酢法是利用酿酒不正常酸败的酒醪进行制醋的工艺。由于发酵不正常，糖化不完全，可能还残存淀粉，因而人们采取了补充糖化力及酵母，同时加“井花水一石，粟米饭两石”，以降低酸度，补充微生物繁殖所需营养源。发酵的要领是将粟米饭“摊令冷如人体，投之，杷搅，绵幕瓮口，每日再度搅之”。醋酸菌是喜氧型的菌种，繁殖过程需要大量氧气，于是需要每天打杷。

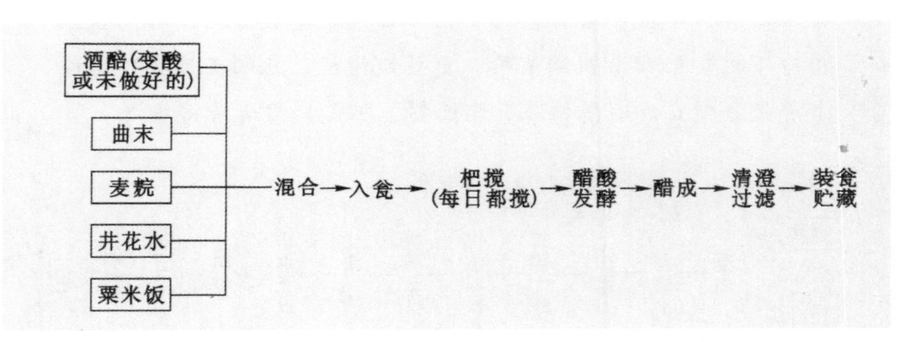

“回酒酢法”的工艺流程

动酒酢法用的原料不是酒醅，而是已变酸的酒。首先是加水稀释，稀释后的酒有利于醋酸发酵。然后是在日光下暴晒，下雨时要盖，勿令雨水进入，晴天再去盖继续晒，七日后开始产醋酸，即使有臭味或菌衣生成，也不移动或搅拌。数十日后，醋成，菌衣自然下沉，醋反而特别香美。

神酢法是利用麦麸为原料，以黄蒸为糖化发酵剂而生产的麸醋。其生产工艺流程如图所示。

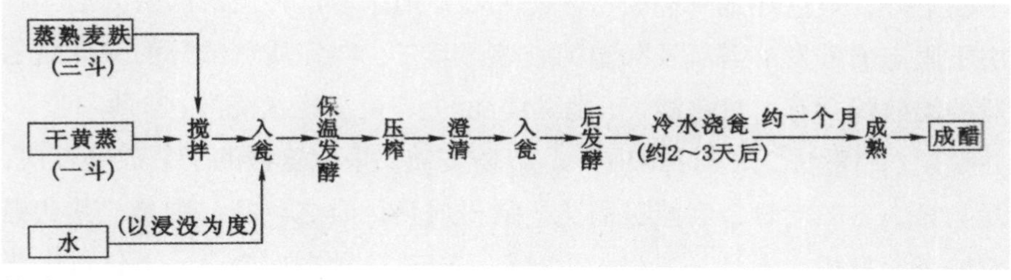

神酢法工艺流程

由于古代精白加工技术尚落后，麦麸中含有较多的淀粉，淀粉分解后又产生较多的五碳糖类，发酵酿醋中不仅赋予鲜艳的褐色，而且生成某些特殊的香气。古人较早就认识到麦麸非常适合酿醋，故贾思勰在文中作了较详细的介绍，应用麦麸酿醋的方法后世一直沿用下去，成为酿醋工艺的一个重要分支。至今仍享有盛誉的四川保宁醋就是这一传统工艺的产品代表。

这种方法的特点之一是不用笨曲或麦䴵,而是以黄蒸为糖化发酵剂。因为麦麸中的淀粉与大麦、秫米等相比要少多了，而且黄蒸中的糖化酶也较少，被过度稀释，不利于发酵。这里的醋酸发酵进行得非常旺盛，产生的热量会使瓮体发热，还须用冷水来降温，否则可能因温度过高而造成醋酸菌本身的死亡，醋自然就坏了。凡在未成醋前因温度过高而坏醋者，后人称其为烧醅，这种方法的醋酸发酵为什么会这样旺盛，这与黄蒸用量较大有关。

作糟糠醋法是利用黄酒糟的一种制醋工艺。一般是将酒糟与谷糠、砻糠拌和进行固体发酵，不加任何曲料和醋醅，单纯借助于酒糟的剩曲余热发酵酿成。其工艺方法具有以下特点。其一，室内麦秸保温酿造。原料配经是“酒糟、粟糠各半”。加糠可以使发酵醅疏松，通气，促进醋酸发酵。对原料粟糠的质量也有一定要求，“粗糠不任用，细则泥，唯中间收者佳”，以粗细适当者为好。制醅时酒糟及粟糠“必令均调，勿令有块”。其二，发酵的方法独具特色，之后发展成固态的“回浇发酵法”。这种制醋法是每天舀取竹箅中汁液浇到醋醅上，供给醋酸菌以氧气，促进酒精氧化成醋，同时达到降低醋醅温度的效果。“三日后糟热，发香气”是醋酸发酵旺盛的象征，如不采取浇淋的工艺，势必温度不断上升，最后导致“烧醅”。先人巧妙地采取这种浇淋醋液方法，解决了固态醋酸发酵需氧及降温的难题。其三，浇完质量浓醇的头淋醋之后的醋醅仍含有大量食醋，于是继续浇淋，“更汲冷水浇淋，味薄乃止”。并嘱说：“淋法，令当日即了”，以防变质。采取这样的工艺成熟较快，夏七日，冬二七日，尝醋极甜美。欲得成熟优质之产品，则是“其初挹淳浓者，夏得二十日，冬得六十日”。经过这种多次浇淋，不仅可以获得质量好的醋，而且也解决了固态发酵后怎样将固液分离，取得液态醋的技术难点。这种方法不需翻倒醋醅，节省劳力，故很快被推广并流传下来，今日著名的江苏镇江恒顺香醋就是继承、发展这种工艺的成果。

总之，通过贾思勰对上述 15 种制醋工艺的客观介绍，不难发现，北魏时期，在长期的制醋实践中，先民不仅掌握了食醋及其酿制技术的知识，而且也摸索到一些制醋过程的变化规律，积累了经验，并能较好地运用某些技能，以便获得香美醇厚的食醋。下面从科学技术的视角认识当时制醋工艺的科学技术内涵。

1. 原料的处理。不同的制醋法选用了不同的原料，采用不同的工艺流程，其目的就是保证发酵过程顺利进行。

2. 发酵水分的控制。贾思勰强调加入适量的水是发酵成功的首要条件。水是制醋过程中微生物活动存在的必要条件之一，只有在水分充足的环境中，原料中的有效成分才能最大限度地溶出，才能最大限度地通过生化反应生成食醋的有效成分。从生产的角度看，必须选择一个合理的加水比。

3. 温度的控制。由于微生物的生长发育是一个极其复杂的生物化学过程，这种过程需要在一定温度范围内进行，所以温度对微生物的整个生命过程都有极其重要的影响。根据微生物学知识，制醋过程中的温度控制，一般指糖化、酒化和醋化阶段的最适温度。通过温度的控制来促进有益微生物的生长，抑制或消灭有害微生物的发育。对温度的控制包括三个方面，一是气温，二是品温，三是适时搅拌。

4. 酸度的控制。由于微生物都是由蛋白质组成的，因此它们的生长和作用都需要适宜的酸碱度范围。不同的微生物要求的 pH 值不同，大多数细菌最适 pH 值接近中性或微碱性，酵母和霉菌的最适 pH 值趋向酸性，因此在发酵过程中酸度的控制是十分重要的。适宜的酸度范围有利于曲霉的生长，还可以加强淀粉酶的糖化活动。在酒精发酵过程中不同的 pH 值可以使发酵的产物不同，pH 值对酵母菌的生长影响也很大。酵母菌只能在微酸性的条件下生长并进行正常的酒精发酵，发酵时一般要求 pH 值为 4.2 ～ 5.0，超出这一酸度范围就不适宜酵母菌的繁殖。

5. 酒精度的控制。在酒精发酵阶段控制生成的酒精度数，也是酿制好醋的一个关键。现代酿醋工艺中，乙醇的含量在 7% 左右，如含量过高则不利于醋酸菌的繁殖。

6. 卫生条件的控制。15 种制酢法中每种制醋的全过程大多十分讲究器具和用水的洁净。特别在发酵过程中，大多制酢法的容器中都要蒙上一层丝绵，既保持瓮内空气流畅，又防止灰尘杂菌的进入。

7. 成醋的保存方法。保存成品醋应放在避光阴凉的地方。有必要还可在瓮口盖上盆并用泥封住，是为了防止空气中的杂菌渗入瓮内而使成醋变坏。

上述传统制醋工艺中的技术要素，对现代制醋工艺产生了深远的影响，其中的许多经验和方法至今仍有借鉴作用。

苦酒工艺

贾思勰引自《食经》的 8 种苦酒制法与上述 15 种制酢法不完全一样。大豆千岁苦酒法、小豆千岁苦酒法和小麦苦酒法都是以含乙醇的物质为原料，而不用任何曲或酵母。水苦酒法和卒成苦酒是以含淀粉物质的谷物为原料，加入曲来促成发酵制醋。而蜜苦酒法和外国苦酒法则是以含糖物质为原料，通过酒化和醋化过程制醋。

从工艺方面来说，蜜苦酒法最能体现当时南方制醋的特点。《齐民要求》中是这样叙述的：“蜜苦酒水：水一石、蜜一斗，搅使调和，密盖瓮口。著日中，二十日可熟也。”这种制醋方法，直接将水和蜜调拌，在高温季节放在日光下暴晒，利用空气中的酵母及醋酸菌进行酒精发酵和醋酸发酵而酿取食醋，这是靠自然条件而制取食醋的方法。将它与其他 7 种苦酒法比较，会发现这 8 种苦酒法彼此之间既有相同之处，又存在着差别。

做大豆千岁苦酒法，由于豆类含有多糖，不能直接用来制醋，所以在制醋过程中要先将大豆浸泡在水中，捞出来后煮熟再放在太阳下暴晒。煮熟的目的是使大豆淀粉发生变性，而暴晒是为了使豆失去水分。晒干后再用酒醅浇灌大豆，是为了把大豆中可溶于酒精的有效成分溶解出来，以增加醋酸的含量，这也利于醋酸菌的繁殖。做小豆千岁苦酒法和做小麦苦酒法的原理也是如此，这 3 种制醋法都是直接经过乙醇氧化而制取醋。

水苦酒法的制作中有浸泡粗米过夜的过程。浸米的目的是为了保证淀粉原料吸足水分，让水分不只是附着于淀粉的颗粒表面，而是要进入淀粉颗粒内部，使淀粉颗粒的巨大分子链由于水解作用而展开，便于在常压下蒸煮时能在较短时间内就糊化透彻。

米浸泡一夜就会变酸，米在酸性溶液中浸泡，可除去外部的一部分蛋白质，使酿成的醋风味醇厚。将浸米汁倾入瓮中做醋，是因为浸米后的泔水在制醋过程中起了酸浆的作用。泔水在发酵过程中不但可以调节发酵液的酸度，而且可促使乳酸菌进一步分解某些蛋白质类的有机物为氨基酸。

卒成苦酒法的制醋过程中，首先将曲烧至黄色，是为了将曲的表面杂菌消灭。“二日便醋”实际是酸化的过程，即等料发酸后再拌入粟米饭进一步发酵制取成醋。对于这个工艺，贾思勰曾亲自做试验，品尝后认为“直醋亦不美”。在经过“以粟米饭一斗投之，二七日后，清澄美酽”的加工后，此醋的质量才有所提高，与“大醋”的风味差不多。

乌梅

乌梅苦酒法的工艺比较特殊，与其他 7 种苦酒做法不大相同。此法是直接采用苦酒浸泡乌梅肉数日，目的是让醋酸进入梅肉中去，把其中的糖类、果酸等成分溶解出来，进入醋液而提高食醋的风味。此醋类似于现在的固体醇。在此工艺中由于采用了已经酿制的苦酒，所以无需再经过生化反应来制取醋液了。

以上 8 种苦酒法中大多数工艺在最后工序中强调用布密盖瓮口，这样做一是为了保证发酵过程的反应完全，二是为了严防杂菌的侵入。

在发酵方式上，8 种苦酒制法都是采用类似于现代的液体发酵法，这也是当时南方制醋的一个特色。液体发酵是指酿醋的主要过程都是在液体基质中进行，这种方法以酒液为原料，通过酒液同空气接触而使乙醇氧化成乙酸（醋酸），待酒精度降到一定程度时，即告成熟。贾思勰记述的前 15 种北方制酢法，有些是采用类似于现代的固态发酵法。固态发酵法是以粮食为主要原料，加水拌匀后蒸熟，如用米为主料，经蒸熟成饭后，冷却至体温，再经曲的糖化，酵母的酒精发酵，最后再进行醋酸发酵。固态发酵法最后采用加水淋醋的方法而获取醋液。淋醋是制醋过程中的最后一道工序，这一过程主要是使醋酸溶于水，再经过过滤和煎煮来清除杂质，以保持醋的纯净度，防止沉淀。蒸煮后，便密封贮存。

以上 23 种酢法，由于地域不同和原料差异，采用不同的发酵糖化剂和不同工艺，反映出当时的人们仍在通过自己的实践，探索多种制醋的良方。贾思勰所记载的 23 种制醋法不仅反映了当时我国劳动人民经过长期的生产实践，已经掌握了较丰富的生物化学知识，而且基本上形成了现代酿醋工业的技术体系，提出了一些极有参考价值的制醋工艺的科学道理。①在动酒酢法中提出了“衣生”和“衣沈”的概念，明确提出酒精转化为醋酸是醋酸菌（衣）的作用，并进一步指出“衣”是生物。②秫米酢法中提出的酸浆代替水拌料，这是早期利用天然的乳酸菌进行发酵的一种方法。③在烧饼做酢法和做大酢法的“又法”中进行分批加料的操作，起到扩大培养微生物的作用。这种方法是当时酿酒“酘”法在酿醋上的应用，也是现代酿醋技术“流加法”的开端。④制酢法的过程中提出了“掸令小暖如人体”的控制品温界限的标准，这一温度标准虽然粗略，但它的提出却是非常宝贵的。⑤做糟糠酢法、酒糟酢法和做糟酢法等的工艺中出现了用谷物做原料进行固体发酵酿醋，这种酿醋方法，对现代酿醋工艺产生了较大的影响。

制醋工艺的成熟定型

隋、唐、宋时期的《食经》或《食谱》大多罗列了一些菜单，基本没有涉及烹调法，当然很少论及制醋技术。当时的医药类典籍，例如《备急千金要方》，虽然有一些地方谈及醋或苦酒，但是，醋主要用作药剂或其他味药的调料。本草著作中也介绍过醋，例如唐《新修本草》谓："酢有数种，此言米酢。若(或)密酢、麦酢、曲酢、桃酢、葡萄、大枣等诸杂果酢，及糖糟等酢会意者，亦极酸烈，止可啖之，不可入药用也。"这里也同样没有详细地介绍具体的制醋技术。倒是唐代的农书《四时纂要》里介绍了当时的7种制醋方法。

《备急千金要方》书影

败酒作醋：春酒停贮失味不中饮者，但一斗酒，以一斗水合和，入瓮中，置日中曝之。雨即盖，晴即去盖。或生衣，勿搅动，待衣沉，则香美成醋。凡酿酒失味不中者，便以热饭投之，密封泥，即成好醋。

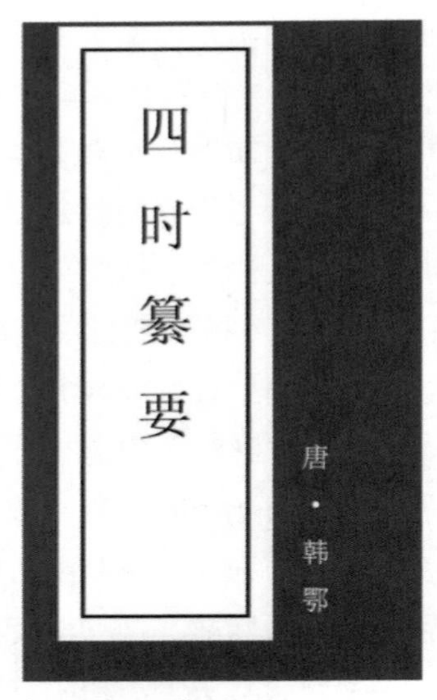

《 四时纂要》书影

米醋法：又，先六月中取糙米三五斗，炊了，细磨，取苍耳汁和溲，踏作曲，一如麦曲法。又取三五斗糙米，炊了，隔宿于瓮中热汤浸，来日早蒸。蒸了，摊开，蒿覆如黄衣法。至造醋时，又炒糙米三五斗，向星露下，以沸汤泼，经宿，来日蒸之，亦无剩水，依常炊饭。候熟，每斗用汤一斗，亦蒸米了，便下汤中。待如人体，即下黄衣及曲末，大约每斗米用黄衣、曲末共二斤。三七日成。放至四十九日成，更佳（造用寅、辰、戌日）。

暴米醋：糙米一斗，炒令黄，汤浸软后，熟蒸。水一斗，曲末一升，搅和。下洁净瓮器，稍热为妙。夏一月，冬两月。密封头。日未足，不可开。

医醋：凡醋瓮下须安砖石，以隔湿气。又忌杂手取。又忌生水器取及咸器贮。皆致易败。又醋因妊娠女人所坏者，取车辙中土一掬着瓮中，即还好。

麦醋：取大麦一石，舂取一糙，取一半完人，一半带皮便止。取五斗烂蒸，罨黄，一如作黄衣法。五斗炒令黄，熟浸一宿，明日烂蒸，摊如人体，并前黄衣一时入瓮中，以蒸水沃之，拌令匀。其水于麦上深三五寸即得。密封盖。七日便香熟。即中心着篘取之，头者别贮。余以水淋，旋吃之。《齐民要术》云："造麦醋，米酘之。"此恐难成，成亦不堪，盖失其类矣。

暴麦醋：大麦一斗，熟舂插，炒令香焦黄，磨中掣破。水拌湿后，熟水一斗五升冷如人体，以曲一升搅和，入罂瓮中，封头断气。二七日熟。淋如前法。

醋泉：面一石，七月六日造：淡溲，作馎饦，熟煮，漉出，箔上摊晒令干。勿令虫鼠吃着。收馎饦汤八斗已来，小麦曲末二大斗，结尖量，于二石瓮中，先下馎饦一重，即下曲末一重，又下馎饦，曲末，如此重重下之，以尽为度。即一时泻馎饦汤八斗入瓮中，更不得动着。仍先以砖石垫瓮底。夏月令日照著。先以七介纸单子：初下日，一重纸单子盖头，密系之；一七日，加一重；至四十九日，七重足。又七日，去一重厚衣。以竹刀割作二孔，南北对开，须贴瓮唇。每以胡芦杓南边取一杓，北边入一杓新汲水。每日长出五升，即入水五升。如此至三十年不竭。然则须一手取，切忌殗污，立坏。又初造时，忌人吃着馎饦片子，切防家人背食之，即不成矣。

上面所列的制醋法，只要将它们与《齐民要术》相近方法进行比较就能看出酿醋技术的变化和进步。败酒作醋法与动酒酢法十分相近，只是唐代的制醋师傅没有强调发酵时间多长而是根据发酵成熟与否来掌握时间。

米醋法是《齐民要术》未载的，它以糙米为原料，“糙”是指舂到某种程度，有一糙，二糙之分，一糙相当于舂到一半精白，一半带皮。文中的“炊了”，可能是“炒了”之误，因为炊了就难以细磨了。米醋法与《齐民要求》的大酢法大致相近，不同的是此法用了两种曲，用曲量较大，故发酵速度快。另外就是文字较简练。

暴米醋也是以糙米为原料，暴的意思是在时间上速成，在手续上简

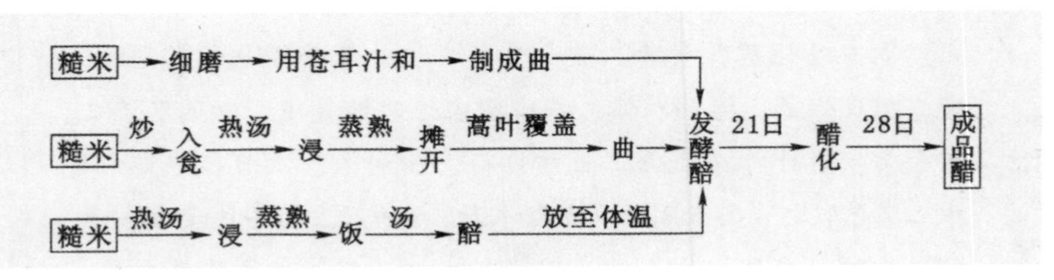

“米醋法”工艺流程

化，即比上面米醋法的工艺更简便。医醋，实际上是录自《齐民要术》防范醋变坏的措施，只是加了一段：又忌杂手取。又忌生水器取及碱器贮。皆致易败。麦醋法是以大麦为原料，其生产流程与《齐民要术》中的大麦酢法相比较，可以看到，它们都是以舂到粗放的大麦为原料，以麦䴷（黄衣）为发酵剂，工艺大致相近。不同的是该法已较简便，特别是没有采用分批投料的技术。该法也没有谈到白醭的防范。在唐代的“麦醋法”中，大麦已经舂过成碎粒，一半带皮，故可以不需添加粟米饭来帮助发酵。从这一点来看，也可以说唐代的麦醋法又前进了一步。暴麦醋法相对于麦醋法只是简化了工序和节省了时间而已。醋的质量可能比不上前者。醋泉法是以面粉为原料，小麦曲为发酵剂。将面粉制成汤饼，即包括各种汤煮的面食。故该法与《齐民要术》中的烧饼作酢法相近。除了用曲不一样外，最大的不同，醋泉法是一次用多量的原料做成，且

能较长时间取用醋的方法，借此叫它为醋泉，实际上不可能“三十年不竭”，这是夸张的说法。这种醋，只要不让带杂菌的生水介入，使用的时间是较长的。

忽必烈建立的元朝，把发展农业作为立国之本，采取了一系列发展农业的措施。其中一项措施是由官方亲自组织编纂《农桑缉要》等农学著作，用以推广先进的农业生产技术。例如元代鲁明善编著的《农桑衣食撮要》中在六月那章里就列举了做麦醋、老米醋、米醋、莲花醋等工艺。此处的麦醋法与《四时纂要》中唐人的麦醋法十分相近，唯有增加了“二七日后出头醋煮过收贮”。指出了收贮前应将醋液煮过。通过煮沸可将残留在醋液中的各种霉菌杀灭，保证了贮藏后不会变质。此处的“老米醋法”和“米醋法”与《四时纂要》中的米醋法有点不同。老米醋法用的原料是陈仓粳米，米醋法用的原料是糯米。

《农桑衣食撮要》书影

老米醋法使用陈粳米，由于在存放中，米中淀粉已部分氧化，支链较多，容易糊化，而且结构较疏松，故有利于发酵，特别适合喜氧的醋化反应。该法使用了红曲，红曲属高温曲，更适应醋酸发酵中的较高温

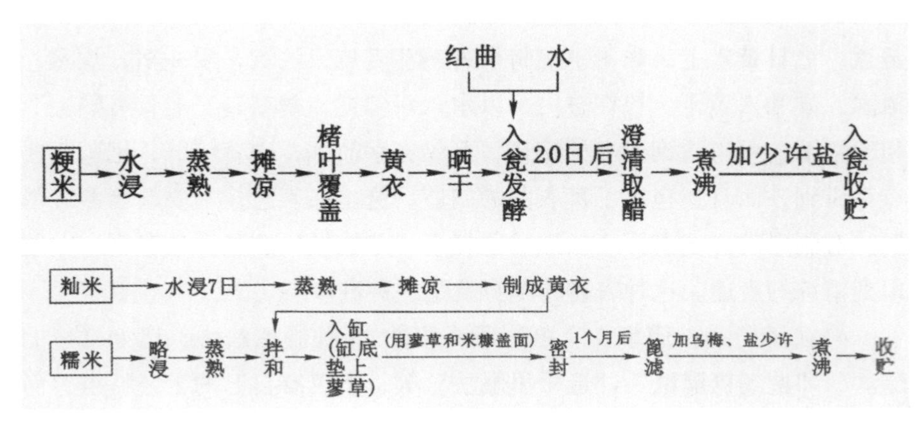

老米醋生产工艺流程

度。该法没有加蒸熟的大米，而是直接以黄衣替代，因此发酵应是较旺盛的。米醋法较唐代的米醋法简单，不同之处有二。一是在发酵醅上下都铺垫蓼叶，这可能因增加空气储量有利于醋酸发酵。二是在滤取得的醋液中加点乌梅和少许盐，再煮沸，这有助于改善成品醋的风味。莲花醋法是过去著述中没有提到的。它以糙米为原料，以白面粉制成风曲。工艺上与其他醋相近。特别的是在制风曲中，加入三朵莲花，将它捣细后，和面粉、水成团。然后由风曲，将莲花的清香带入发酵醅至成品醋。

同在元代编著的《居家必用事类全书》在其“造诸醋法”条下介绍了10种制醋法及收藏醋法。分别是造七醋法、造三黄醋法、造小麦醋法、造麦黄醋法、造大麦醋法、造糟醋法、造饧糖醋法、造千里醋法、造曲醋法、造糠醋法。与《农桑衣食撮要》的记载一样，只要进行认真的比较，就能看出制醋工艺的进步。

1. 无论在《农桑衣食撮要》还是在《居家必用事类全书》中，已不再用酢表示北方的酸醋，苦酒代表南方的食醋，而是直接采用醋来统一称谓。这反映人们对醋的这类物质有了更明确的认识。

2.《齐民要术》中列举了23种制醋法，从分类和命名来看，并不严谨，似没有什么原则可遵循。而《居家必用事类》虽只介绍了11种，命名原则却很清晰，主要依据原料，一目了然。

3. 在具体的酿制工艺上，也可以看到变化。例如，在《居家必用事类全书》中关于大麦醋法的记叙则是这样的：“大麦仁二斗，内一斗炒令黄色。水浸一宿，炊熟。以六斤白面拌和，于净室内铺席摊匀，楮叶覆盖。七日黄衣上，晒干。更将余者一斗麦仁，炒黄，浸一宿，炊熟，摊温，同和入黄子，捺在缸内，以水六斗匀搅，密盖，三七日可熟。”相比之下，可以看到元人的记述，不仅文字简练，内容精辟，把工艺要点都讲到，而且还包括了黄衣曲的制造。这是在工艺技术要领已熟练掌握，对制醋的方法有深切认识的前提下，才能做出这种去伪存真，由繁琐到精练的表述。这种表述的本身就是一种进步。

4. 在《居家必用事类全书》所介绍的11种制醋法中，诸如“造七醋法”“造饧糖醋法”“造千里醋法”等，不仅有自己的工艺特点，而且还是《齐民要术》中所没有的。例如“七醋法”的酿制工艺如下：“假如黄陈仓米五斗，不淘净，浸七宿，每日换水二次，至七日做熟饭，乘熟便入瓮，按平封闭，勿令气出。第二日翻转动，至第七日开，再翻转，倾入井花水三担，又封闭一七日，搅一遍，再封二七日，再搅，至三七日即成好醋矣。”此法甚简易，尤妙。未用任何曲和醋母，而是只用米饭和水直接发酵成醋。再如“饧糖造醋法”采用饧糖为原料，其原理和方法与蜂蜜造醋法大致相同，可以说它是“蜜苦酒法”的发展和推广，表明当时已初步理解到具有甜味的糖类物质都是可以用来制醋的。又如“千里醋法”的工艺是“乌梅去核，一斤许以酽醋五升浸一伏时，曝干，再入醋浸，曝干，再浸，以醋尽为度，捣为末，以醋浸蒸饼，和为丸，如鸡头大。欲食，投一二丸于汤中即成醋矣。”这是一种以乌梅肉吸附醋质，再与蒸饼一起加工而揉成的固体醋。存放携带方便，食用也简捷。这些新方法，无论在工艺上，还是在人们对制醋工艺原理的认识上，都从一个侧面反映了制醋工艺的进步。

5. 在“造三黄醋法”中，投放水仅要求“饭面上约有 4 指高”，可见用水是很少的，接近于固态发酵。在“造麦黄醋法”中，“用水拌匀，上面可留一拳水，封闭四十九日可熟”，用水同样也是很少的。“造糟醋法”则是：“腊糟（冬酒的糟）一石，用水泡粗糠三斗。麦麸二斗和匀，温暖处放，罨盖勤拌捺。待气香尝有醋味，依常法淋之。按四时添减，春秋糠 4 斗半，麸二斗半；夏即原数；冬用糠五斗，麸三斗，看天气冷暖加减用之。”这方法已完全是固态发酵法了，醋醅较稠，成醋较浓，只能采用水淋的办法获得醋液。

6. 后面两种造醋法还有一个特点，就是利用了糠或麸作原料，这与酿酒明显不同。酿酒要求原料加工要细造，即以精细为好；而制醋却要求原料糙些，这是因为保存谷物外皮有利于酿醋。糠和麸在固态发酵中能使发醅体更多地接触空气，现代微生物学已探明，醋酸菌在空气充分的环境中繁殖得更快。在工艺过程中，发酵醅要定时杷搅的经验，也符合这个道理。近代著名的江苏镇江香醋就是以酒糟、砻糠为原料，加入成熟的醋醅，采用固态发酵的方法酿成；山西老陈醋也将粗谷糠和麸皮作为原料，和入粟米、高粱、大麦、豌豆曲制成的醋浆中，亦采用固态醋酸发酵法。这两种名醋和其他地方名醋都可以在《居家必用事类全书》

的制醋法中找到自己的影子。通过以上的比较分析，可以认为中国传统的制醋工艺到元明时期已基本成熟并定型了。

四大名醋

由于各地生态环境的差异，制醋所采用的原料和技术也不尽相同，当然酿造出来的醋的风味就各有特色了。依酿造工艺来分，大致可分为大曲醋、小曲醋、麸曲醋。这种分类强调的是制醋的曲，可见曲在整个制醋工艺中的分量。制醋和酿酒一样都是一项微生物工程，曲是引进微生物进行发酵等一系列生化反应的关键。在长期实践中，中国先民创造出先进的制醋技艺，生产出许多质优味美的食醋。其中以高粱为原料的山西老陈醋，以糯米为原料的镇江香醋，以红曲为发酵剂的永春红曲醋，以麸皮为主要原料的阆中保宁醋就是这些美醋的典型。天津的独流老醋、浙江绍兴的玫瑰香醋也同样是中国传统的历史名醋。

山西老陈醋

山西人爱吃醋，自古以来他们都认为，在清徐、太原、介休等地所产的醋最美，味正醇厚。不止是山西，几乎大部分北方地区的人们都喜欢这里产的醋。当今在山西老陈醋中，最著名、最正宗的传统酿造技艺要数山西美和居的老陈醋。在明清以前山西晋阳地区以产销陈年白醋闻名，而当时的醋是采用流传下来的食醋大曲和酿醋传统工艺，具有一般大曲醋的优点，产品风味好，但是酶活力不高。大约在明洪武年间，太原的美和居醋坊大师傅开始不断地对原有的制醋工艺进行改造，首先强调了使用豌豆、大麦按比例制作的红心大曲为糖化发酵剂，注意醋化过

山西老陈醋酿造工艺展示（一）

程加入的主要辅料谷糠、麸皮的质和量，采用低温酒醪液体发酵工艺，从而保障了酒精发酵正常有序地进行。此后在完善工艺过程中，引进了一系列独特的创新，其中最重要的是创造了“高温接种引火，重淋醋醅结合”的工艺和“夏暴晒，冬捞冰，贮陈老熟”的工艺。前一道技术即是在“醋化”与“淋醋”两道工序中增加了一道重蒸醋醅的工序，高温引火重蒸醋醅不仅增加了醋的颜色，促进酯化，抑制一些细菌的过旺繁殖，进而使成品醋更加味浓绵酸。后一道工序是让满盛淋醋的醋缸放在院子里风吹日晒（不能进雨水）；冬日里将醋缸内结成的冰块捞出。这种不断浓缩的陈酿过程，使成品醋更为醇厚香浓，口感尤佳。只有经过这样的“夏暴晒，冬捞冰”的工艺处理过的隔年醋方能称其为老陈醋。

山西老陈醋酿造工艺展示（二）

山西老陈醋色泽棕红或褐红，有光泽，具有特别的醋香。熏香、酯香、陈香，入口绵酸，滋味柔和，酸甜适口，回味绵长，深受食客喜爱。1934年初，当时在黄海化学研究所工作的方心芳，专程从天津来到太原，详细考察了山西老陈醋的生产工艺，完成了报告《山西醋》。在该书中方心芳在客观地记述和总结了山西老陈醋独特的酿造工艺后指出：“我国之醋最著名者，首推山西陈醋和镇江醋。镇江醋酽而带药气，较之山西醋犹逊一筹，盖上等山西醋之色泽气味皆因陈放长久，醋本身起化学作用而生成，初非人工而伪制，不愧为我国之名产。”

山西老陈醋的生产工艺流程如下。

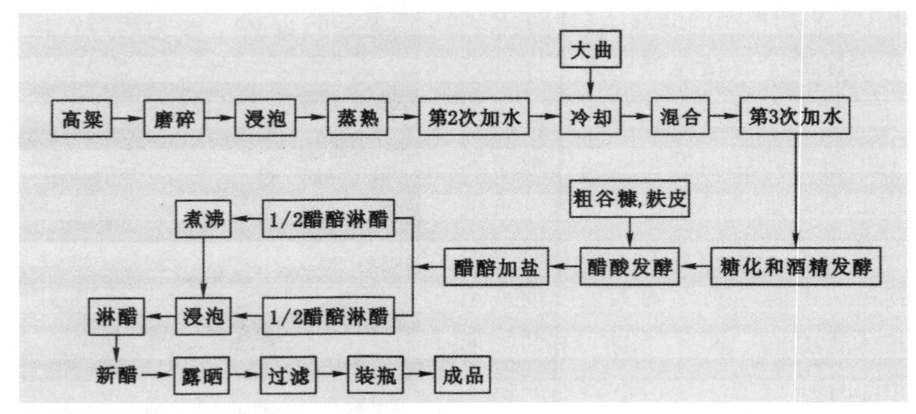

山西老陈醋生产工艺流程

镇江香醋

镇江香醋

镇江香醋是南方米醋的代表，可以说它传承自上面的米醋和酒糟酒的工艺产品，与江南的黄酒技艺密切相关。就以镇江恒顺酱醋厂的香醋生产工艺为例。镇江恒顺酱醋厂的前身是1890年由镇江人朱兆怀创建的朱恒顺糟坊。起初以自产的“百花酒”的酒糟为原料生产食醋，酒糟呈黑色，微带酒味和香气，产品醋的质量不错，在市场受到欢迎。为了扩大生产，后来就到比邻的丹阳收购酒厂的酒糟。这酒糟含酒精约为7.97%，总酸为0.129%，固形物为36.76%，碳水化合物为15.76%，倒很适合制醋，可惜来源有限（丹阳当地也有一家创建于1815年的恒升酱坊在利用酒糟生产香醋）。原料不能保证，只好另辟蹊径，遂改用以糯米为主要原料的新的技术路线。这样镇江香醋的生产就有两条工艺。一是以糯米为原料的生产工艺，其流程如下。

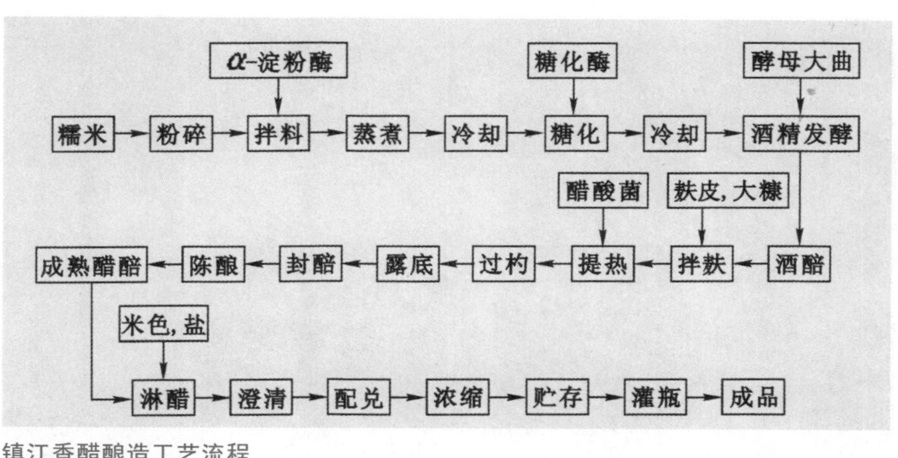

镇江香醋酿造工艺流程

这条工艺的特点是采取了传统黄酒生产工艺进行酒精发酵，即用酒药（小曲）液态低温糖化、液态酒精发酵及固态醋酸发酵的工艺，并进行一个月陈酿，是小曲酿造食醋的典型。由于该工艺蕴含了我国酿酒复式发酵的精髓，使它具有三大特点。第一，除使用酒药培养其中的酵母制得酒母外，还扩大培养了其中的根霉，以增强糖化和其他功能。第二，由于酒药的使用以及巧妙的培养方法，取得了“以酸抑酸”、抑制杂菌，促进酵母繁殖，并获得优质酒母，为之后的糖化、酒精发酵打下了良好基础。第三，使用富含米曲霉的麦曲，不仅构成根霉之外的强大糖化能力，还能充分地发挥其蛋白水解酶的作用，生成风味物质及其前体，构成根霉和米曲霉的混合发酵。在开放条件下的这一复式发酵，就能生产出高氨基酸的酒醪，从而为之后的醋酸发酵奠定了基础。

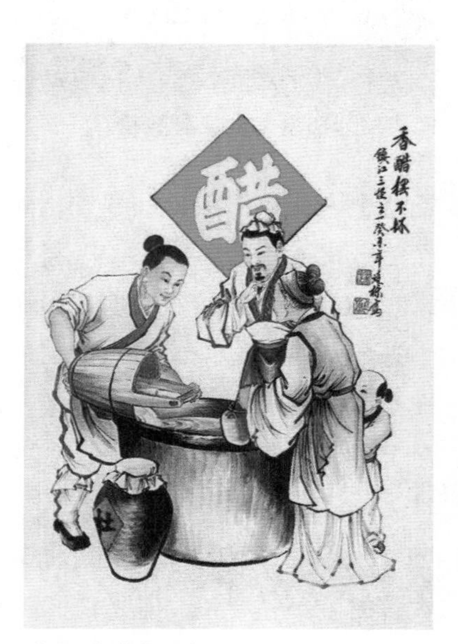

镇江香醋在民间图

醋酸发酵则是固态发酵，将含7%酒精的酒醪加入到以麦麸为主的

现代的醋酸发酵池及翻醅机

填料中，在体态疏松的醅中，醋酸菌为主的各种霉菌借助空气的帮助将乙醇氧化成乙酸（醋酸），将蛋白质水解出多种氨基酸及许多呈香的风味物质。由于醋酸发酵前，沿用的是传统的酿酒工艺，故有“酿好醋，必先酿好酒”之说。因为酿出的香醋中含有丰富和多量的氨基酸，故同样醋酸度的醋中，就有“好醋不酸”之感。上述利用小曲酿造食醋的整套工艺，构成了我国独特的制醋工艺，也是世界上独一无二的酿醋工艺。

永春红曲醋

永春红曲醋又叫福建红曲老醋。据传已有 200 多年的历史。该醋虽然含醋酸高达 7%，但是口感不涩而甜美，芳香醇厚，具有独特风味。这种醋深受福建地区的民众喜爱，行销东南亚地区及 40 多个国家。生产红曲醋的原料有糯米、晚稻、红曲、白糖、芝麻等，最大的特点是采用红曲进行在液态下的糖化、酒化、醋化。

由于采用红曲发酵，而红曲的糖化力和发酵力都不够理想，因此与其相匹配的糖化、酒精发酵就有点特别，像酿红曲酒一样，其发酵时间较长，约需 70 天。醋酸发酵也有自己的特点。它利用天然混入的醋酸菌，以醋酸发酵 1 年的醋醪为醋母，进行红曲酒液的醋酸发酵，并分次添加不同年度的醋醪进行陈酿，周期为 3 年。即将发酵 3 年的醋醪中抽取过滤 50%放入成品缸，作为成品。再补入发酵 2 年的醋液，在发酵 2 年的醋醪中补入 50%的发酵 1 年的醋醪，在第 1 年发酵缸内补入 50%的红曲酒液。这一过程就像古代的以酒代水的重酿法。这一方法酿出的醋液酸度可达 8%。此外，在第一年醋缸进行液态发酵时，加入醋液重量 4%的炒熟芝麻，进行调味。发酵中每周搅拌一次。

福建永春红曲醋

保宁醋

保宁醋产于嘉陵江上游的四川阆中保宁。该醋是采用麸皮类淀粉物质为主要原料，以药曲加黑曲为糖化剂，经熟料或生料固态糖化、酒化及醋酸发酵而酿成的一种食醋。糖化时主要依靠麦麸中的淀粉酶，用加入酒药或辣蓼汁培养的酵母为发酵剂，固态醋酸发酵后陈酿达一年之久。产品色泽红褐，醋香浓郁、酸味醇厚、回味甜美，有一种独特的芳香气。据说是明末清初一位名叫索义迁的人发明的，已有 350 年的历史。1915 年获巴拿马太平洋万国博览会金奖，1921 年获四川成都劝业会银奖。

其药曲是用当归、肉桂、红梅、陈皮、大黄、柴胡、甘草、茴香等近 40 种中草药制成的。这药曲的配方具有理气开胃、温中止呕、清热解毒、疏散风热、醒脾健胃的功效，能以包含的多种有机物和芳香族物质，增强成品醋的特殊风味。由于主要原料是麸皮，糯米仅是用于制酒母，

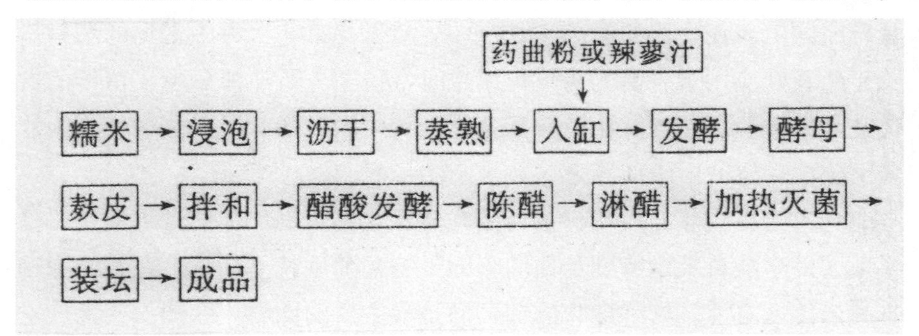

保宁醋生产工艺流程

保宁醋

其淀粉含量相对小麦来说就会低些，而脂肪等其他成分就会高些，这就决定了发酵剂以小曲为好。以小麦和辣蓼等多味中草药制成的药曲实际上就是小曲的一种。这些辛辣的中草药对产品醋的风味的影响是很大的。其他生产工艺的要领与常规制醋相差不大。

保宁麸醋的调味作用虽然不如山西老陈醋和镇江香醋，但是由曲中药材成分引入的药理功能却得到加强。

东方与西方的"酸"

中国的食醋主要以谷物为原料而酿造，虽然也曾有人用蜂蜜水等含糖物料酿过醋，但仅是一种尝试，谈不上规模生产。以酸梅等果品浸渍制醋，更是少见，充其量作为调味或增加风味之用。醋作为五味之一的"酸"味的载体，已成为居家生活的食材之一，在讲究五味协调、风格独创的烹饪和食品加工技术中，不可或缺。像山西某些地方，人们在饮食中以醋代酒更是一种习俗。这与西方人喜爱酸味的果酒和果醋可以说是异曲同工。在中国的医药和食疗中，醋也是某些医方中常见的药材。关于醋及其应用于生活的典故传说也时常被文人所津津乐道，留传于古代文献中。总之，醋文化已深深地介入到中国民俗、民风之中，成为饮食文化中重要的组成部分之一。

西方一些民族，也有许多人爱吃酸味食品，例如他们常喝酸奶；俄罗斯人爱吃酸黄瓜；特别是他们喝的干型葡萄酒就呈酸味。在茶叶和咖啡尚未传入之前，这种酸味的葡萄酒是最主要的饮料。欧洲一些民族吃的面包也常带酸味，这不仅是生活的习俗，而且也是人体对某些营养成分的需求,并已形成了生活中的嗜好。但是他们使用的酸味调味品，主要是由果酒加工成的果醋，例如葡萄醋、苹果醋等，在烹饪或饮食中，他们还直接使用像柠檬一类含果酸丰富的果品,基本没有使用过谷物酿制的食醋。由此可见，西方的食醋与中国传统的食醋是有很大的区别。我国先民利用谷物酿制出多种风味的醋应该说是酿造史上一项伟大的发明。

俄式酸黄瓜

中国传统食醋由于以谷物为原料,采用固态发酵工艺酿制,它色、香、味、体俱佳,通常呈琥珀色或红棕色,具有浓郁的醇香和酯香，酸味柔和，回味醇厚，体浓澄清，总酸、不挥发酸和还原糖等理化指标优异。根据科学检测，由传统酿醋工艺（以谷物为原料,经多种微生物催化的复式发酵）而生产的天然食醋，除含有丰富的营养或功能物质，包括多种有机酸（除醋酸外，还有乳酸、草酸、柠檬酸、苹果酸、丙酮酸、琥珀酸等 10 多种有机酸，以及由蛋白质分解而得的多种氨基酸），还有多种维生素（VB1、VB2、VC）、糖类（葡萄糖、果糖、麦芽糖、蔗糖）、果胶、无机盐和微量矿物质、乙酸乙酯、天然色素等 90 余种物质成分。它们或是人体所需的营养物质，或是呈香提味。西方的果醋仅采用某种水果，其糖分经单边的

葡萄醋

酒化、醋化而成，其物质成分主要来源于水果，故营养和功能物质远较中国食醋少。例如来自蛋白质的氨基酸就少多了。

中国传统的食醋，特别像上述的四大名醋，为什么会具有上述优良品质？主要是因为这些食醋的酿制工艺独特。其中，醋酸发酵是在固态条件下完成，即糖化、酒化、醋化的过程都是在固态酿醅中进行。酿醅含水量约为50%，物料水分大部分包溶于醅料中，基质固、气、液三相并存，有明显的固－气、固－液、液－气界面，利于微生物生息繁衍。同时，基质的低水分可以减少发酵容器的体积，无须处理废水。另外，固态发酵的品温控制在40℃左右。使酿醅中的生化反应，维系在低温糖化、中温酒化、适温醋化，各类有益菌及其分泌酶系共存，发挥各自的功能和作用，使糖化、酒化、醋化三种发酵同时进行，缓和了淀粉、乙醇对酵母菌、醋酸菌的干扰，促进了有益微生物的生长，而不是液态发酵条件下的完全分离，互不干扰。发酵过程充分，代谢产品间能进行转化，相互补充，相互融合，从而完成制醋的多种生化反应。由于在整个酿醋发酵过程中，各类微生物并存，生产的食醋即具有独特的色、香、味，有着令人难忘的风味。

第十章

别具风味的酱

黄酱

将食材配上某些调味或防腐的佐料——稠糊状的酱，可能是古代常见的食品加工方法。酱是我国及东亚、东南亚各国常备的调味品、副食品，种类繁多。从古至今，酱基本上分为两大类：动物性酱，植物性酱。古代各种动物性酱很多，发展至今，大部分已消亡，只剩下虾酱、鱼酱等少数几种。植物性酱在漫长的岁月中，还一直是饮食生活中的一员。开门七门事（柴米油盐酱醋茶）中，酱仍占一席之地。《周礼·天官》云：“膳夫：掌王之食饮膳羞……酱用百有二十瓮。”至少可认为在周朝，食用酱已很普遍，酱的品种也很多。至于食用的是什么酱，从先秦的古籍文献中可窥视一斑。在日本、韩国，酱食的地位更突出，酱及由其调制的酱汤几乎是日本人、韩国人每天的饮食中不可短缺的。

酱之源

中国和东亚地区的许多民族最早是以狩猎捕鱼和采集野果为生，后来才有原始的以种植业为主的农业，故最早出现的酱很可能是以兽禽类原料制成。“酱”字从“肉”（右上角“夕”）可以作证。周代的古籍中统称这类酱为“醢”，不同品种的醢，前面冠以肉的类别，例如马醢、鹿醢、鱼醢等。随着人们对植物认识的深化和农业的发展，出现了以植物种实为原料的酱，例如榆子酱、蒟酱、豆酱、麦酱等。由于农业的发展，栽培的豆类多起来，豆酱、麦酱等得到较快的发展，逐渐使豆酱、豆豉及由豆酱衍生出来的酱油成为酱的主流。其中以面粉、黄豆为原料的豆面酱和以麦面为原料的麦酱（即后来的甜面酱）获得较快发展。

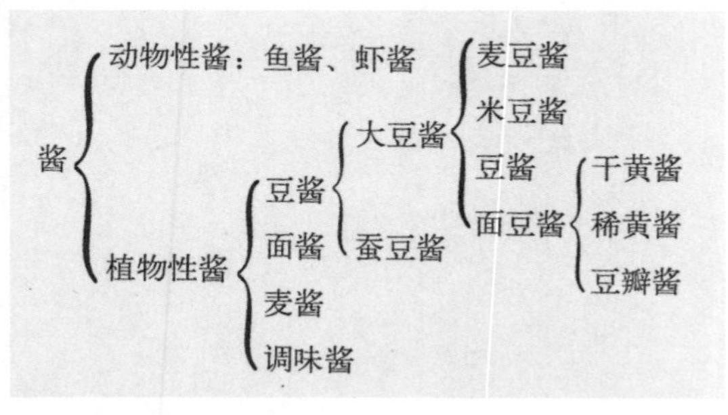

中国食用酱的分类

各种食材都可以加工成酱，所以酱具有广泛的内涵。依原料来分，古代的酱可分为四大类：豆酱、面酱、麦酱、菜蔬水果酱。前三种经发酵工艺，后一种直接将菜蔬或水果弄碎经一定工序（不需发酵）而制成，例如各种果酱、花生酱、番茄酱、芝麻酱、芥末酱等。

这些酱及其制作技术在中国古代是怎样发展起来的，让我们一起来回顾。

各种酱的发明大多是人类模仿自然发酵现象而逐步掌握的一种食物加工方法。若将发霉的谷物、豆类（菜蔬水果例外）煮或蒸熟，沥干再捣碎，再加点食盐，放置任其发酵即成酱。有两点与酒、醋的发酵不一样，一是原料，做酱主要是含蛋白质较多的豆类，还要加盐之类的调味品，盐可起防腐作用。二是发酵要求的环境条件不同，做酱大多是敞开操作，需要较高温度和湿度。在《齐民要术》中，豆酱制法介绍得很详细，从选豆、去壳、蒸豆、和曲，直到酱黄制成，然后再进一步加盐调水晒成酱，几乎占据豆酱制法的1/3篇幅。肉酱、鱼酱中的多种酱即是用豆酱或豆酱浸泡碎状的肉或鱼而已。

在周朝，“治官之属六十六”中就有“醢人”之官职，并规定“醢人：掌四豆之实。朝事之豆，其实韭菹，醓醢，昌本、麋臡，菁菹、鹿臡，茆菹、麇臡”。汉郑玄注曰：“作醢及臡者必先膊干其内，乃后莝之，杂以粱曲及盐，渍以美酒，涂置瓶中，百日则成矣。”这里说明了当时肉酱的生产方法。这种加曲及酒的酿制法实际上是利用霉菌进行发酵的技术。制酱不仅是食品有效的加工贮存方法，也是一种调味手段。大豆在当时已成为主要的农产品，由于大豆富含蛋白质，在其发酵中主要是米曲霉起作用。米曲霉既具有极强的糖化力，又具有强大的蛋白质水解酶，故以米曲霉为主的酒曲既能做酒又能做酱。后来酒曲分为散曲和块曲（饼曲），酿酒需要含根霉较多的饼曲，而做酱则用含米曲霉较多的黄蒸（不成型的块曲）。黄蒸既不同于酿酒的块曲，又不同于制醋的黄衣。它是用带麸皮的面粉为原料，在一定的温度、湿度下，由霉菌发酵制成。在这个菌系中，含有较多能分解蛋白质和脂肪的米曲霉，所以适于用来做酱。

西汉史游《急就篇》中有“芜荑盐豉醯酢酱”的记载。唐代颜师古

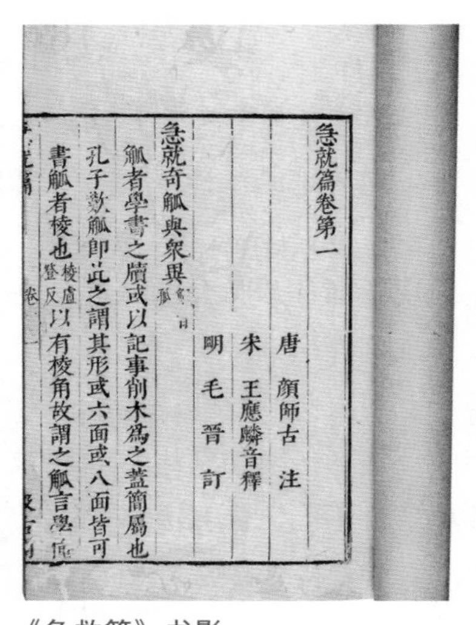

急就篇卷第一

唐 顏師古 注

宋 王應麟 音釋

明 毛 晉 訂

急就奇觚與衆異

觚者學書之牘或以記事削木爲之蓋簡屬也

孔子歎觚卽此之謂其形或六面或八面皆可

書觚者棱也 棱盧登反 以有棱角故謂之觚

《急救篇》书影

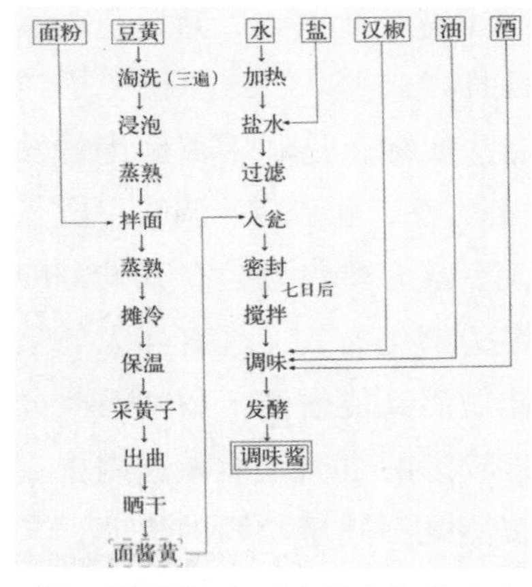

《四时纂要》中“十日酱”的生产工艺流程

注曰：“酱，以豆合面而为之也。以肉曰醢，以骨为臡，酱之言将也，食之有酱。”这里不仅给“酱”作了明确的释义，其实也是用面粉和大豆制酱的最早记载。根据这一记载，可以发现做酱技术在进步。在周朝，人们是用酒曲来发酵大豆、谷物等原料，例如加曲于煮熟的黄豆中而发酵制造，这种发酵模式一直维系到南北朝。到了南北朝，做酱已不再单用酒曲，而改用黄蒸。例如《齐民要术》中记载的制酱方法是加黄蒸配麦曲在蒸熟的黄豆中进行发酵酿造。

到了唐代，做酱技艺有了明显进步。例如，唐代韩鄂在其所著的《四时纂要》中，有关豆酱的记载，不仅简明扼要，而且将大豆的预加工和生产黄蒸的工序合二为一，然后采用既是原料又是发酵催化剂的“豆黄”直接加盐调水再发酵。这样既节省了工序，还使霉菌较早地介入发酵过程，最终取得较好的效果。在发酵即将完成时，又加入冷油、酒和汉椒，不仅增加了豆酱的风味和营养，还能使豆酱更耐贮存。因为酒能杀死部分导致变酸致坏的杂菌，油能在豆酱与空气之间形成一隔离层，防止杂菌的侵入。这里不用酒曲，而是直接将原料黄豆制成曲，然后再将其直接发酵成酱。这种工艺改进正好说明人们对制酱机理认识的深化。这其中的奥秘就是酒曲中尽管有一定量的米曲霉，但其他不利于蛋白质分解的许多霉菌仍存在，必定会妨碍大豆的发酵；而直接利用面粉和黄豆制成曲，米曲霉变得更为强势，从而加速了蛋白质的水解。在唐代，虽然酿造豆酱的时节仍首选低温的十二月及正月，但是由于技术的提高，人们在炎热的六月也可安排豆酱的生产。因为六月气温高，发酵醪中米曲霉等活动强劲，蛋白质分解迅速，故发酵时间可以缩短，此时酿造的酱，人们称为“十日酱”。

“十日酱”是原料全部制曲的首例。在工艺中，把蒸烂豆黄拌上较豆黄量还多的面粉，再蒸，再经冷却，发霉，制成米曲霉的散曲，然后晾干备用。这点与《齐民要术》中使用笨曲及黄蒸的方法已不同，已不是用生面粉的工艺，开创了使用蒸熟大豆及面粉曲料制备米曲霉散曲的先河，适合调味酱的生产。制醪是每斗酱黄用水一斗，拌水量较多，制出的酱醪呈浓醪状态，类似于今日的稀黄酱。从唐代的相关文献来看，可以认为做酱的技艺已基本成熟定型。

元代酱的品种较多，除豆酱外，还有甜面酱、小豆酱、豌豆酱、大麦酱等。不同品种的原料及其预处理方法自然不同，但是有一点是一致的，那就是不再用散曲，而是全部改用米曲霉饼曲，进行发酵。

在《齐民要术》“作酱法第七十”中，记载了14种制醢法，其中11种是以动物为原料，即肉酱4种、鱼酱4种、虾酱1种、蟹酱2种；以植物为原料的仅有3种，即豆酱、菜酱、麦酱各1种。表明肉酱的种类较多，是肉类加工食用和贮存的重要方式。但是在以后的史籍中，有关肉酱的记载明显地少了，人们更多的是关注面豆酱的制作，在豆酱技艺提高的同时，人们又开发出一些新品种。这一发展的缘由除了大豆来源方便外，还与当时的烹饪技术进步有关。自战国以后，生铁的冶铸技术逐渐成为中国冶铁技术的主流，这使铁锅生产更加方便，走进了千家万户，烹饪技术因此得以较大改变，在蒸、煮、烤之外，增加了有中国特色的“炒”，炒的加工方式，使肉禽之类食料有了更好更多的“色香味”，肉禽无需加工成肉酱也能成为美食，故肉酱少了。

豆酱发展中开发的新品种就是同样作为调味品的豆豉和酱油。在制作豆酱的实践中，人们发现了大豆发酵中那些只是一半发酵的产品别有

《楚辞》书影

风味，这半发酵的成品就是豆豉。据《楚辞》云：“大苦咸酸，辛甘行些。”西汉王逸注曰：“大苦，豉也，辛谓椒姜也，甘谓饴蜜也，言取豉汁调和以椒姜咸酸，和以饴蜜，则辛甘之味皆发而行也。”这是我国有关豆豉的最早记载，表明在战国时期已出现豆豉。豆豉既是调味品又是副食品，发展很快。

到了西汉，《史记·货殖列传》就有“蘖曲，盐豉千合”的记载。说明当时豆豉生产很兴旺，已成为一个独立的生产部门。它可能是当时将豆类食料加工成食品的重要方式之一。史游的《急就篇》就将豆豉与醯、酢、酱列在一起作为当时的主要调味品。豆豉虽然和豆酱一样都是以豆类为原料，经过发酵而制成的调味品，但是它们之间是有区别的。对此《齐民要术·作豉法第七十二》中作了清楚的陈述。首先在书中，“作豉法”没有归于“作酱法”，而是单列一节。贾思勰用了一千多字，不厌其详地介绍了作豉法的工艺流程。与作豆酱相比，其关键的差别在于，作豆豉的大豆在蒸煮中，既要煮熟又不能煮烂；既要霉菌发酵繁殖，又要控制其发酵程度。所以说豆豉是有控制的发酵，霉菌只是部分地，即主要在表面一层将淀粉和蛋白质分解。这样它就与充分发酵的豆酱在口味上有区别，从而成为一个不同于豆酱的新品种。这种有控制的发酵技艺也从另一个侧面反映了当时食品加工的一个成就。

唐朝的贞观年间，国泰民安，生产发展迅速。据《唐书·百官志》记载：“掌醯署有酱匠二十三人，酢匠十二人，豉匠十二人。”仅皇宫后厨制酱、醋、豉等副食品的规模就这么大，可想在社会生活中这些行业的地位之重。

豆豉

韩鄂的《四时纂要》所载的农事活动中就有“作豆豉、咸豉、麸豉”等项，可见豆豉的品种在增加。豆豉除了日常食用外，还被许多医家入药治病。例如孙思邈的《千金要方》中就记载了豆豉有解表清热、透疹解毒等疗效。孟诜的《食疗本草》和宋代苏颂的《图经本草》等也有类似记载，可见豆豉又被视为药和保健品加以使用。

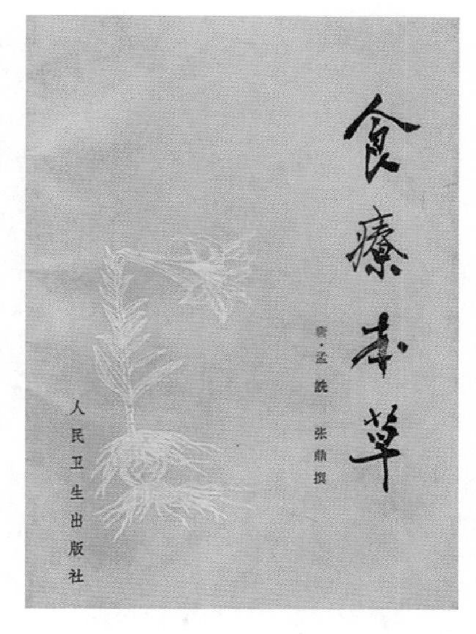

《食疗本草》书影

关于豆豉的酿造工艺，韩鄂在《四时纂要》中是这样记录的。

> “黑豆不限多少，三二斗亦得。净淘、宿浸、漉出、沥干，蒸之令熟，于簟上摊，候如人体，蒿覆一如黄衣法。三日一看，候黄衣上遍即得，又不可太过。簸去黄，曝干，以水浸拌之，不得令太湿，又不得令太干，但以手捉之，使汁从指间出为候。安瓮中，实筑，桑叶覆之，厚可三寸，以物盖瓮口，密泥于日中。七日，开之，曝干。又以水拌，却又瓮中，一如前法。六七度，候极好颜色，即蒸过，摊却水气，又入瓮中实筑之，封泥，即成矣。”

此外，生产的豆豉，其汁可做调味品，豆豉汁也是酱油的一种。三国时期曹植就有“煮豉以为汁”的诗句。在《齐民要术》中用豆豉（包括豉汁）于烹饪的记载就有70多条。豆豉这样受器重，难怪人们将它与酱的使用并列。日本的纳豆和印度尼西亚的丹贝也是属于豆豉一类大豆发酵食品。可以说，纳豆和丹贝都是我国豆豉制取技术流传出去的成果。

从食用豆酱到食用豆酱油，与从饮用酒醪到饮用清酒一样，其间也有一个发展演进的过程。酱油起源于我国，是从酱中演变而来。无论是豆酱、豆豉、麦酱，都能从其发酵的产品中撇出液态的醪液，汉时称其为“清酱”，南北朝时又称为“酱清”，在唐代亦称作“酱汁”，直

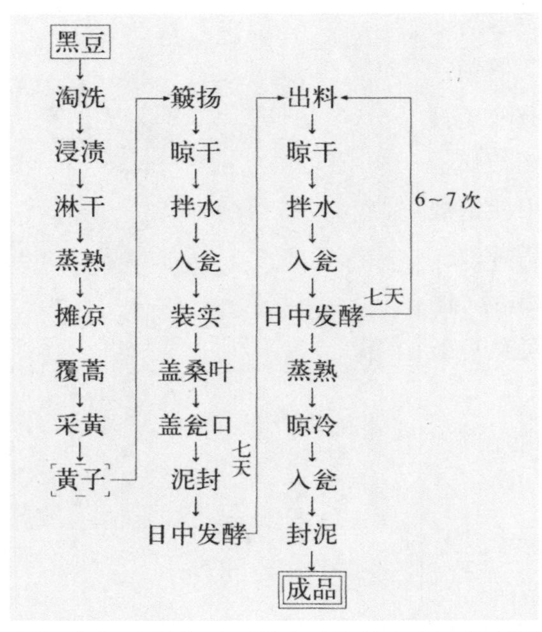

韩鄂《四时纂要》中“作豆豉”的生产工艺流程

到宋代才统称为“酱油”或“豉油”。到了明代，人们又根据它的制法特点将酱油分为“淋油”“抽油”“晒油”等。

可能由于豆酱油最初只是从稠糊状的豆酱中澄撇出来，产量小而没有成为一种独立产品，所以在相当长的一段时间里，人们没有把酱油与酱区别开来，因此很晚才有专门介绍制酱油法的文献出现。在《齐民要术·作酱法第七十》中，“豆酱清”“酱清”“清酱”都是指从豆酱中撇取出的清汁，却没有作酱油的介绍。唐代韩鄂的《四时纂要》的“咸豉”条中也提到取豉汁“煎而利贮之”，也没有讲它的制法。宋代林洪所著的《山家清供》三处提到酱油，也没有讲它的生产工艺。很可能人们认为它的工艺已包含在做酱技术中。直到明代，《本草纲目》中清楚地讲述了当时酱油的制法。李时珍所介绍的“豆油法”就是一种稀醪发酵的晒制法。

明戴羲著《养余月令》中的“南京酱油方”，记载较为详细，并有其特点。煮豆用水量规定以漫过大豆一掌高为度，煮熟后将面、豆一起

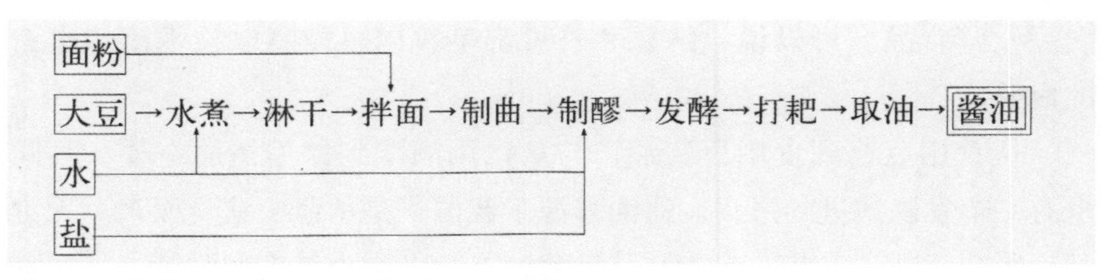

《本草纲目》中“豆油法”生产工艺流程

混拌，并将豆汁用尽（实际上是规定了面粉的用量）。再让豆黄在芦席上保温发酵近 20 天，再放入缸中，加盐加水（新汲冷井水），搅匀后日晒夜露，直至晒熟为止。最后用竹筛将成熟的酱醪滤出汁液为酱油。将制成的豆曲晒干使用是其最大特点。制醪用盐及水量分别为豆黄的一倍和六倍。这种生产技艺就是现代低盐固态酿制酱油所采用淋油法制取工艺的端倪。可以认为，酱油的制法是从豆酱制法中派生出来的，到了明代才独立出来形成了自己的工艺特点。

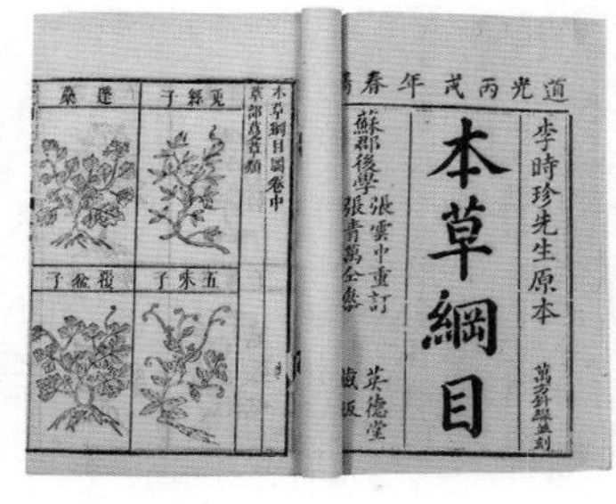

《本草纲目》书影

清代顾仲在《养小录》中介绍了两种酱油制法，其中就有用竹篓过滤取油的方法即抽油法。李化楠的《醒园录》中介绍了四种酱油制法，其中两种是麦酱油。从清代的相关文献来看，清代酱油的生产工艺和明代相同，仍然是以大豆、面粉为原料，制成天然米曲霉散曲，发酵是经过夏季的日晒夜露的天然发酵法，形成了我国传统酱油的特点和风味。从发酵醪中撇取酱油的方法似乎以淋油法为主，这是一项改进。值得注意的是开始生产以小麦为原料的麦酱油——麦油，它不仅是酱油原料的新开拓，而且产生了风味不同的浅色酱油。由于在其中使用了香辛料等，从而增加了调味酱油。

《醒园录》书影

酱之技

几千年来，各种酱食不仅是民众餐桌上的副食品，还是千家万户烹饪中必不可少的调味品。各种酱的制作技艺也在实践中不断地发展成熟。

豆酱以大豆为主要原料，多辅以面粉、大麦或大米等。单独以大豆为原料的豆酱，除东北农村尚有，其他地方已很少见。以大麦为辅料的

干黄酱

豆酱叫麦豆酱，以大米为辅料的则叫米豆酱，这两种酱现只在部分地区尚存。以面粉为辅料的豆酱，叫面豆酱，这是目前较流行的一类酱，根据含水量多少，即浓稀程度的不同，又分干黄酱（含水量少）和稀黄酱（含水量较多），它们都是经磨细后以浓糊状态出售使用。北京炸酱面中的炸酱就是以黄酱为主料加工而成。也有豆酱在整个发酵过程，直至产品都保持豆粒形态，被称为豆瓣酱，以蚕豆为原料的是蚕豆豆瓣酱。它在南方，特别在长江流域的许多地方流行，以四川（临江寺，郫县）豆瓣酱和安庆豆瓣酱最有名。面酱以面粉为原料，通过发酵中淀粉的水解而具有一些甜味，故又称甜面酱，许多地方生产的面酱都很不错，其中北京甜面酱是吃烤鸭不可少的调料，扬州的面酱在扬州酱菜中也不可或缺。制酱的过程是在有益微生物的作用下，豆类及其辅料内的淀粉分解产生糖类和糊精等，蛋白质分解产生多种氨基酸，故使发酵制成的豆酱味鲜可口，不仅可作调味品，也可直接制成菜肴食品。

黄酱的制作技艺

黄酱即面豆酱，它以大豆为主要原料，辅以面粉经发酵而成的酱类食品，一般制酱首先要选好原料大豆和面粉。大豆应是子粒大，色淡，皮薄的新鲜豆。新鲜豆吸水率高，易蒸煮，碳水化合物含量高，保水性也好。面粉要求使用标准粉，大豆和面粉的配比一般在65：35，种曲的加入量为原料重的0.15%。由于采用的是全曲发酵，故种曲的使用量较少。制酱的工艺流程如下。

大豆→计量→去杂，漂洗→浸泡→蒸料→冷却→混合接种（加入面粉及种曲）→通风制曲→第一次翻曲→第二次翻曲→成曲→入缸→翻倒→澥稀→打耙→成熟研磨→黄酱。

大豆首先要放入水池中进行漂洗，进一步除去豆皮和表皮附着物。然后将大豆用清水浸泡3 ~ 5小时，其间可换水一次，使其含水量达75% ~ 80%，这时豆粒膨胀，豆皮没有皱纹。浸泡时间因大豆品种不同，

蒸熟黄豆拌料

制曲床

通风制曲中的黄豆酱成曲

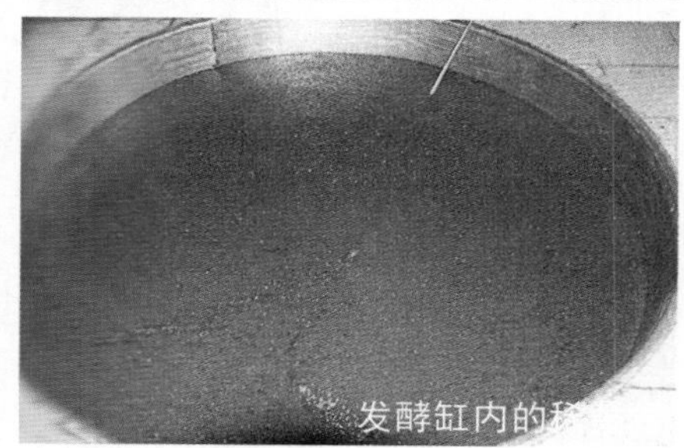
发酵缸内的

发酵缸内的干黄酱

半成品的干黄酱

黄酱的生产场景

水温高低而不同。不宜在水温高时浸泡过久，否则会造成营养成分的损失。

蒸料有两种方法。一是蒸熟法：将泡好的大豆入锅蒸料，先用大火蒸 1 小时，然后用小火焖 2 小时。装料时，不宜将蒸锅装满，而装到容积的 70% 即可。装料要轻要匀不宜拍压。二是煮熟法：将泡好的大豆在锅里直接加热煮熟。一般小规模生产常采用煮熟法。无论是蒸熟法还是煮熟法，掌握蒸料的含水量是关键，既要让蒸熟的豆子含水量多些，又不能有浮水。浮水的存在易生杂菌，会造成花曲、酸曲及烧曲等现象。蒸料的水分约在 50%。水分太少，对酱的分解不利；水分太多则造成升温慢，易成酸曲。此外蒸煮的程度因酱的品种差异而有不同要求。浅色酱类要求蒸煮程度嫩些，用手指挤压豆粒时有弹性感觉，外皮并不剥离，只是豆粒被压扁。若深色酱类则要蒸煮得老些，豆粒软化，手指挤压易烂。煮熟法操作中，注意不要让豆子贴锅煮焦。

蒸熟的豆料要迅速冷却降温，以减少杂菌污染的机会。夏季，蒸料冷却到30℃～35℃时接种，冬季要冷却到35～40℃才接种。接种的品温不宜过高，过高容易使杂菌繁殖，降低接种的效果。将已降温的豆料摊成12～15厘米厚，再将预先已干蒸过的面粉撒在豆子上，边撒边混匀。事先准备好的种曲拌匀在面粉中，随着面粉混匀在豆料上，从而完成接种工序。古代的种曲分别是豆团曲、黄衣曲和黄蒸曲。豆团曲是以蒸煮好的大豆团成球后制成的曲，昆明昭通酱一直沿用这种曲，这种制曲技术流传到朝鲜、日本后，他们的部分地区也在沿用此曲。黄衣曲不同于块曲，块曲为酿酒所适用，黄衣曲主要用于制醋和豆类的酿造。黄蒸中所繁衍的霉菌以米曲霉为主，微生物较多，酶系复杂，虽然品味好，但难把质量关。制造面酱、豆酱曾用过它，但在规模较大的厂子里，现在已基本绝迹。当代在近代科学的指导下，大多数厂子只采用纯粹培养的米曲霉作为生产用的菌种。一般小型企业没有生产种曲能力，就购买曲种，将其与麸皮混合，再行接种。

接种后，豆料在曲场继续堆放8小时，其间当品温上升至37℃～38℃时，翻一次，隔5～6小时再翻一次。然后适时将块状料打散搓开，移入曲室的通风池继续培养。这一工序过程叫堆曲，是制曲的第一阶段。

堆曲入通风池培养之前，应对曲池四周上下进行打扫，保证其清洁卫生，以防各种杂菌的污染。室内一般保持在30℃左右。在通风池内，要使料层松散，摊平均匀，厚度为20～25厘米，注意保持通风量，温度，湿度的一致。当品温超过37℃时，就要采用鼓风机降温，只要品温不低于30℃即可，这一工序叫通风制曲。

通风制曲的主要目的是让米曲霉在熟料上充分生长发育，并分泌出制酱所需的多种酶以使物料分解，为下一步的发酵提供一个物质平台。在制曲过程中，霉菌孢子在适宜的条件下，吸水膨胀，发芽繁殖，一个孢子会产生多个芽头。在培曲开始的6～7小时内，芽头形成新的孢子，并始生长菌丝，长出分枝，分枝上又长出新的分枝，致使曲料上布满结成网的菌丝。随着孢子和菌丝呈几何级的增长，品温逐渐上升。当品温上升加快时要注意适当通风，以调节品温和补充新鲜空气。这样才利于霉菌的旺盛繁殖。一般经过 10 小时左右，当品温上升到 35℃ ~ 36℃时，要采取吹风降温。经 14 ~ 16 小时，由于菌丝的旺盛生长，曲料会发白结块，这时应进行第一次翻曲，即用齿耙将结块的曲料打碎过筛，同时通过翻曲使曲料松散，便于代谢产生的 CO_2 逸出。

经打碎过筛的曲料在摊平继续培养中，必定会使孢子菌丝发育更为旺盛，随之品温会迅速上升。此时要加强通风，控制品温不能超过 37℃。大约再过 5 小时，白色菌丝会再次密布曲料，曲料重新结块，此时应进行第二次翻曲。后期培养温度应控制在 33℃ ~ 35℃，当曲料长满菌丝并结成孢子时，应认为已成熟，完成通风制曲工序，历时约为 48 小时，在通风培养和打碎过筛过程中，曲料的水分会逐渐减少，体积也会缩小，此时要注意出现缝隙而造成吹风不匀，再导致局部烧曲。

我国传统的制酱技术曾采用过两种制曲方法。一是像酿酒那样，曲是曲，熟料是熟料那样混合发酵，即制酱中，仅将面粉制成曲，而大豆不制曲再混合发酵。这方法在古代，如《齐民要术》所记载的制酱中就较多见。在实践中，人们发现此方法不如全部原料制曲简便而且效果好，近代已基本上采用全部原料制曲的第二种方法。其实这两种方法各有长短，关键在于人们的掌握技巧。例如酱类与酱油不同，原料的分解不是越彻底越好，而是要求大豆的蛋白质只是部分分解，而要保存一定量的肽，否则就无酱的风味了。其中的技术要点是制曲用量和发酵深度的掌握。制曲是做酱技艺中最繁琐，劳动强度较大的工序，也是关键的工序。控制通风制曲的条件是关键。米曲霉是喜氧菌，它在一定温度，湿度和有氧存在的条件下才能正常的繁衍。当空气供给不足就会引起菌体自溶，致使菌丝生长不旺，这必然影响产品质量。评定酱曲质量好坏的一个重要标志是菌丝繁殖是否深入到曲料内部。只有菌丝深入到基质内部，才能保证内部优质淀粉能被酶所分解，发酵才能达到目的。

入缸发酵是制酱的又一重要工序。做成的曲料入缸之后，随之加入盐水，拌匀后待其发酵。盐水配制是将食盐用清水溶化成浓度为 18° 后，再澄清除去杂质。一般100公斤曲料需食盐约31公斤，144升水。发酵时间选择在2 ~ 3月份较为适宜。当曲料泡开后，为使其尽快发酵，天热时每缸加清水7升左右，这叫“澥水”。其作用在于降低食盐浓度，有利于酵母活动。澥水一般上午进行，经过日晒，到了下午，要用木耙将酱缸内水酱打匀。一般经过20天后，酱醪已发起。这时可将个别发性不大的酱醪与发性强的酱醪相互调剂，使其发酵一致。过几天后，全部发起，即可进行第二次澥水，这次澥水一方面调剂酱醪的浓稀，另一方面促进继续发酵。再经一段时间，酱曲发酵已达高峰不再进行。再晒2个月，酱醪已变成金黄色，这时可用耙打匀，让酱醪中积累的恶气逸出。打匀后，酱醪会再次浮起发酵，发酵后又会沉下去。总之，经过这段日晒发酵的较长过程，霉菌所分泌的酶类将酱醪中的部分淀粉、蛋白质等分解为麦芽糖、糊精、氨基酸、酒精及有机酸等，从而形成黄酱的色香味。

入缸发酵后的下一道工序是打耙，打耙即搅拌，时间在初伏。开始的10天内，一天两次，每次打耙次数不要过多，否则会倒发缸。10天以后逐增加耙数，最多增至30耙，打耙必须用力打，由缸下往上翻，打耙翻上“花”来。开耙约40天。随着气温渐凉，酱醪的发力自然消失，黄酱趋于成熟，这时打耙的次数和耙数都随之减少，约在农历处暑后停耙，将酱醪磨细后即为成品。出品率可达到原料重250% ~ 260%。

面酱的制作技艺

面酱又称甜面酱，它是以面粉为主要原料经制曲和保温发酵而制成的，咸中带甜的一类酱。它色泽鲜亮，黏稠适度，滋味鲜美，香气纯正，适用于烹饪中的菜肴酱爆、酱烧及凉拌等多种方式，同时也是酱制酱腌菜的主要辅料，北京人吃烤鸭更是离不开它。面酱制法有多种，在北方以天然甜面酱和通风制曲甜面酱两种制法为最常见。

甜面酱

1. 天然甜面酱的制作技艺。北京的甜面酱是天然甜面酱制法的典型产品。其工艺独特，采用春季采黄子（制曲），夏季制酱的日晒夜露发酵法。由于采黄子的酶系较为复杂，参与发

酵的微生物较多，代谢产品随之也较丰富，加上发酵温度低，发酵时间长，能生成大量的风味物质，故此成品的风味好。但是其制曲时间长，劳动强度大，生产周期长，成本较高，这不能不影响了它的发展。

水 面肥 → 做糊 → 做面絮
面粉 → 做面絮 → 做面剂 → 切块 → 蒸熟 → 冷却 → 入曲室 → 上曲架 → 培养 → 入缸 → 制醪 → 打耙 → 日晒夜露 → 熟成 → 成品

天然甜面酱生产工艺流程

首先按面粉、面肥、水以100 ∶ 30 ∶ 30的原料配比调和成面絮，像做馒头一样揉好面剂切成块，码入笼屉蒸熟成馒头，蒸熟馒头应嘴嚼不粘牙。

出笼的馒头冷却至40℃后再码入曲室曲架的苇箔上，顺序码完一层，上面盖上稀疏的秫秸秆，上面错位交错地再码一层馒头，错位的目的便于热气散发和通气。如此码上4 ~ 5层为一格，第二格相距第一格10厘米，也依上法码满一格，直至曲架上码上3 ~ 4格。码完后要用苇席两层严密地包住曲架，再往上喷水雾，保持曲室湿度，利于霉菌发芽繁殖。

由于长期使用的曲架和秫秸秆，苇席上都藏存着米曲霉，相当于自然接种。过3 ~ 4天后，米曲霉的孢子开始繁殖，随之温度会有上升，这时除了保持温度外，要注意适当将顶上苇席撤掉，过1 ~ 2天后，馒头上有明显的白色菌丝出现后，进一步撤掉一些苇席。约过去一周，霉菌的繁殖进入旺盛阶段，要注意开窗通气，调节室温和温度，以免品温上升过快过高。到第二周，品温达到或超过40℃时，表明制曲已近尾声。这时在馒头和秫秸秆处会出现黄色的孢子，馒头表面布满白色菌丝而发白。此时菌丝还需向馒头内发展，因此再待一个月成曲就制成发面黄了。

下道工序是制醪发酵。先将发面黄刷去菌毛（便于盐水进入曲内），粉碎后称重入缸，每缸入曲150公斤，加14° 盐水150公斤，充分搅拌，再进行日晒夜露，每隔1 ~ 2天轻度打耙一次，中间每4天补一次盐水3公斤，共补4次。在夏季2个月即熟成。

2. 通风制曲甜面酱生产工艺。将面粉和水和成较碎的面絮，放在蒸笼里蒸熟。冷却至40℃以下后，撒上米曲霉的曲种，混匀，送

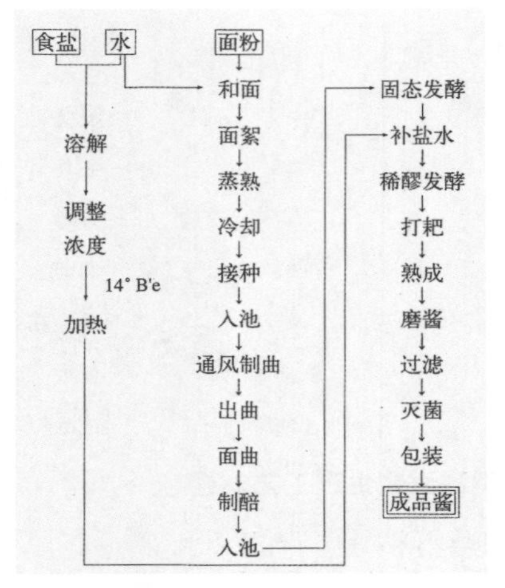

通风制曲甜面酱生产工艺流程

入通风制曲池，疏松，均匀地摊成厚25厘米的料层，通风控制品温在28℃～30℃。静置6～8小时后，品温开始上升，待升至36℃，再通风控制品温在32℃～35℃之间。6～8小时后曲料表面出现白色菌丝，待菌丝增多至使曲料结块状，在通风降温的同时开始翻曲。当品温又升至38℃时，再通风降温和第二次翻曲。此后一直要控制品温在36℃左右。当曲块长好了丰满的菌丝，并出现黄色孢子后，即可出曲。整个制曲时间30～36小时。

制醪发酵采用的盐水，其波美度（盐度）为14°，较制豆酱时要低，因为高盐度会抑制酶的活性。故面酱的发酵采用低盐固态发酵。同时保持45℃～50℃的发酵温度，充分发挥糖化酶，蛋白酶等酶系作用，促进淀粉水解为单、双糖，蛋白质分解为氨基酸，这样的温度还可抑制杂菌滋长，促进了发酵顺利进行。为了配合这一温度要求，盐水加入前拟加热至65℃～70℃。加入盐水后要通过搅拌，打碎曲块。在发酵池里，曲块应完全被盐水所浸润。品温保持在53℃左右。为了保证发酵温度，要将曲料耙平，盖上苇席，压实发酵池边缘。若温度降低明显，不仅会影响糖化率，还会有产酸的可能。发酵约7～10天后，再添加少量盐水，并将曲料搅拌成浓

甜面酱生产场景

醪，控制品温在30℃左右，进行低温熟成。此后在控制好温度的同时，每天打耙一次，保持品温一致。适当氧化可促进色素和香气的生成。切勿过分打耙。

成熟的面酱可能由于打耙不彻底，难免会有疙瘩，故需研细、过滤，以保证质量。磨细过滤后的面酱还需通过灭菌处理和加适量山梨酸钾溶液防腐变质。成品的面酱应是具有鲜艳的黄褐色或红褐色，有光泽，有酱香和酯香，口感咸甜适中，味鲜醇厚，无酸、苦、涩、焦煳等异味，黏稠适度。通风制曲保温发酵工艺生产的甜面酱大多用于酱腌菜和烹饪。

豆瓣酱的制作技艺

豆瓣酱以蚕豆为主要原料，故又称蚕豆酱。豆瓣酱的主要产区在四川。清代光绪时期的曾懿所著的《中馈录》中就记载了她家乡四川辣豆瓣酱的生产工艺："以大蚕豆用水一泡即捞起，磨去壳，剥成瓣，用开水烫洗，捞起用簸箕盛之。和面少许，只要薄而均匀，稍凉即放在暗室，用稻草或芦席覆之，候七八日起黄霉后，则日晒夜露。从七月底始入盐水罐内，晒至红辣椒熟时。用红椒切碎浸渍和下，再晒露二三日后，用坛收贮。再加甜酒少许，可以经年不坏。"由此记载可知当时盛名的四川辣豆瓣酱是以生蚕豆瓣加少量面粉为原料，通过先制曲后发酵的方法生产的。当今四川郫县豆瓣酱的生产就是继承这一工艺。

豆瓣酱

根据蚕豆在制曲前的状态，豆瓣酱的工艺又分成生豆瓣酱和熟豆瓣酱两大类。前者主要是烹调用酱，因以四川产为主，几乎全都是辣的。后者是佐餐用酱。四川辣豆瓣酱中，郫县产的较有名气。该产品是历史名牌，创建于1873年，其特点是香味醇厚，不加任何香料，豆瓣酥脆，辣味重，色泽红亮，是四川菜系不可缺少的调味品。

原料蚕豆选用四川本地产的青皮蚕豆，均匀饱满。辣椒选用当地产的优质伏椒，外形细长，色泽鲜红，辣味浓烈。

蚕豆过去采用湿法脱皮，即开水烫蚕豆10分钟左右，浸渍发胀后立

郫县豆瓣酱

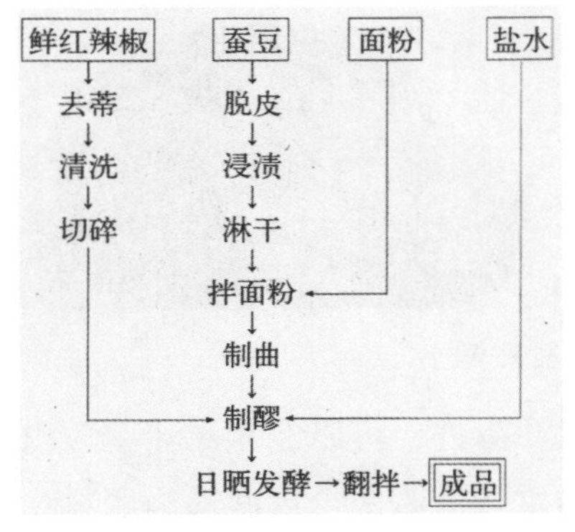

豆瓣酱生产工艺流程

即投入冷水中，再用手工完成剥皮分瓣。当今大规模生产时，采用清水浸泡蚕豆，豆粒饱胀后，再用橡胶双滚筒机脱皮。将生蚕豆瓣与面粉拌匀，入室摊在簸箕内，依靠环境中的米曲霉的繁殖，制成采黄子。

传统的辣豆瓣自然发酵法有两种，一是密封发酵，二是日晒夜露法。郫县豆瓣采用的是后者。将成曲放入配好盐水的缸内，再切入一定配比的鲜红辣椒,经过日晒夜露和定期翻醅。夏季投料者，要经过三伏天酷暑的日晒夜露，发酵至晚秋，约 6 个月即可成熟。郫县辣豆瓣色泽红褐色，油润有光泽，酱香，辣香浓郁，味鲜辣，豆瓣酥脆，黏稠适度很有特色，远销全国，享有盛誉。

豆豉的生产技艺

豆豉的品种繁多，不同品种的豆豉，不仅外观，风味，食用方法各有特色，更重要的是生产工艺也不同。下面只介绍两种豆豉的生产工艺。

1. 湖南浏阳豆豉生产技艺。湖南豆豉可以浏阳豆豉为代表，它属于米曲霉型的干豆豉，素豆豉，淡豆豉。《齐民要求》中记载的豆豉就是淡豆豉，在元代的《居家必用事类全集》、《农桑辑要》中也都记载了淡豆豉的生产方法，可见这种技艺由来已久。据《中国实业志》载：“浏阳豆豉亦起源于前清，当时制造者不及十家，以杨福和豆豉最为著名。民国以来，家数渐增。民国十年后，增至十余家。”据传，杨福和豆豉生产始于清道光年间，随后有裕康、舒同光两家，同治年间又增朱晋升作坊，光绪年间已有作坊近十家。浏阳豆豉生产的鼎盛时期约在 1938

年前后，当时全城有生产豆豉作坊33家，年生产豆豉1.8万担，畅销全国。

浏阳豆豉的生产主要采用天然米曲霉制豉法。其具体操作如下。

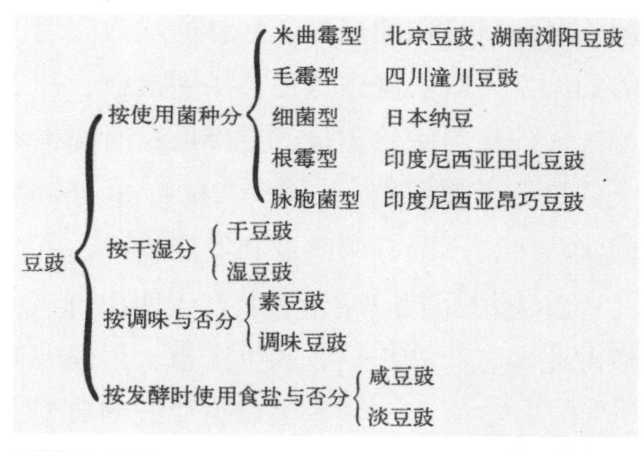

豆豉的分类

将大豆筛净除去泥沙，置于甑中大气蒸20分钟，大豆呈半熟状态。再将初蒸的原料投入水中，再次洗去泥沙杂质，用水浸泡20 ~ 40分钟，夏秋用冷水，浸泡时间可短些，冬季用温水，时间稍长些。泡至表皮皱纹舒张即可。浸泡后的大豆沥干，再盛于甑内复蒸约1小时，至完全蒸熟。蒸熟后倒出在苇席上摊开降温，并用木耙往返耙动，散去表面水分。在熟豆摊开至尚有余热即移入曲室曲匾中，紧闭房门，令其发霉，室温保持在35℃ ~ 40℃，夏秋约置两天三晚，冬春约置一周，夏天气温高时，应注意开窗通风降温，冬天气温低，则要在室内烧炭保温。当豆粒发霉，表面生出一层黄色米曲霉后，再让室内通风降温。

两天后将发好的豆曲装在箩筐中挑到河中洗涤，让流水洗去豆曲表面的黄曲霉孢子，洗时速度宜快，不能让豆曲吸收过多水分。洗好的豆曲挑回，倒入竹篾囤围中令其自然发酵。放置两天两晚后，再将豆曲扒出搓散，转入木桶内继续发酵，时间不拘。在适当的时候，选择晴天，将已发酵熟成的豆曲在晒场摊开，晒去表面的水分，然后再放回囤围中，让其继续进行后熟，自然发酵。放置1 ~ 3个月后即可作为成品豆豉包装或散装进入市场。

浏阳豆豉

这一工序流程是浏阳豆豉生产的传统工艺，当今由于环境条件的改变已作了相应调整。例如浏阳豆豉原先是用黑豆制作，后来黑豆难以购到，就改用黄豆了。上述工艺中，制曲的程式较粗放，后来认识到技术要领，

制曲时豆料堆积的高度、翻拌的次数和温度、湿度的控制都讲究了。豆曲的淘洗，既要洗去霉毛，用手搅拌，冲去黄色孢子，但洗的时间不能过久。洗出黑水，质量就要降低；时间也不能太短，豆曲不胀、吸水率太低也会影响质量，一般以 20 ～ 30 分钟为宜。总之，传统的技艺在人们实践中，不断有所改进和发展。

2. 潼川豆豉。潼川豆豉产于四川省三台县，潼川是三台的故名，豆豉由此得名。潼川豆豉和重庆市永川豆豉都是四川豆豉的代表作，也是毛霉型豆豉的典型。

潼川豆豉

据传，潼川豆豉始于清初，已有300年历史。当时江西一邱姓小吏被流放到四川，为了生计他利用在家熟知的制豆豉技术在潼川开业。由于当地的环境和资源优势，很快使他制作的豆豉远近闻名，还作为宫廷的贡品。贡品的名称就叫潼川豆豉。该项技术也在四川传播开来，成都、德阳、射洪、江油、温江、重庆、郫县等都生产这类豆豉。潼川豆豉呈黑色颗粒状，松散，有光泽，香味鲜浓而带甜，烧汤化渣，非常适宜烹饪。制作潼川豆豉都选在寒冷的冬季，有较强的季节性，一般从农历冬至到第二年的雨水。这时段气温较低，较适宜低温繁殖的毛霉，故豆豉属毛霉型。

潼川豆豉所采用的原料，一是当地产的黑豆，产品人称大豆豉；二是黄豆，产品称小豆豉。制作技艺基本一致，产品以大豆豉较好。

大豆浸泡约 10 小时，水温若高，时间可缩短，以豆粒膨胀无皱纹为度。泡涨后大豆捞出沥干，上甑蒸约 2 小时，圆气，蒸至半熟上下对调进行翻甑，以保证熟得均匀，再继续蒸 3 小时。停火出料，此时豆粒用手捏易碎为度。蒸熟的豆子出甑在竹席上摊凉至室温，再移入曲室，装入竹匾任其自然发霉。装匾要求厚薄一致，一般 8 厘米厚。注意门窗开闭控制好气温。自然发霉从立冬起至雨水，仅 4 个月，室温掌控在 9℃ ~ 11.5℃，室温和品温应一致。

制成的豆曲倒在竹席上，打开结块，再装入簸箕拌盐，每 50 公斤豆曲加盐 4.5 公斤和 0.5 公斤酒，充分拌匀。若豆曲过干可适当加点水。

拌好盐酒的软硬适度的豆曲装坛发酵，装坛要松紧合适。装至坛口，上层再撒一层盐。贴油纸封口。装坛后，一般放在露天，通过日照促进发酵，到了农历三月，将坛移入室内，避免过热和雨淋，维护后发酵，发酵期约需半年，即直到五月才算成熟。

酱油的生产技艺

酱油制作的主要原料是大豆，其生产工艺实质上是豆酱工艺的延伸。首先是原料的精选和预加工（去除杂质），然后是原料的破碎和浸渍，浸渍中要注意水量的配比及温湿度。第三步是原料处理的核心：蒸煮。现在的蒸煮技术设备已有很大进步，有旋转式高压蒸煮罐或FM式连续蒸煮装置。蒸煮既可以使大豆蛋白达到适度的变性，又可使淀粉等碳水化合物达到糊化，糖类得以分解及灭杀了杂菌。在大豆预加工的同时，作为辅料的小麦和麦麸也同样进行预处理。小麦通过焙炒、破碎，麦麸经过蒸熟，再与大豆混合制曲。在豆面混合醅上制曲是发酵前的关键工序。挑选经过长期筛选而得的纯种种曲，这种曲必须具有强大的蛋白质水解酶系和一定量的糖化酶及特强的排他性。种曲的生产是以获得纯度高的曲霉分生孢子为目的，使用的材料以麦麸为主，在种曲室采用曲盘法生产。过去制曲都是在帘子或曲盘上开放式地操作，这一制曲过程不可避免地会混入杂菌，影响成曲的质量。现在大都改用机械化的通风制曲装置，用控制风速来调节曲池培养床上的曲料温湿度，促成米曲霉等有关霉菌的孢子和菌丝正常发育生成，最终获得理想的曲醅。

酱油

酱油发酵工艺根据进行发酵时所用的水或盐水的数量，可分为稀醪和固态发酵两种工艺。前者的发酵料呈浓稠的半流动状态，一般叫醪，而后者呈固态，一般叫醅。制醪发酵与制醅发酵，由于曲料所处的物理状态不同，其发酵中微生物及其代谢的生化反应也因之而迥异，最终导致产品的风味也会有所差别。遂由此产生液态发酵工艺、固态发酵工艺及固态和液态相结合的固稀发酵工艺等三种工艺形式。

传统酿造酱油场景

稀醪发酵又可分为传统天然发酵法、稀醪温酿法和适温发酵法三种。天然发酵法是传统工艺，它是利用自然气温变化规律而进行发酵的。由于长时间的日晒夜露，水分的蒸发还是很大的，尽管中间采取了补盐水的措施，最后还是变成了浓醪。因为浓醪发酵中的微生物能耐40℃的高温，并具有较强耐渗透压的本领，故产品具有独特的带有焦香气的酱香。优质的酱醪发酵周期一般是半年，而且一定要经过三伏，这说明只有经过高温发酵，质量才有保证。发酵过程中进行有控制的打耙或翻酱，酱醪才能变成红褐色。总之，天然发酵工艺与一般的稀醪发酵或固态发酵都不同，不仅发酵物的形态、管理方式、温度变化不同，而且其微生物的种群、数量及其代谢产物也不同，因此其产品的风味就别具一格。湖南湘潭龙牌酱油、浙江舟山洛泗座酱油、广东中山珠江牌酱油等都是采用这种传统工艺生产。

稀醪温酿法一般是以脱脂大豆或大豆及小麦为原料进行制曲的，小麦经过焙炒、破碎，然后与蒸熟的脱脂大豆拌匀进行接种制曲，发酵周期也在半年以上，产品风味较好。这种工艺的优点是产品香气较为突出；流体操作，便于机械化。缺点是占用庞大的发酵设备、保温设备、压榨设备；色泽淡，滋味不及固体发酵法的醇厚；发酵周期较长。

固态发酵法是中国的传统工艺，古代制酱就是采用固体发酵，酱油是从酱中撇出来的。这种制酱和酱油的方法传播在东亚各国，至今仍在沿用。由于固态发酵法不仅设备少而简单，投资少而效率高，而且产品具有酱香味浓厚，味醇厚等特有的风味。这种工艺已成为我国酱油生产的主要工艺。这种工艺与稀醪发酵有很多不同，首先是制醅盐度的控制有很大差异。酱油作为咸味的调味品，它必须加食盐，古代制酱加很多盐，本意是防腐和存贮。因为盐在食品中起着防腐作用。但是过多的盐分会大大抑制各种酶的活性，严重影响蛋白质的水解过程。因此在发酵中掌握好盐分是十分重要的。稀醪发酵的盐分不能太低，固态发酵就不同，可以是低盐发酵，甚至于无盐发酵。可见固态发酵的条件便于优选，只要将各种因素协调好了，就能获得优质酱油。掌握制醅的盐度和发酵温度是低盐固态发酵的主要因素。制醅盐水浓度一般控制在12波美度及以下，发酵温度维系在45度左右，掌握好了，固态发酵周期可以缩短至20天左右，若是无盐固态发酵则缩短至3～7天。可见固态发酵最大的优点就是生产周期短。

日本酱油的特色和制作工艺

与酿酒技术的传播一样，日本先民很早就跟在中国后面学会了制酱技术。古代日本也是一个以农业生产形态为主的国家，因此在饮食生活中有许多地方与中国相近。与中国不同的是她是岛国，渔业较发达。由于生态环境的差异，日本先民在接收中国的技术时，大多在消化过程中有自己的创新，因此日本的制酱技术有自己的特色。下面就以酱油为例，做一些分析。

酱油在日本已是家庭不可缺少的传统调味品。日本酱油按酿造方法可分为本酿造酱油、新式酿造酱油及氨基酸混合酱油三类。本酿造酱油是以大豆或大豆与麦、米等谷物混合经蒸煮后，培养成酱曲，再经糖化和加盐发酵至成熟醪醅，最后，经压榨过滤得到澄清液态的酱油。新式酿造酱油是在本酿造醪式生抽酱油中加入氨基酸液（大豆等植物性蛋白质的酸水解液）或酶处理液（大豆等植物性蛋白质的酶解液经发酵后熟得到的澄清液）酿造而成。氨基酸液混合式酱油是在本酿造酱油或新式酿造酱油中分别加入氨基酸液、酶解液、氨基酸液和酶解液而混合而成。若按原料及成品特征，日本酱油又可分为浓口酱油、淡口酱油、溜酱油、甘露酱油、白酱油及其他酱油等。浓口酱油由原料大豆与等量小麦加酱曲酿造，具有色深、含盐量高等特点，是日本产销量最大的品种，产量占全国酱油总产量的80%。其原料大豆是脱脂大豆，小麦是淀粉的主要来源，能影响成品的香气。淡口酱油的原料与浓口酱油一样，所谓淡是指色泽而不是盐分，因此，其生产关键主要是在酿造过程中通过选择曲菌、增加盐度和含水量、缩短发酵期和后熟期等措施控制好色泽的变化。与浓口酱油相比，香气和鲜味较淡，适用于鱼鲜火锅和清汤的调味。溜酱油以大豆为原料加酱曲酿造，比浓口酱油还味浓，颜色深，固形物含量高，主要用于味道浓重的煮炖和烧烤食物的调味。其制法与中国酱油的传统方法相似。甘露酱油由大豆加等量小麦及酱油酿造。在酿造中用生抽酱油代替盐水，故又称为再发酵酱油。其制法实际上是原料发酵后压榨出的生抽酱油与浓口酱油混合起来再发酵，因此味重浓厚，适用于生鱼片和寿司的调味。白酱油从其命名就知其色泽比淡口酱油还浅，以少量炒大豆加小麦及酱油酿造。在酿造中通过原料中加大小麦比例，发酵中浆醪不搅拌、不淋汁而控制酒精发酵等措施，使白酱油中糖和固形物含量增加，氮含量降低。

通过中日酱油生产工序流程的对比，可以清楚看到中国制酱技术对日本的影响，也能看日本人根据自身的国情对工艺的改进和创新，例如原料使用脱脂大豆和发酵中对醪醅色泽的控制等。

1、煮大豆

2、晾干搅碎

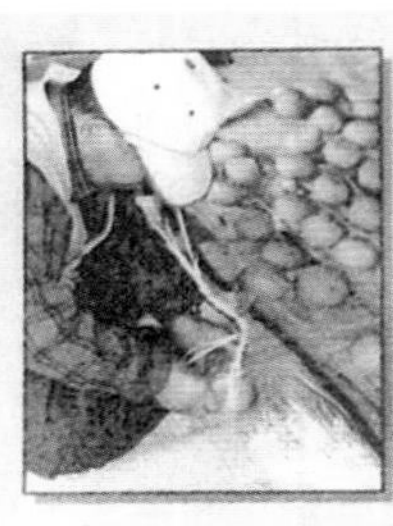

3、压实做成酱块用草绳挂起

4、悬挂的酱块

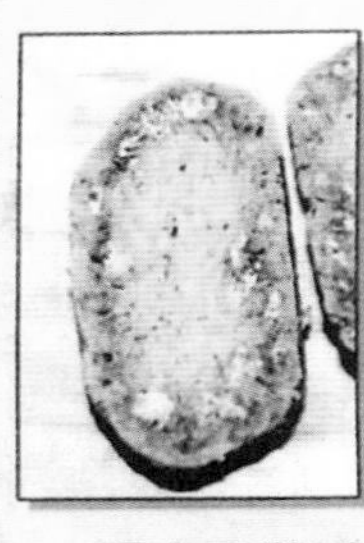

5、两个星期后成曲（横断面）

6、酱块、米曲、盐水混合

7、酱桶内发酵

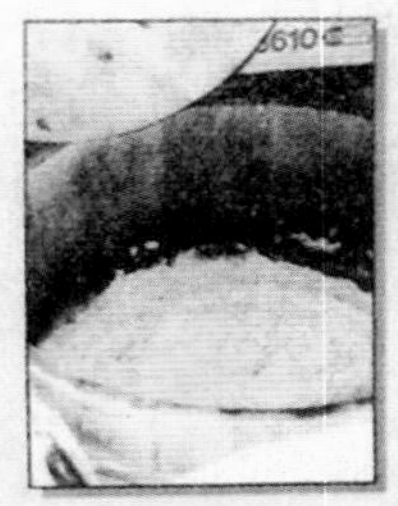

8、一年后酱成熟

日本传统酿制酱的操作图示

第十一章

饮食民俗中的酒醋酱

“民以食为天”，世界上最大的产业是食品工业，因为食品的加工遍布千家万户。每个民族，各个家庭在饮食上都有自己的嗜好和追求。人际交往中，美食常常成为待客礼仪和交流的重要内容，这就使饮食文化在传统文化中，特别是民俗中占据了特殊位置。不同的饮食习惯在许多民族的民俗民风中都留下了浓重的印迹。翻看各民族的食谱，不难发现经酿造加工的食材几乎占据了醒目位置。有着五千年文明史的中国，情况更为突出。酒、醋、酱则是其中对民俗饮食影响最为深刻的三类发酵产品。

酒仪酒俗

作为酿造技术的大宗产品，几千年来，酒已渗透到人们的生产生活、礼仪民俗等诸多领域，又与多种文化元素相结合，形成内容丰富的酒文化。

酒最早作为水的替代物进入原始社会的礼仪。在商代，酒被看作上天恩赐的稀罕之物，成为祭坛上必备之物，人们期望通过它来与上天沟通。到了周代，酒被牵引到“礼”的境界，遂诞生了“酒礼”。在西周，酒礼讲究时、序、数、令。时：即饮酒的时间，只有天子，诸侯加冕、婚丧、祭礼或其他喜庆大典才可饮酒；序：即等级次序，按天、地、鬼（祖）、神、长、幼、尊、卑的次序饮酒；数：即饮酒的数量，每饮不得超过三爵；令；即必须服从酒官的指挥。周代时的酒官就有酒正、酒人、浆郁人等，专职负责酒的礼宾事宜。在隆重神圣的敬神拜祖仪式上，酒作为能与神和祖先沟通的一种珍品是不可短缺的。祭拜后，剩下的酒不会被丢掉，而被官员或头人所饮用。从神坛走下来的酒又随着饮用群体的扩大而逐渐进入普通百姓家庭。连酒糟一起吃可以饱腹充饥，从而将吃酒变成吃饭的一种形式，吃酒进一步成为富足人家的常态。为了展示自己的富裕和友情，酒很自然地成为最常见的饮品和礼品。在接客待友、尊老敬长、庆功贺礼以及红白喜事的宴席上，酒是不能少的，所谓“无酒不成礼、无酒不成饮、无酒欠敬意”，“座上客常满，樽中酒不空”。由此，酒的功能随着社会的发展已远远超出饮料和饭食的范畴，浸染着文化气息的酒将与它相关的许多习俗提升为民俗。民间开始讲究在不同的节气或节日饮用某种有特殊意义的酒品。例如春节合家老幼欢聚一堂，要开怀畅饮团圆酒（家中收藏的好酒），端午节要饮雄黄酒驱疾除病，重阳节敬老饮菊花酒，除夜守岁饮屠苏酒等。中国少数民族也有许多酒俗。例如，蒙古族为表示对客人的尊敬，常单膝跪下，唱着祝酒歌，敬客三杯酒。藏族也有向客人连斟三杯青稞酒的礼仪，地处东北的鄂温克族、赫哲族委托媒人上门求亲时，必须带上酒，地处云南的傣族、景颇族都有这样的习俗。总之，中国56个民族的民俗中无不飘散着美酒的芬芳。

酿好酒、饮美酒已成为社会的一种时尚，酒作为一种特殊的文化元素已渗入到社会生活的方方面面，成为人们物质和精神美餐的重要载体。酒和它的酿造技艺已是民俗、民风无可替代的要素。在人际交往、接待来宾时，酒已成为友谊的媒介和象征。很难想象，没有酒和饮酒的礼仪，现在的社会生活会是怎样。实际上，自从酒走进了千家万户，融入了民俗、民风，它就与柴米盐酱醋茶一样，成为安家生活的必需。酿酒的生产也就很自然地成为社会生产的一个重要组成部分，酒作为一个商品进入流通领域就必然会对经济的结构和发展产生影响。在中国，酒税自汉代起就是国家重要的财政收入。实行怎样的税酒政策是朝廷必需反复揣摩的问题。当今酒税仍是国家财政的重要收入。政府关注的是在酿出好酒足以满足社会需求的同时，提倡科学、理性地饮酒、弘扬传统的酒德、尽量遏制因酗酒影响社会安定和人们身体健康的不良现象。

自从酒作为饮品进入人们的日常生活，它就与文学艺术结下了不解之缘。从中国最早的诗歌集《诗经》到四大名著：《红楼梦》《三国演义》《水浒传》《西游记》，都有不少饮酒的精彩描述。魏晋时期的建安七子、邺下七子、竹林七贤等著名文人大都嗜酒如命。唐代大诗人杜甫的诗作《饮中八仙歌》，形象地反映了李白等人对酒的酷爱。宋代的诸多诗词大家，如范仲淹、欧阳修、苏轼、柳永的诗词每与酒有涉。文人爱喝酒。因为酒能给他们带来灵感、催化想象。这种情况在当代依然如此。作家王蒙在《文人与酒》中写道："有酒方能意识流，人间天上任遨游，神州大地多琼液，大地文章乐无休。……自古文人爱美酒，就中自有诗千首。……茅台醇厚，亦刚亦柔，杏花村里，汾酒清秀。泸州特曲，芬芳润喉。……酒中自有真情在，饮而不贪真风流。"作家吴祖光曾邀同行每人一篇，出版了一本专写"我与酒"的短文集《解忧集》，字里行间散发出浓烈的酒香，也可以看到酒的确成为他们从事文学创作的催化剂。唱歌有敬酒歌，戏剧有贵妃醉酒，武术有醉拳……几乎所有的艺术项目都能嗅到酒香的气息。

在世界各民族中，除了少数因宗教信仰原因（伊斯兰教）不饮酒外，几乎都视酒为生活所需，也就形成了各个民族的酒文化。酒文化的大致内容与中国的差不多，但是也有许多独特之处，下面讲几则西方某些民族的饮酒习俗。

在西欧的许多国家，例如法国、意大利、葡萄牙、西班牙等都盛产葡萄酒，葡萄酒是最普通的饮料，人们交往聊天中常把它当水喝。在就餐宴席上，餐前吃冷盘、拼盘，喝的是少量开胃酒，诸如各种款式的鸡尾酒、味美思、雪利酒、白葡萄酒、白兰地和掺了苏打水的威士忌等，以诱发食欲。正餐中饮酒是很讲究的，强调酒品与菜肴搭配要相宜。吃鱼虾海鲜时，为除腥味，适饮白葡萄酒；尝熏鱼，吃红烧或油炸的香浓肥腻的牛羊肉时，选饮干红葡萄酒；若吃焖、炖或烘焙的肉类食品时，则红、白葡萄酒均相宜；若吃火鸡、野鸡、野兔等野味时，红、白葡萄酒也均可以；若喝各种汤料，最好与雪利酒相配。宴会结束后，为助消化，喜饮乔利酒和红、白葡萄酒等餐后酒。吃点心、喝咖啡或闲聊时，常饮白兰地。可见他们的饮酒礼仪自有一套讲究。德国人日常生活中常以啤酒或葡萄酒解渴，餐前喜喝啤酒，餐中常喝葡萄酒。比利时人则爱喝那种由野生酵母发酵的啤酒，这种啤酒味较苦，还带酸味，风味别致。各国各民族对酒的饮用都有自己的爱好，可见饮酒的文化内涵也是千差万别，内容极为丰富。

烹饪技术中的关键助力

“民以食为天”形象地概括了饮食在人类生活中不可撼动的重要地位。有人把一个国家的烹饪技术水平看作这个国家文明程度的标志之一，这说法是有道理的。因为把地球上的众多动、植物的食材通过加工和烹饪成为美味可口的食品，往往不是一代人、两代人的经验所能解决的。当今中国的烹饪技术享誉世界，是中国五千年文明发展的结果，是先民辛勤劳动、勇于实践、不断创新的智慧结晶。

在中国烹饪技术的发展中，除了有“神农尝百草”而获知的丰富食材外，还有因较早掌握了生铁冶铸而使铁锅成为千家万户的主要厨具等因素。铁锅既便于煮、蒸、煎、炖，更是创造了西方所缺的爆、炒等烹饪技巧。将各种食材加工成美食，需要来自经验的多种食材的配方及其加工技巧，特别是那些能调节酸甜苦辣咸等口感的多种调味品的使用。在中国的传统烹饪中，酒、醋、酱、酱油和盐、糖、油一样是不能短缺的，可以说这些调味品在菜肴中大多起着出神入化的调和作用，使用得当才能让菜肴获得悦目、爽口、独特的色香味。

由于自然资源、生活习俗、文化传统的不同，在我国很早就形成了多种菜肴及其不一样的烹饪技巧。从民族来看，有汉食、回食、蒙食、藏食、满食、苗食、维吾尔食等不同风格的饮食。从地方来看，有鲁、川、扬、粤等不同帮口的菜肴。从消费特点来看，有宫廷、市肆、宗教、疗养食馔、平民家食等不同档次的食谱。汉菜是汉族的菜系，历史悠久，分布广泛，菜肴品种繁多，烹饪技艺精湛，是中国菜肴的主要代表。有人讲它有四大地方菜系（鲁、川、扬、粤），有人说它有八大菜系（增加了湘、闽、徽、浙），其实这些菜系的分类很难有个科学的标准。在漫长的历史长河中，各地的菜肴在不断地交流互融、移植创新，正是这种传承和创新才构成丰富多彩的菜肴品牌。

回食即回族风味菜肴，由于伊斯兰教对教徒饮食的限制，禁食猪、狗、骡、驴、马、无鳞鱼等，选材严格，人们冠以“清真”菜肴，自成体系。北路回食以牛羊为主，佐以黄油、羊油、酥油；南路回食以鸡、鸭、鹅为主，佐以菜籽油、豆油、麻油等素油。清真食馔制作精致清洁。蒙食即蒙古族的食馔，其原料以牛羊畜肉、奶品和炒米为主，佐以黄油，烹制以清炖、白煮和烧烤为主，肴馔断生即食，口味偏咸。每日的茶饮是必不可少的。藏食即藏族的食馔，牛羊均食，以吐蕃羊、青稞面、酥油茶、糌粑构成其民族独特的食谱。满食即满族的食馔，其特点是多烧煮、多用特牲、多糕点面食、多干鲜果品。经过400年的满汉交流，饮食上因接受汉食而有改变。苗食即苗族的食馔，与瑶、彝、侗、黎等少数民族一样，虽然有山野禽兽作为食材的菜肴，但是在长期与其他民族的融合中，吸收了各家之长，很难说有自己的菜系。维吾尔族的食俗基本上与回族清真风味相近，他们以馕（干馍）为主食，常将馕切成丝或掰成小块泡煮在羊汤杂食中。遇喜庆或待客时，又常用稻米、碎肉、鸡蛋，佐之以油盐、椒葱等辅料做成手抓饭。肉食以烧烤为上，煎炒次之。总之，各民族习俗和各地方菜肴之差异不仅反映在食材的珍稀奇异，更多的是体现在加工精细、辅料讲究、烹饪精致。

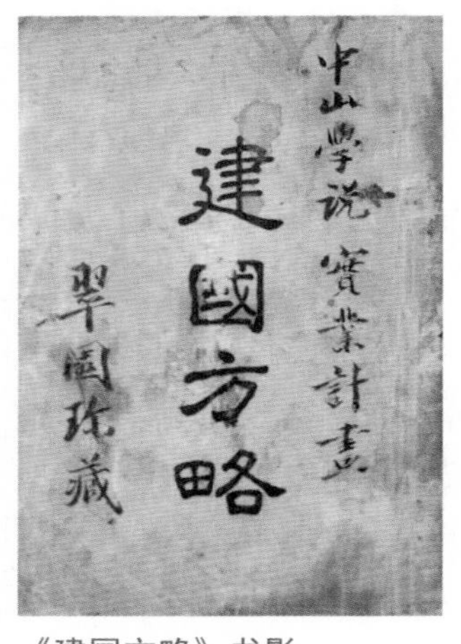

《建国方略》书影

中国民主革命的先驱孙中山在其《建国方略》中曾指出，在近代，较比西方列强，中国一切都落后了，唯独烹饪饮食技巧仍在世界领先。这是千真万确的，当时，华人出国谋生，就容易落脚的事业就是开餐馆。据不完全统计，在20世纪70年代末，在美国有中国菜馆25000多家，仅纽约一地就有3000多家。在英国有中菜馆4000多家，在荷兰有3000多家，在西方以美食称著的法国也有中菜馆1000多家。在西德、澳大利亚、日本等许多国家都有不少中菜馆，连越南侨民也开起了中菜馆，可见中国的菜肴受到各国人民的普遍欢迎。中国厨师的绝技在世界上有目共睹，中国菜肴营养丰富、脍炙人口，色、香、味、形、口感俱臻上乘，能品尝到中国的菜肴是一种口福，也可以说是一种艺术的享受。

中国的厨师都了解，做好中国的菜肴，是离不开中国独有的酒醋酱之类的佐料，因此国外中菜馆都要从国内或国外的专卖店采购中国的各种佐料。由此可见，中国酒醋酱等发酵产品实际上成为中国烹饪技艺走向世界的重要助力。

食醋与健康

目前，全世界食用醋年产量约为1650万吨，其中中国占250万吨，美国47万吨，日本34万吨。若按人计算消费量，日本人均7.88公斤/年，美国6.51公斤/年，中国仅0.91公斤/年。作为世界上最大的调味品生产和消费大国，上述的数字意味着什么？发人深省。国人应该知道，中国传统食醋，不仅历史悠久，而且很有特色，是世界食醋中的佼佼者。

食醋进入饮食应该是很早的，采摘食用酸味的水果就是引子。先秦时期的大量文献都记载有制醋和食醋的事项，周朝宫廷设置有专管制醋的官员：“醯人”就是一例。东汉崔寔《四民月令》记载有当时民间制醋之法，北魏贾思勰在《齐民要术》中更是收录了当时黄河中下游地区的 20 多种酿醋法，此后的许多农书食谱甚至医书都有制醋的论说。唐代的“桃花醋”，宋代的“莲子醋”，元代的“杏花醋”“脆枣醋”等历代名醋都跃显于文学著作之中，用醋加工的佳肴，如“醋鱼”“醋蟹”“醋蚶”等被文人赞不绝口。苏轼在镇江品尝鲥鱼时写下的佳句“芽姜紫醋炙银鱼，雪碗擎来两尺余”和陆游写下的佳句“小着盐醯助滋味，微如姜桂发精神”等更是让人对食醋欣赏有加。在唐宋时期的宴席上有专设的醋碟也能说明食醋在饮食中的地位。与此同时，醋的其他功能同样被重视。醋的用途远不止于饮食烹饪中的调味，中国先民一直看重它在食疗和保健养生中的独特作用。清代王士雄在《随息居饮食谱》中，对醋的保健功能作了较深刻的概括：开胃、增食、养肝、强筋、暖骨、醒酒、解毒、辟邪、消毒等。

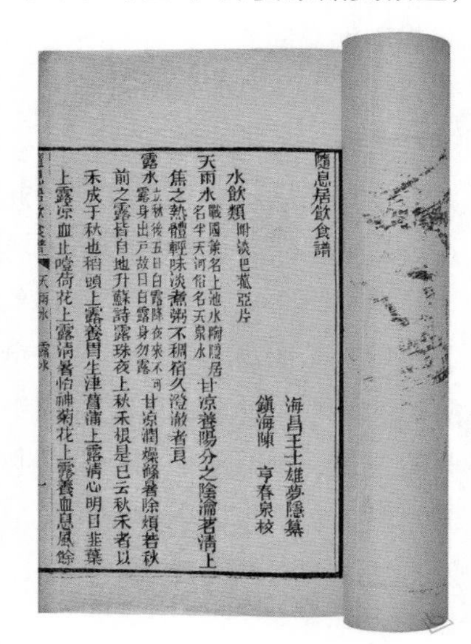
隨息居飲食譜
海昌王士雄夢隱纂
鎮海陳　亨春泉校
水飲類　附淡巴菰亞片
天雨水　戰國策名上池水陶隱居名半天河俗名天泉水　甘涼養陽分之陰滌暑清上
焦之熱體輕味淡煮粥不稠宿久澄澈者良
露水　立秋後五日白露降夜來不可露身出戶故曰白露身勿露　甘涼潤燥滌暑除煩若秋
前之露皆自地升蘇詩露珠夜上秋禾根是已云秋禾者以
禾成于秋也稻頭上露養胃生津菖蒲上露清心明目韭葉
上露涼血止噎荷花上露清暑怡神菊花上露養血息風餘

《随息居饮食谱》书影

传统的中医药学中，在食醋和用醋防病治病及炮制药材方面积累了丰富的经验，不仅论述很多，而且收载的“以醋为药用”的药醋方颇丰。据不完全的统计，有 2000 多方，其治疗的范围涉及中医内、外、妇、儿、骨伤、肛肠、耳鼻喉、口腔、皮肤及美容等 12 个科目，178 个病种。这些醋药方大多来自张仲景、孙思邈、葛洪、王焘、金元几大学派（李东垣的脾胃派、朱丹溪的养阴派、张从正的攻下派、刘完素的寒凉派等）的代表佳作。例如李时珍的《本草纲目》中，以“药醋”为主的方剂就多达 287 方。这些偏方大多是在医疗实践中摸索出来的，在养身保健中的作用是可信的。

根据现代科学研究，食醋在身体上的功能性日愈清楚。首先，醋酸是生物体中重要的代谢物质，可直接参与能量代谢并抑制糖酵解的代谢过程，即调节细胞代谢过程中的能量供给，从而能促进脂肪的分解等功能的实施。这就是醋能帮助或促进消食开胃、减肥护肤的缘由。具体地说，人的消化与吸收是直接关系到人的体质水平。因为食醋中的有机酸可帮助溶解食物中的营养物质，促进人体对食物中钙、磷等物质的吸收；食醋中的挥发性有机酸和氨基酸等可刺激大脑的食欲中心，促进消化液的分泌，提高胃液浓度，从而具有生津止渴、健胃消食和增进食欲的功能。中国食醋不仅能增加食欲、促进消化，还能对人体内的许多功能起调节作用。例如，人体补充食醋后，有消除疲劳的作用。食醋中的尼克酸和维生素，是胆固醇的克星。经常食用醋，也起到抑制血糖升高的作用。总之，适当吃醋或像醋豆、醋花生、醋蛋之类的保健食品对于软化血管、预防动脉硬化有好处。此外，醋有较强的杀菌、抑菌能力，可以在预防某些病毒性感冒、环境消毒等地方发挥作用。

西方许多民族也喜爱食用果醋，表面上他们虽没有食不离醋，实际上他们口不离酒的背后，就是离不开醋，因为他们饮用的葡萄酒大多是酸味的（干型葡萄酒），即酒中含有一定量的醋。同样在食材的加工和菜肴的烹饪中，果醋和酒也是必不可少的。西方的果醋毕竟不同于中国的食醋，它在生活中没有明显地呈现出中国食醋的上述功能，致使他们没有意识到食醋与健康的关系，更没有把它发展成药材。

东西方饮食中“酱”的使用

在世界各国的餐饮中几乎都有酱类的调味品，但是，酱的内容很不一样。在欧美许多国家的餐桌上，酱主要是各种酸甜可口的果酱（包括番茄酱），还有沙拉酱、芥末酱、辣椒酱、花生酱、芝麻酱等。果酱是将水果和糖及防腐剂研制而成；沙拉酱即蛋黄酱，由鸡蛋黄与熟油调制而成；花生酱、芝麻酱即由炒熟的花生或芝麻研磨而成；芥末酱和辣酱则是用芥末、辣椒等辛辣食材加工而成。它们大多无须发酵，而可直接用于涂抹面包、点心等食品而享用。这与中国的食酱有很大差别，不仅在制作技术和食用方法上不一样，而且营养成分和风格口味上也不一样。

产生这一区别，主要还是由各自的传统生活习俗所决定。在古代西方，畜牧业在经济中一直占据较重要的地位，种植业次之，因此，在生活饮食中，来自畜牧业的奶和肉成为主要食材。由于天然的因素，他们的种植业没有稻米，豆类种植也不多。大、小麦除了磨面加工制成面包外，还大量地被制成啤酒及威士忌等饮料。一些豆类及其秸秆则是牛、马等牲口的精饲料。食材决定了食物的品种，也影响了烹饪技术的方式。西方加工食材主要以烧烤为主，蒸煮也用，但是，不像在中国那么常用，爆炒更是少见。不同食品及其烹饪技术，当然会对调味品和饮用方式有所影响，这就是东、西方在食酱上存在差异的缘由。

在中国民谚的开门七件事中，酱被列在柴米油盐之后，说明它在日常生活中的重要性，《舌尖上的中国》中的许多情景都能证明这点。北京人爱吃炸酱面离不开黄酱，北京烤鸭必须有大葱和甜面酱相佐；炒川菜常需豆瓣酱，广东烧鹅在烧烤前也必须用面酱涂抹内外以入味。总之，这样的例子数不胜数。在中国的烹饪和加工食材中，各种酱是一个重要角色。用酱加工食材或作为调味品在中国乃至整个东亚饮食文化中都留下了标志性的特色。“酱食”在日本和韩国很流行，在某些方面还超过了中国。下面以日本为例，作点展示。

每年 10 月 1 日是日本的“酱油节”，居然把酱油列入庆贺的节日，可见酱油在日本人饮食生活的重要性。日本人称“一日不可无酱油”，

《舌尖上的中国》宣传海报

这是生活的实际。在日本酱油有五大类300多种，五大类即浓口酱油、淡口酱油、溜酱油、再发酵酱油、白酱油。浓口酱油是普通酱油，在日本被称为“万能调味品”。淡口酱油是日本关西地区（大阪京都一带）所产，口味和色泽较淡，有利于菜肴保持原本的风味。溜酱油味香浓稠，专用来吃生鱼片。再发酵酱油是用酱油来发酵，色香味浓厚，适合拌凉菜。白酱油是爱知县特产，色更浅，味偏甜，常用于煮汤、蒸蛋、做煎饼。在这五类酱油的基础上，添加各种配料，便可制造出五花八门的酱油例如鲜味酱油、醋酱油、花生酱油、大蒜酱油等。日本人很讲究饮食营养，不仅每天要吃蔬菜，而且在烹饪中尽量保存菜肴的营养成分，因此他们吃青菜，时常是用水煮一下，再淋浇一点酱油即可。日本人喜爱用酱油，除了认为酱油具有鲜美的口味，更看重其营养价值。酱油含有多种氨基酸和其他营养成分，是盐无法相比的。日本人长寿可能就与他们的饮食习惯有关。日本酱油已走向世界，远销100多个国家。

酿造是物质发酵的过程。发酵有两种，一是生物体自身细胞酶所促成的化学反应过程，另一种是生物体在外界微生物入侵后促成的化学反应过程，其化学反应的内容则取决于自身的化学构成和介入微生物及其所分泌的酶。无论是那类发酵，实质上都是自然界物质变化的正常现象。人们正确地利用或促成发酵来改变某些物质的属性，从而更好地为人类生产、生活服务，这就是酿造技术。科学的酿造技术不仅要遵循物质变化的自然规律，还要学会与微生物相处并利用它们为人们做工的本领。人们真正认识微生物世界，从19世纪中叶开始，也只有100多年的历史。还有许多内幕和奥秘还没有揭开，有待人们的继续努力。例如近年来在中国的许多地方发生的环境问题：雾霾。据清华大学用DNA测序分析北京的雾霾，发现其中有1300种微生物藏在雾霾里，尽管其中大多数微生物是无害的，但是也存极少数微生物是致病的。这实际上也给微生物学家出了个题目，在防治雾霾中，微生物学能做什么？中国先民在发明独创的酿造技术，就在与微生物打交道的实践中，积累了丰富的经验，这些经验在微生物工程的建立和发展中产生过重要的影响，我们殷切期望在新的科学革命的背景下，中国科技工作者不负众望，在发展新的生物技术中有新的发现，为人类文明做出更大贡献。

参 考 文 献

[1] 包启安，周嘉华．中国传统工艺全集·酿造 [M]．郑州：大象出版社，2007.

[2] 赵匡华，周嘉华．中国科学技术史·化学卷 [M]．北京：科学出版社，1998.

[3] （英）李约瑟．中国科学技术史·第六卷生物学及相关技术 [M]．北京：科学出版社，2008.

[4] 沈怡芳．白酒生产技术全书 [M]．北京：中国轻工业出版社，1998.

[5] 周嘉华，张黎，苏永能．世界化学史 [M]．长春：吉林教育出版社，2009.

[6] 贾思勰撰，缪启愉校释．齐民要术 [M]．北京：农业出版社，1982.

[7] 朱肱．北山酒经·说郛三种本卷44[M]．上海：上海古籍出版社，1988.

[8] 陈陶声．中国微生物工业发展史 [M]．北京：中国轻工业出版社，1979.

[9] 布林顿·麦·米勒，沃伦·利茨基．工业微生物学．（居乃琥、米庆裴、雷肇祖）[M]．北京：轻工业出版社，1986.

后 记

2011 年 11 月，贵州民族出版社向我约稿，他们计划出版“世界意义的中国发明”丛书，弘扬中国古代文明，介绍具有世界意义的发明创造。因为我是从事科学技术史的研究，近年来又在重点整理研究中国传统工艺的某些课题，因此很支持这个选题，与出版社签了合同。事后回想起来真有点后悔，一是当时手头上有几个科研项目在运作中，根本抽不出时间来完成这本书的撰写。二是这本书不好写，因为过去从事酿造史研究的人不多，特别是要把它放在世界的科技背景下进行剖析，展现中国传统酿造对世界文明的影响，工作难度可想而知。

合同签了，我只好硬着头皮上，受时间所限，拿出来的初稿充其量只能算是论文的堆积。与出版社的编辑多次沟通后，对书稿的框架结构做了较大调整，增强书稿的通俗性、可读性和知识性，进一步强调发明创造的文化价值，加强了地域性、生活性、文化性的显示力度，许多学术陈述尽力做到深入浅出，点到为止。总之，本书的完成应该说是出版社的编辑、领导和笔者共同努力的成果。

中国传统酿造技艺属于微生物工程学，人们科学地认识它才 100 多年，许多深层次的问题尚待研究，所以要把传统酿造的科学奥秘讲清楚并不容易。书稿中若学术上讲浅了，唯恐人们不能理解中国酿造技艺的世界意义；讲深了又怕失去了可读性，两难之中很难折中。由此引发的错误或语言的生涩在所难免，期望同行和读者指正。

周嘉华

“世界意义的中国发明”丛书（第一辑）

“世界意义的中国发明”，不仅是通常所说的四大发明，更加涵盖中华民族所有的智慧和创造力，诸如粟作稻作、农具农耕、筹算珠算、天文仪器、机械制造、钻井探矿、油煤开采、青铜冶铸、钢铁冶炼、建筑营造、造船航海、陶器瓷器、雕塑髹漆、蚕桑丝绸、纺织印染、发酵酿造、中医中药等方面……每个发明的领域都代表了中华文明传统科技文化的某一个侧面，反映中国人对某一种自然的认识以及其对于世界的意义。本丛书能让更多的中国人更了解自己的科技与文明，也让世界更了解中国的科技与文明。